Octave DOIN, éditeur, 8, place de l'Odéon, Paris.

ENCYCLOPÉDIE SCIENTIFIQUE

Publiée sous la direction du Dr Toulouse

BIBLIOTHÈQUE

DE MATHÉMATIQUES APPLIQUÉES

Directeur : M. D'OCAGNE

Ingénieur des Ponts et Chaussées,
Professeur à l'École des Ponts et Chaussées,
Répétiteur à l'École Polytechnique.

Le terme de mathématiques appliquées est par lui-même assez vague. Étendu à toutes les branches de la science qui font appel à l'emploi des mathématiques, il engloberait un domaine immense dans lequel viendraient se fondre nombre d'autres sections de l'Encyclopédie. Dans le plan général de celle-ci, il est réservé aux seules catégories suivantes :

1° *Science du calcul ;*

2° *Analyse appliquée à la science de la valeur ;*

3° *Géométrie appliquée à la détermination des positions et à la représentation des figures terrestres.*

I. — L'exécution des *calculs numériques* joue, dans un très grand nombre de techniques, un rôle aujourd'hui primordial. On doit s'efforcer de la rendre aussi rapide et aisée que possible, en l'appropriant exactement au degré d'approximation que l'on recherche, et en écartant, autant que faire se peut, les chances d'erreurs. L'étude des méthodes à suivre à cet effet, formant une sorte de prolongement des mathématiques pures, mérite d'être considérée comme une science à part, celle du calcul proprement dit, dont les principes sont de la plus haute utilité pour tous ceux qui, dans un ordre d'application quelconque, ont à exécuter sur des nombres des opérations plus ou moins compliquées.

L'effort du calculateur a pu d'ailleurs être largement soulagé grâce à l'intervention de procédés soit *graphiques*, soit *mécaniques*, de formes très diverses. Ces différents modes de calcul constituent aujourd'hui, à côté des méthodes purement numériques, des disciplines autonomes comportant des exposés d'ensemble spéciaux que l'on trouvera dans la première section de cette bibliothèque.

II. — La *science de la valeur*, sous ses divers aspects, repose essentiellement sur les notions de nombre et de fonction ; elle peut donc apparaître comme une application directe de l'analyse mathématique.

La pratique des opérations monétaires, toutes les combinaisons du prêt à intérêt, ont donné naissance à l'*arithmétique des changes* et à l'*algèbre financière*, dont l'exposé fournit la matière d'un premier volume.

Le calcul des probabilités a introduit dans les rapports économiques un nouvel élément de précision et fourni une base scientifique à l'industrie des assurances, dont les résultats restent la meilleure preuve de sa valeur pratique. L'étude spéciale des probabilités relatives à tous les sinistres susceptibles d'assurance, la combinaison de ces probabilités avec le jeu de la capitalisation, les moyens de calcul aptes à définir pratiquement les primes et réserves de tous les contrats, constituent la *théorie mathématique des assurances*, fondement de l'actuariat, à laquelle un second volume est consacré.

En dehors de ces applications pratiques déjà classiques, des tentatives nouvelles se sont produites pour emprunter à l'analyse mathématique toutes les rigueurs de notation et de raisonnement permettant de soumettre l'ensemble même des manifestations de la vie économique à une étude vraiment scientifique. Un mouvement s'affirme qui, rompant avec le verbalisme incertain des écoles et des doctrines, toujours dominé par les préoccupations pratiques, entend rester exclusivement théorique et constituer, — comme cela a été fait en physique, — une économique mathématique ou rationnelle et une économique expérimentale destinées à se contrôler, à se rejoindre même sur certains points lorsque la tâche sera suffisamment avancée.

La première abstrait des réalités économiques des types définis et des mécanismes simplifiés dont elle s'efforce de poser les conditions d'équilibre et de mouvement, en tendant à les ramener aux équations de Lagrange qui se trouveraient ainsi dominer un jour la mécanique des intérêts comme celle des forces. La seconde, ne pouvant recourir à l'expérience proprement dite, s'applique à perfectionner l'observation statistique, à en grouper les résultats, à en éliminer par l'interpolation les influences secondes. Elle soumet à des règles rationnelles les moyens de rechercher, de contrôler, de démontrer les corrélations entre les phénomènes ainsi rendus comparables. Deux volumes exposeront l'état actuel et les perspectives de cette double science en formation : l'*Economique rationnelle*, d'une part ; la *Statistique mathématique*, de l'autre,

L'ensemble des volumes groupés dans la seconde section de cette bibliothèque se trouve ainsi constituer un exposé complet de ce qu'on appelle parfois la *chrématistique*.

III. — En vertu de ses origines mêmes, la géométrie est avant tout la science de la mesure des objets terrestres et de la détermination de leur forme, Par suite d'une évolution toute naturelle, elle est devenue, par le fait, la science générale des propriétés de l'espace. Il n'en est pas moins vrai que l'on doit, parmi ses applications, faire une place à part à celles qui visent son objet primitif, en les groupant en un seul tout, alors même que, pour plusieurs d'entre elles, il est fait appel, dans une certaine mesure, à desinotions empruntées à d'autres sciences comme l'astronome et la physique.

Au premier rang des objets terrestres, dont la mesure utilise les méthodes de la géométrie, s'offre la terre elle-même, dont la *géodésie* définit la figure d'ensemble tandis que la *topographie* fait connaître les détails de sa surface.

La *géodésie* peut d'ailleurs se subdiviser en trois branches principales correspondant à des études de plus en plus élevées :

1° La *géodésie élémentaire* qui, partant de l'hypothèse de la terre sphérique, applique à ses résultats des termes correctifs pour le passage à l'ellipsoïde, et qui comprend tout ce qu'exigent les observations et les calculs relatifs aux triangulations exécutées en vue des opérations topographiques ;

2° La *géodésie sphéroïdique*, reposant, comme son nom l'indique, sur la considération du sphéroïde et qui comprend tout ce qui concerne les triangulations primordiales ;

3° La *géodésie supérieure*, consacrée à l'étude de l'exacte figure de la terre,

A chacune d'elles correspond un volume spécial. En raison du rôle capital qu'en ces matières joue la théorie des erreurs, celle-ci, dont les éléments sont exposés dans le premier de ces trois volumes, reçoit, dans le second, tout le développement susceptible d'intéresser les géodésiens.

La détermination des positions absolues sur la terre ferme, que réclame la géodésie, fait l'objet de l'*astronomie géodésique* que, en raison de leur étroite affinité, on ne saurait séparer de la *navigation ;* l'une et l'autre de ces sciences d'application reposent d'ailleurs, en réalité, sur des opérations purement géométriques auxquelles l'astronomie ne fournit que des points de repère.

Il a paru également à propos de rapprocher de la géodésie et de la topographie (dont la *métrophotographie* n'est qu'une branche spéciale) diverses sciences connexes comme la *métrologie* qui détermine les étalons de mesure utilisés par la géodésie, la *cartographie* qui a pour objet la représentation des résultats fournis par la topographie...

Quant à la représentation des objets de petites dimensions, elle résulte de la mise en œuvre de divers systèmes de projection, au premier rang desquels ceux des projections orthogonales (*géométrie descriptive*) et des projections centrales (*perspective*).

Grâce à la *métrophotographie*, les lois de la perspective sont, en outre, très heureusement utilisées et le seront de jour en jour davantage en vue des levers topographiques.

Les volumes seront publiés dans le format in-18 jésus cartonné ; ils formeront chacun 400 pages environ avec ou sans figures dans le texte. Le prix marqué de chacun d'eux, quel que soit le nombre de pages, est fixé à 5 francs. Chaque volume se vendra séparément.

Voir, à la fin du volume, la notice sur l'ENCYCLOPÉDIE SCIENTIFIQUE, pour les conditions générales de publication.

TABLE DES VOLUMES
ET LISTE DES COLLABORATEURS

Les volumes parus sont indiqués par un *.

A. — Science du calcul.

B. — Analyse appliquée.

C. — Géométrie appliquée.

VI ENCYCLOPÉDIE SCIENTIFIQUE

NOTA. — La collaboration des auteurs appartenant aux armées de terre et de mer, ou à certaines administrations de l'Etat, ne sera définitivement acquise que moyennant l'approbation émanant du ministère compétent.

ENCYCLOPÉDIE SCIENTIFIQUE

PUBLIÉE SOUS LA DIRECTION

du Dr TOULOUSE, Directeur de Laboratoire à l'École des Hautes-Études.
Secrétaire général : H. PIÉRON, Agrégé de l'Université.

BIBLIOTHÈQUE DE MATHÉMATIQUES APPLIQUÉES

Directeur : M. D'OCAGNE

Ingénieur des Ponts et Chaussées, Professeur à l'École des Ponts et Chaussées
Répétiteur à l'École polytechnique.

CALCUL GRAPHIQUE

ET

NOMOGRAPHIE

CALCUL GRAPHIQUE

ET

NOMOGRAPHIE

PAR

M. D'OCAGNE

INGÉNIEUR DES PONTS ET CHAUSSÉES
PROFESSEUR A L'ÉCOLE DES PONTS ET CHAUSSÉES
RÉPÉTITEUR A L'ÉCOLE POLYTECHNIQUE

———

Avec 146 figures dans le texte

———

PARIS

OCTAVE DOIN, ÉDITEUR

8, PLACE DE L'ODÉON, 8

—

1908

ERRATA

Page 23,   1re ligne, au lieu de « relimite », il faut « ne limite ».
Page 43,   4e ligne de la *Remarque*, au lieu « du. dernier ». il
            faut « de l'avant-dernier ».
Page 58,   3e ligne, au lieu de « z_1 », il faut « z_1' ».
Page 70,   la seconde figure doit être numérotée 34.
Page 115,   2e et 3e lignes, il faut permuter les lettres Γ_1 et Γ.
Page 137,   5e ligne, au lieu de « π_1' », il faut « π_1 ».
Page 217,   1re ligne, l'indice 4, après le mot « transparent »,
            doit être remplacé par une virgule.
Page 219,   7e ligne, en rem., au lieu de « déplacements », il faut
            « translations ».
Page 229,   avant-dernière ligne de la note 1, le signe de paren-
            thèse avant le mot « exemple » doit être reporté,
            en même temps que retourné, immédiatement
            après « p. 28 ».
Page 212,   10e ligne, au lieu de « f_3 », il faut « φ_3 ».
Page 251,   1re ligne de la note 1, au lieu de « rapport », il faut
            « report ».
Page 270,   1re ligne, au lieu de « supposer », il faut « super-
            poser ».
Page 313,   2e ligne, supprimer le point final.
Page 323,   avant-dernier alinéa, le numéro de renvoi doit être
            2 et non 1.
Page 328,   4e ligne, au lieu de « nombres », il faut « membres ».
Page 384,   après « Equations différentielles », au lieu de « 169 »,
            il faut « 149 ».
   —   après « Index », au lieu de « 234 », il faut « 334 ».
Page 388,   5e ligne, il faut séparer « intervalles variables » et
            « schémas rayonnants » par un point.

AVANT-PROPOS

SUR L'APPLICATION DE LA MÉTHODE GRAPHIQUE
A L'ART DU CALCUL [1]

L'application des mathématiques à un objet pratique aboutit en dernière analyse au calcul numérique de certaines quantités inconnues, liées à des quantités données par des relations (formules ou équations[2]) connues.

On doit, pour bien faire, s'efforcer de réduire cette détermination numérique, dont le résultat seul est intéressant, à l'opération la plus simple possible, la plus rapide, en même temps que la moins sujette à erreur.

L'emploi de la méthode graphique s'est, à cet égard, montré particulièrement efficace et semble devoir s'imposer chaque jour davantage, en tant du moins, — ce qui est très généralement le cas dans la pratique, — que l'on puisse se contenter d'une approximation relative ne dépassant pas le 0,001, voire le 0,0001.

Il n'y a guère d'exceptions à citer, à cet égard, que,

---

[1] Leçon inaugurale du cours libre de *Calcul graphique et Nomographie* ouvert à la Sorbonne le 1er mars 1907, et dont le présent volume n'est que le développement.
Les renvois à l'index bibliographique de la fin du volume sont indiqués par le nom de l'auteur en capitales.

[2] L'habitude est assez généralement prise de dire *formule* ou *équation* suivant que la relation appliquée fait connaître l'inconnue sous forme explicite ou implicite.

*

d'une part, certains calculs d'astronomie, de géodésie ou
de physique mathématique, qui doivent offrir une précision au moins égale à celle que permettent d'atteindre les
instruments de mesure les plus parfaits ; de l'autre, les calculs financiers, lorsqu'il s'agit de fixer définitivement la
somme par laquelle est réglée une certaine transaction, les
intérêts en jeu ne pouvant consentir aucun sacrifice sur
l'approximation poussée jusqu'aux centimes, quelle que
soit l'importance de la somme considérée.

Encore s'en faut-il que, dans les applications de ce genre,
la méthode graphique soit dépourvue de toute utilité. Pour
les calculs scientifiques de précision, elle fournit sans effort
soit certaines valeurs de départ à modifier par les méthodes
connues d'approximations successives, soit, au contraire,
certains termes correctifs dont la valeur ne porte que sur
un petit nombre de décimales. Elle permet, dans le domaine
financier, la discussion rapide de certaines opérations, qui
ne donneront lieu à des calculs poussés jusqu'au bout, — et
pour lesquels les machines à calcul seront d'un grand
secours, — qu'au moment de leur réalisation.

Mais il est un domaine immense où, vu le degré d'approximation pratiquement utile, la méthode graphique peut
à peu près suffire à tout : c'est celui de la science de l'ingénieur, ce terme étant d'ailleurs pris dans son acception la
plus générale ; et c'est en raison des services qu'elle y a déjà
rendus et que l'on prévoit qu'elle peut y rendre encore,
qu'elle jouit maintenant d'une importance incontestée.

Nous allons voir que cette intervention du graphique
dans le domaine du calcul peut se produire sous deux
formes qu'il convient de séparer nettement l'une de l'autre,
non pas qu'il n'existe entre elles des points de contact d'ailleurs évidents, mais parce qu'elles répondent en réalité à
des conceptions théoriques essentiellement distinctes et surtout parce qu'elles se traduisent en pratique par des modes
opératoires tout à fait différents.

A vrai dire, cette distinction ne s'est définitivement affirmée qu'à une date toute récente[1]. Cela est d'ailleurs conforme à ce qui s'est passé dans l'élaboration de toutes les branches de la science pure ou appliquée, le progrès des idées entraînant fatalement une nouvelle ordonnancé des notions qui, de prime abord, se sont offertes un peu confusément à l'esprit de l'homme.

Il est donc bien entendu que si, dans l'esquisse que nous allons présenter de la genèse de notre sujet, nous nous efforçons de mettre à part ce qui se rapporte à l'un et à l'autre de ces ordres d'idées, en réalité, leurs développements historiques n'ont pas été aussi séparés.

I

Le premier mode de réduction des faits du calcul à la méthode graphique repose sur la substitution aux nombres soumis au calcul de segments de droites dont ils représentent les longueurs lorsqu'on a fait choix d'une certaine unité ; sur ces segments on effectue des constructions aboutissant à d'autres segments dont les longueurs font connaître les valeurs des inconnues.

Telle est l'essence du *Calcul graphique* proprement dit, dont nous allons d'abord nous occuper. Il suppose, comme on voit, l'exécution, dans chaque cas, d'une épure faite, est-il besoin de le dire, avec le plus grand soin possible. Il s'adresse donc surtout à ceux qui ont l'habitude du dessin de précision ; mais un tel dessin se pratiquant de façon en quelque sorte permanente dans les bureaux d'ingénieurs, on peut prévoir qu'un tel mode de calcul n'y sera pas en défaveur.

---

[1] Voir : O., 11.

On peut, si on le veut, confondre l'origine de ce calcul par les lignes avec celle même de la géométrie classique, toute propriété métrique d'une figure plane pouvant être utilisée pour l'exécution d'un certain calcul. C'est ainsi, par exemple, qu'en découvrant le célèbre théorème du carré de l'hypoténuse, Pythagore nous a donné le moyen d'effectuer, par une construction bien simple, les opérations

$$\sqrt{a^2 + b^2} \quad \text{et} \quad \sqrt{a^2 - b^2}.$$

Pour réaliser les constructions géométriques, les instruments dont nous nous servons sont la règle et le compas, auxquels est venue se joindre l'équerre qui introduit d'utiles simplifications dans les tracés, mais, dont le rôle n'a rien d'indispensable. A la vérité même, on pourrait se passer de la règle et ne recourir qu'à l'usage du seul compas, comme l'Italien Mascheroni l'a montré dans sa *Geometria del Compasso* (1787). Sans méconnaître l'intérêt d'une telle tentative, nous ne pouvons y voir qu'une simple curiosité mathématique. D'autres géomètres, parmi lesquels il convient de citer surtout Schooten (1656), le même Mascheroni (1753), Servois (1804), G. de Lonchamps (1890), ont essayé, par contre, de ne faire usage que de la règle seule; mais celle-ci ne permet pas, comme le compas, de parcourir tout le champ des constructions géométriques. L'illustre Poncelet a fait cette remarque curieuse que, pour que la règle pût ensuite intervenir seule, il suffisait qu'un cercle, d'ailleurs quelconque, mais de centre marqué, eût été préalablement tracé, une fois pour toutes, sur le plan de la figure. Cette idée a, depuis lors, été développée par Steiner.

Quoi qu'il en soit du rôle prédominant accordé soit à la règle, soit au compas, la question qui se pose est celle-ci : toutes les relations de grandeurs, exprimables analytiquement, peuvent-elles se traduire en constructions géométriques réalisables au moyen de la règle et du compas?

La réponse à cette question est négative : on le sait couramment aujourd'hui, et les raisons qui l'établissent ont été exposées par M. Félix Klein[1] avec une admirable simplicité.

« La condition nécessaire et suffisante pour qu'une expression analytique puisse être construite avec la règle et le compas est qu'elle se déduise des grandeurs connues par des opérations rationnelles ou par des racines carrées en nombre fini.

« Par conséquent, pour démontrer qu'une grandeur ne peut être construite avec la règle et le compas, il suffira de faire voir que l'équation qui la fournit n'est pas résoluble par un nombre fini de racines carrées.

« A plus forte raison en sera-t-il ainsi lorsque l'équation du problème n'est pas algébrique[2]... »

Si donc on démontre qu'un certain nombre ne peut être racine d'aucune équation algébrique à coefficients entiers, on établit par cela même l'impossibilité de sa construction par la règle et le compas. C'est ce qui a eu lieu pour le nombre π, rapport de la circonférence au diamètre, grâce aux admirables travaux d'Hermite, complétés sur ce point particulier par M. Lindemann, qui ont définitivement prouvé l'impossibilité de la quadrature du cercle.

On ne saurait donc songer à construire rigoureusement, au moyen de la règle et du compas, un segment de droite ayant même longueur qu'un arc de cercle donné. Mais il y a lieu de s'arrêter un instant sur ce mot : *rigoureusement*. Quand on parle des constructions tirées de la géométrie classique, on suppose qu'elles réalisent les conditions idéales fixées par les énoncés des théorèmes correspondants. Or, il s'en faut qu'il en soit ainsi. Il suffit, pour s'en convaincre,

---

[1] *Leçons sur certaines questions de géométrie élémentaire* de M. Klein, rédigées en français par M. J. Griess ; Paris, Nony et Vuibert, 1896.

[2] *Loc. cit.*, p. 12.

de réfléchir un instant à la façon dont sont reportées sur le dessin les longueurs que l'on relève au moyen d'une certaine échelle métrique (dont la division est elle-même généralement entachée de petites erreurs). La précision ainsi obtenue, — il est à peine besoin de le faire remarquer, — bien loin d'être indéfinie, est, au contraire, assez rapidement bornée, ne fût-ce que par l'épaisseur même des traits qui nous servent à figurer sur le papier les lignes idéales de la géométrie. Peut-on répondre couramment du dixième de millimètre ? Il serait aventuré de l'assurer. Au surplus, il s'en faut de beaucoup qu'on ait généralement besoin, en pratique, de pousser la précision jusque-là. Dès lors, si une construction, non pas rigoureuse mais approchée, fournit le résultat avec une erreur qui reste inférieure soit à la tolérance admise pour l'objet qu'on a en vue, soit même aux plus petits écarts susceptibles de tomber sous la constatation directe de nos sens, cette construction approchée aura pratiquement pour nous la même valeur qu'une construction rigoureuse. Et c'est ainsi, par exemple, qu'à défaut de la rectification rigoureuse, *théoriquement* impossible, d'un arc de cercle, nous pouvons recourir à tel tracé approché comportant toute la précision dont nous pouvons avoir besoin, et dire, par conséquent, que la quadrature du cercle peut être *pratiquement* réalisée[1].

Il suit de là que les procédés du calcul graphique auront plus d'ampleur que ceux qui dériveraient de la stricte application des propositions rigoureuses de la géométrie et, par conséquent, que le champ où ils pourront s'exercer sera de plus vaste étendue.

[1] Voir notamment la construction très simple, reproduite plus loin (p. 129), que nous avons donnée pour cet objet.

II

Au surplus, la simple accumulation des constructions si diverses empruntées aux éléments de la géométrie n'aurait pas suffi à constituer ce qu'on peut appeler un corps de doctrine. Il était nécessaire pour cela de codifier, en quelque sorte, un nombre restreint de constructions fondamentales, susceptibles d'applications étendues se développant suivant une marche systématique.

La première tentative qui semble avoir été sérieusement faite en ce sens est due à un ingénieur français des Ponts et Chaussées, Cousinery, et remonte à l'année 1839[1]. Cette tentative, assurément intéressante, eût mérité au moins d'être encouragée. Elle passa à peu près inaperçue; la réforme n'était pas encore mûre. Pour qu'une doctrine visant un but pratique arrive à s'imposer, il faut qu'elle réponde à une sorte de besoin préexistant des branches d'application auxquelles elle s'adresse. Ce n'était pas, vers 1840, le cas pour le calcul par le trait préconisé par Cousinery. Il fallait, pour qu'on y revînt, que la preuve se trouvât faite, une vingtaine d'années plus tard, de l'efficacité de la méthode graphique par une application particulière : la détermination des dimensions des diverses parties d'un ouvrage d'après la connaissance des efforts auxquels elles ont à résister. Cette application avait d'ailleurs donné naissance à une doctrine spéciale, édifiée par Culmann, la *statique graphique*[2].

A vrai dire, la détermination purement géométrique des conditions de stabilité et de résistance avait, avant Culmann, tenté les efforts de divers savants ou ingénieurs, au premier

[1] Cousinery.
[2] Culmann.

rang desquels il faut citer Poncelet et, après lui, Saint-Guilhem, Méry, d'autres encore. « Mais, ainsi que l'a très justement fait observer M. Favaro, leurs recherches, limitées à certaines questions spéciales, n'ont pas eu pour effet de dégager les principes généraux qui auraient pu servir de base à de véritables méthodes [1]... »

Ces principes généraux devaient dériver de l'emploi systématique de certaines notions fondamentales anciennement acquises, comme celles du polygone des forces de Varignon et du polygone funiculaire, dont on n'avait pas tout d'abord aperçu l'utilisation possible pour cet objet. Tout au moins ne s'était-on pas avisé du degré de généralité auquel pouvait atteindre cette utilisation ; car divers essais isolés avaient précédé celui de Culmann, dus à Lamé et Clapeyron, alors jeunes ingénieurs des mines en mission à Saint-Pétersbourg (1826), à Taylor, simple dessinateur chez le constructeur anglais Cochrane, à Macquorn Rankine, à Clerk Maxwell, mais surtout au capitaine du génie français Michon dont, dès 1843, l'enseignement à l'école d'application de Metz « tout à fait conforme, dit M. Favaro, à l'esprit des méthodes de la statique graphique, présente la première application directe des propriétés du polygone des forces et du polygone funiculaire à l'étude de la stabilité des voûtes et des murs de revêtement ».

Néanmoins, c'est à Culmann que revient incontestablement l'honneur d'avoir, par son enseignement à l'École polytechnique de Zurich, à partir de 1860, définitivement fondé la statique graphique à l'état de corps de doctrine, cela soit dit sans rien enlever au mérite de ceux qui ont, depuis lors, contribué à perfectionner la théorie et à en étendre les applications, au premier rang desquels il faut citer Mohr, Cremona et M. Maurice Lévy.

La statique graphique, en raison de son objet spécial, sort

---

[1] FAVARO, Introduction du tome I.

du cadre de nos leçons, limité aux principes généraux du calcul graphique, indépendamment de telle ou telle application particulière ; mais nous ne pouvions ici la passer sous silence, car c'est de son expansion que date la faveur conquise auprès des hommes techniques, par l'emploi du trait pour le calcul.

Les auteurs des grands traités de statique graphique, à commencer par Culmann (qui, à cette occasion, a exhumé les anciens essais de Cousinery) ont jugé utile d'exposer, à titre de prolégomènes, quelques principes généraux de calcul graphique. D'autre part, l'extension prise par la notion primitive, sous la forme des courbes funiculaires qui permettaient d'effectuer graphiquement de véritables intégrations, fit sentir la possibilité de nouvelles généralisations. Il était nécessaire pour cela que ces diverses notions se dégageassent nettement du caractère quelque peu mécanique qu'elles tenaient de leur origine et fussent assises sur un fondement purement géométrique.

Cette nouvelle réforme a été l'œuvre d'un savant ingénieur belge, M. Massau, qui, en une série de remarquables Mémoires, parus de 1878 à 1890[1], a définitivement constitué une méthode générale d'intégration graphique, absolument affranchie de toute sujétion par rapport à la statique. Dans l'œuvre de M. Massau, marquée au coin de l'esprit le plus inventif, l'exposé des principes n'est pas séparé d'applications de belle ampleur, et d'intérêt considérable, mais au milieu desquelles ils sont un peu noyés. Il nous a paru qu'en les détachant de cet ensemble pour les enchaîner suivant un ordre plus didactique, on pourrait, pour une majorité d'étudiants, les mettre mieux en valeur. Et si nous avons quelque peu modifié l'ordre et les démonstrations de l'auteur, c'est afin d'assurer plus complètement l'unité du point de vue où nous avons voulu nous placer en

---

[1] MASSAU, 1.

essayant de constituer des sortes d'éléments de calcul graphique, — intégration comprise, — analogues à ce que sont
les éléments de l'algèbre classique, tels qu'ils s'enseignent
en France, dans les classes de mathématiques spéciales.

Signalons encore, d'un seul mot, d'autres procédés de
calcul graphique, analogues au précédent, mais qui uti-
lisent la représentation des nombres par des segments dont
la longueur leur est non pas proportionnelle, mais liée suivant certaines fonctions d'un usage courant, comme le logarithme (échelle logarithmique) ou les puissances entières
(échelles paraboliques).

M. Mehmke a poursuivi d'intéressantes recherches sur
l'emploi en calcul graphique de l'échelle logarithmique [1], et
M. F. Boulad [2], en vue de certaines applications aux calculs
de résistance, a fait un heureux usage des échelles paraboliques.

III

Nous arrivons au second mode d'intervention de la méthode graphique dans le domaine du calcul. Il est, avons-
nous dit, essentiellement distinct du précédent; et pourtant,
ce qu'on en savait jusqu'en ces derniers temps était resté
mélangé aux principes du calcul graphique proprement dit,
dont on le distinguait à peine. Aujourd'hui il a, à son
tour, conquis une autonomie propre sous la forme du corps de
doctrine qui a reçu le nom de *nomographie*. Il est aisé de
faire saisir *a priori* ce qui constitue son essence au moyen
d'une comparaison familière.

Tout le monde connaît les graphiques au moyen desquels
le ·Bureau central météorologique indique la répartition

[1] Voir, plus loin, nᵒˢ 22 et 98.
[2] Voir nᵒ 75.

des hauteurs barométriques à une date donnée. Sur ces cartes figurent trois systèmes de lignes, munis chacun d'une certaine chiffraison : les méridiens dont la cote est la longitude, les parallèles dont la cote est la latitude, les lignes, dites·isobares, qui unissent tous les points où la hauteur barométrique atteint une même valeur, inscrite comme cote, à côté de chacune d'elles. Voici donc un nombre, la hauteur barométrique, qui dépend de deux autres, la longitude et la latitude, qui en est *fonction*, comme disent les mathématiciens (sans que ce terme implique la moindre idée de causalité), et dont on a la valeur en lisant simplement la cote d'une certaine ligne, l'isobare, passant par le point de rencontre de deux autres lignes, le méridien et le parallèle, cotées au moyen des valeurs des nombres donnés. Cet exemple simple suffit à faire comprendre comment certains systèmes de *lignes cotées* étant tracés (ici, les méridiens, les parallèles et les isobares), une simple lecture de cote, guidée par une certaine relation de position (ici, le passage de trois de ces lignes par un même point), permet d'obtenir la valeur du nombre cherché. Dans cet exemple, ce nombre est déterminé empiriquement, et les lignes cotées tracées sur le quadrillage des données ne servent qu'à enregistrer les résultats de certaines observations physiques. Mais il pourrait tout aussi bien s'agir d'un nombre déterminé par un certain calcul portant sur deux nombres donnés, et, dans ce cas, les lignes cotées auraient pour rôle non seulement d'enregistrer, mais de *déterminer* les résultats de ce calcul correspondant à toutes les valeurs des données comprises dans le cadre considéré. Le tracé de ces lignes cotées est alors réduit à certaines constructions qu'il est du rôle du mathématicien de rendre aussi simples et expéditives que possible.

On conçoit, de prime abord, que les systèmes cotés pourront être employés en plus grand nombre, rendus au besoin mobiles les uns par rapport aux autres, astreints à des relations de position plus ou moins compliquées, et qu'on engendrera ainsi des tables graphiques cotées, ou *nomogrammes*, applicables à des calculs portant sur un nombre de données de plus en plus grand, entrant dans des relations de forme de plus en plus générale. C'est l'étude de ces nomogrammes qui constitue l'objet de la *nomographie*.

L'établissement des nomogrammes étant affaire de dessin, il va de soi que l'approximation qu'ils comportent s'arrête aux mêmes bornes que celle du calcul graphique proprement dit. Nous avons déjà vu, d'ailleurs, que cette approximation suffit largement dans la plupart des cas de la pratique. Mais il y a, d'une discipline à l'autre, cette différence capitale que le nomogramme fournit la mise en nombres d'une certaine relation mathématique *à la fois* pour toutes les valeurs que peuvent prendre les données dans les limites fixées par son cadre, tandis que les épures du calcul graphique doivent être refaites pour chaque nouveau choix des données.

Les tableaux cotés du type à quadrillage précédemment décrit, dits aussi *abaques*[1], qui constituent la forme, en quelque sorte, la plus naturelle du nomogramme et, pendant longtemps, la plus courante, puisent leur origine dans la considération des coordonnées de Descartes. Il est même assez curieux qu'en imaginant ce système de coordonnées, le grand philosophe entendait plutôt mettre l'art des constructions géométriques au service de l'algèbre que réduire l'étude des faits géométriques à des déductions purement analytiques. C'est en évoluant pourtant dans ce dernier sens que, pour le plus grand bien du progrès de nos connaissances, la méthode a pu révéler sa merveilleuse fécondité. Il n'en reste pas moins que l'usage beaucoup plus modeste

---

[1] En dépit de son étymologie qui le rattache à l'idée d'un damier (en grec, ἄϐαξ), ce terme est aussi fréquemment employé pour désigner, de façon générale, un nomogramme.

auquel elle se prête dans le domaine nomographique répond peut-être plus exactement à la conception primitive de l'illustre inventeur.

Le premier essai systématique de réduction des opérations de calcul à l'emploi d'abaques quadrillés semble dû à Pouchet (1795), bien qu'on en puisse rencontrer, avant lui, des exemples isolés, voire d'une certaine ampleur, comme celui qui se rencontre dans les curieuses *Longitud Tables* et *Horary Tables* de Margetts, publiées à Londres en 1791[1].

Ce n'est d'ailleurs qu'une cinquantaine d'années plus tard que l'emploi des tables graphiques de calcul commença à se répandre dans la pratique courante, à la suite des travaux de l'ingénieur des Ponts et Chaussées Lalanne qui, en 1843, introduisit dans leur construction d'ingénieuses simplifications. Ces simplifications résultaient du principe dit de l'*anamorphose* qui permettait, en beaucoup de cas, de substituer au tableau primitif portant certains systèmes de courbes un autre tableau, sorte d'image déformée du premier, sur lequel toutes ces courbes sont devenues des droites. C'est d'ailleurs M. Massau qui, en 1884, a porté ce principe à son plus haut degré de généralité.

Pour le cas où chacun des systèmes cotés figurant sur le tableau est formé de droites *parallèles*, M. Lallemand, en leur substituant, sur ses *abaques hexagonaux*, trois axes concourants tracés sur un transparent que l'on déplace en lui conservant la même orientation, a indiqué, en 1886, la source de nombreuses améliorations sous le rapport des dispositions pratiques et de généralisations intéressantes relatives à des équations contenant des données en nombre quelconque; de forme très spéciale à la vérité, ces équations sont pourtant fréquentes dans la pratique.

Mais, dès 1884, un nouveau champ avait été ouvert à la

---

[1] L'existence nous en a été signalée par M. l'Ingénieur hydrographe en chef Favé.

nomographie par l'introduction de la notion des points alignés. Il semble, au premier abord, qu'il y ait quelque illo-
gisme à ce que l'idée de recourir systématiquement, pour
les besoins du calcul, à de simples points cotés au lieu de
lignes cotées, se soit présentée en dernier lieu. Il est pourtant facile d'en saisir la raison. La ligne cotée est née, peut-
on dire, du groupement d'une infinité de points où l'on
peut considérer qu'un certain élément, dépendant de la position de chacun d'eux, a une même valeur. Le point coté
peut de même être considéré, en quelque sorte, comme le
lieu commun d'une infinité de droites pour chacune desquelles certain élément, lié à leur position, a aussi une
même valeur. Dans le cas des lignes cotées, c'est le point
qui est pris comme élément primordial du plan, et, dans
celui des points cotés, c'est la droite. Les mathématiciens
diront que, dans le premier cas, l'interprétation géométrique des faits analytiques a lieu dans le domaine *ponctuel*,
et, dans le second, qu'elle a lieu dans le domaine *tangentiel*.
Or, nous sommes bien plus habitués à voir dans le premier
de ces domaines que dans le second ; d'où l'ordre qu'a suivi
la genèse de ces diverses idées.

Au point de vue pratique, les nomogrammes à points alignés offrent cet avantage qu'il est plus expéditif et plus
précis, une droite étant tirée entre deux points cotés, de lire
la cote du point où elle rencontre une troisième échelle que
de discerner, au milieu d'un réseau de lignes cotées, celles
qui concourent en un même point et de suivre chacune
d'elles entre ce point de concours et celui où sa cote se
trouve inscrite. Mais ce qui est plus précieux encore, c'est
la possibilité de faire coexister sur un même nomogramme
des systèmes de points cotés, en nombre, pour ainsi dire,
indéfini, possibilité qui n'existe pas pour les systèmes de
lignes cotées ; d'où une bien plus grande souplesse, en même
temps qu'un champ de généralisation beaucoup plus vaste. Les
extensions et les applications nouvelles qu'a reçues la mé-

thode depuis qu'elle a paru, sont d'ailleurs plus probantes à cet égard qu'aucune dissertation [1].

En outre, l'étude des équations réductibles à la forme qui correspond à telle ou telle variété de nomogramme à alignement, a fait naître une théorie mathématique d'un intérêt intrinsèque, qui s'est encore enrichie dernièrement des travaux de M. l'ingénieur Soreau et de M. le professeur Clark. Au surplus, telle est la généralité des caractères algébriques ainsi mis en évidence qu'il n'est, pour ainsi dire, pas d'équation puisée dans les applications pratiques qui y échappe. On pourrait d'ailleurs toujours, si, par hasard, une équation ne remplissait pas les conditions voulues, l'y ramener approximativement, au moins entre des limites suffisamment approchées; le capitaine Lafay a même indiqué, pour cela, un procédé graphique intéressant [2].

Enfin, la considération de la droite mobile, servant à prendre les alignements, et qui peut être supposée tirée sur un plan transparent (dont les déplacements par rapport au plan fixe, portant les échelles, sont à trois degrés de liberté), conduit tout naturellement à l'idée de tracer sur ce transparent, ou même sur plusieurs transparents superposés, des lignes moins simples, voire des systèmes d'éléments cotés pouvant donner lieu à des relations de position plus compliquées entre éléments cotés de plus en plus nombreux. Cette indication sommaire suffit à faire entrevoir l'étendue des horizons qui s'ouvrent encore devant nous, dans le domaine de la nomographie [3].

---

[1] Voir: O., **14**.

[2] LAFAY.

[3] On peut, d'ailleurs, très légitimement étendre ce domaine à certaines machines à calculer dans lesquelles sont établies des liaisons mécaniques entre des échelles fonctionnelles. Ces machines, au premier rang desquelles il faut citer celles, si remarquables, de M. L. Torres pour la résolution des équations, apparaissent ainsi comme de véritables nomogrammes mécaniques.

Nota bene. — En raison des nécessités du format, les figures qui suivent ne doivent être considérées que comme des *images* des épures ou nomogrammes tels qu'ils devraient être effectivement construits dans la pratique.

INTRODUCTION

———

Rappel de notions de Géométrie analytique.

1. Coordonnées cartésiennes. — Pour rapporter un point P d'un plan à deux axes Ox et Oy
tracés d'une manière quelconque dans ce plan, on peut
mener par le point P des parallèles PA et PB à deux
directions fixes Δ_x et Δ_y, respectivement conjuguées
de Ox et de Oy, et relever les segments $x = OA$,
$y = OB$ ainsi déterminés sur les axes.

Ce sont ces segments ou, plutôt, ce sont les *nombres*,
pourvus de signe, exprimant leur grandeur et leur sens
(lorsqu'on a fait choix d'une certaine unité de longueur),
qui sont dits les *coordonnées* du point P pour le système
d'axes considéré.

Lorsque les axes Ox et Oy sont rectangulaires, il est
tout naturel de prendre les directions Δ_x et Δ_y respectivement perpendiculaires à Ox et à Oy, ou, ce qui
revient au même, parallèles à Oy et à Ox.

Lorsque les axes ne sont pas rectangulaires, on est
dans l'habitude, pour le choix de Δ_x et de Δ_y, de main-
tenir la dernière condition exprimée, c'est-à-dire de
prendre Δ_x parallèle à Oy et Δ_y parallèle à Ox (fig. 1).

Mais on pourrait tout aussi bien, — et, de fait, cela se rencontrera par la suite, — s'en tenir à la première forme en prenant Δ_x et Δ_y respectivement perpendiculaires à Ox et Oy. Les coordonnées ainsi obtenues pourraient être dites *orthogonales*.

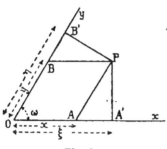

Fig. 1.

Il est d'ailleurs bien facile de passer d'un cas à l'autre. Si, en effet, ω étant l'angle des axes, on appelle x et y les coordonnées obliques ordinaires définies par ces axes, ξ et η les coordonnées correspondant aux directions Δ_x et Δ_y respectivement perpendiculaires à ces axes, on voit immédiatement que l'on a :

$$\xi = x + y \cos \omega,$$
$$\eta = y + x \cos \omega,$$

d'où

$$x = \frac{\xi - \eta \cos \omega}{\sin^2 \omega},$$
$$y = \frac{\eta - \xi \cos \omega}{\sin^2 \omega}.$$

Il suffit de remplacer x et y par ces valeurs dans l'équation cartésienne ordinaire d'une ligne quelconque pour avoir l'équation de cette ligne en ξ et η ; on voit que cette substitution n'altère pas le degré de l'équation transformée ; en particulier, la droite a une équation en ξ et η du premier degré.

Mais on peut aussi, très simplement, obtenir une détermination directe de la droite au moyen de ces coordonnées ξ, η.

Nous établirons, pour cela, la relation fondamentale que voici :

Donnons-nous trois axes $O\xi$, $O\eta$, $O\zeta$, absolument quelconques, issus de l'origine O, et sur chacun desquels nous choisissons un sens positif indiqué par une flèche (fig. 2). Dès lors, l'angle de la direction $O\eta$ avec $O\xi$, que nous représentons par $\overset{\frown}{\xi\eta}$, est défini sans

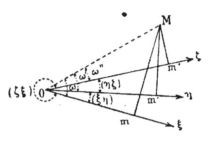

Fig. 2.

ambiguïté[1]; de même pour $\overset{\frown}{\eta\zeta}$, et pour $\overset{\frown}{\zeta\xi}$. Cela posé, si on projette un point M quelconque en m, m' et m'' sur les trois axes, et si on appelle ξ, η, ζ les longueurs Om, Om', Om'', prises avec leur signe, on a la relation générale

$$(1) \qquad \xi \sin \overset{\frown}{\eta\zeta} + \eta \sin \overset{\frown}{\zeta\xi} + \zeta \sin \overset{\frown}{\xi\eta} = 0.$$

Si, en effet, ω, ω', ω'' sont les angles de OM avec les trois axes, cette relation revient à

$$\cos \omega \sin \overset{\frown}{\eta\zeta} + \cos \omega' \sin \overset{\frown}{\zeta\xi} + \cos \omega'' \sin \overset{\frown}{\xi\eta} = 0.$$

Or on a :

$$\omega' = \omega - \widehat{\xi\eta}.$$
$$\omega'' = \omega - \left(\widehat{\xi\eta} + \widehat{\eta\zeta}\right).$$
$$\widehat{\zeta\xi} = 2\pi - \left(\widehat{\xi\eta} + \widehat{\eta\zeta}\right).$$

---

[1] Rappelons que c'est le plus petit angle dont il faut faire tourner, dans le sens direct, la partie positive de l'axe $O\xi$ pour l'amener sur la partie positive de l'axe $O\eta$.

et la substitution de ces valeurs dans l'expression précédente la transforme en une identité, comme on le voit immédiatement en développant par rapport à cos ω et sin ω.

A titre de cas particulier, on peut remarquer que si $O\zeta$ est la bissectrice de l'angle $\xi O \eta$, supposé égal à 2θ, on a :

$$\widehat{\xi\eta} = 2\theta, \quad \widehat{\eta\zeta} = \widehat{\zeta\xi} = 2\pi - \theta,$$

et la relation devient :

$$(2) \qquad \xi + \eta = 2\zeta \cos \theta,$$

susceptible, sous cette forme, d'une vérification immédiate.

Il suffit, dans la relation (1), de supposer ζ constant pour que le point M décrive une droite perpendiculaire à $O\zeta$, dont cette relation, où ξ et η sont seuls variables, fournit alors l'équation dans ce système de coordonnées.

Remarque. — Trois vecteurs respectivement dirigés suivant Mm, Mm', Mm'', et proportionnels à $\sin \widehat{\eta\zeta}$, $\sin \widehat{\zeta\xi}$, $\sin \widehat{\xi\zeta}$, ayant une résultante nulle, on voit que la relation (1) exprime pour ces vecteurs le théorème des moments, ceux-ci étant pris par rapport à l'origine O.

2. Coordonnées tangentielles. Principe de dualité. — L'équation cartésienne d'une droite peut, en général, se mettre sous la forme

$$ux + vy + 1 = 0.$$

Dès lors, cette droite est complètement déterminée quand on se donne les valeurs des paramètres u et v. L'ensemble de ces nombres (u, v) définissant une droite, comme l'ensemble des nombres (x, y) définit un point, on peut dire que u et v sont les *coordonnées de la droite* correspondante.

De même que, lorsque x et y sont liés par une certaine équation, le point correspondant est situé sur une certaine ligne qui peut être considérée comme définie par cette équation en x et y, de même, lorsque u et v sont liés par une certaine équation, la droite correspondante est tangente à une certaine ligne qui peut être considérée comme définie par cette équation en u et v.

Une équation en x et y, définissant, d'après cela, l'ensemble des points d'une ligne, est dite l'*équation ponctuelle* de cette ligne ; pareillement, une équation en u et v définissant l'ensemble des tangentes d'une ligne est dite l'*équation tangentielle* de cette ligne ; de là, pour u et v, le nom de *coordonnées tangentielles*.

Si, dans l'équation ci-dessus, on donne à u et v des valeurs fixes a et b, tous les systèmes de valeurs de x et y satisfaisant à l'équation

$$ax + by + 1 = o$$

définissent les points de la droite de coordonnées a, b ; on a donc ainsi l'*équation ponctuelle de cette droite*.

Pareillement, si, dans cette équation, on donne à x et y des valeurs fixes a et b, tous les systèmes de valeurs de u et v satisfaisant à l'équation

$$au + bv + 1 = o$$

définissent les droites passant par le point de coordonnées a, b ; on a donc ainsi l'*équation tangentielle de ce point*.

Remarquons, en outre, que la condition algébrique

du concours de trois droites, dans le premier cas, ou
de l'alignement de trois points, dans le second, est
identiquement la même; elle peut s'écrire :

$$\begin{vmatrix} a & b & 1 \\ a' & b' & 1 \\ a'' & b'' & 1 \end{vmatrix} = 0.$$

On voit ainsi que, suivant que l'on considère les
coordonnées courantes comme étant soit des coordonnées ponctuelles, soit des coordonnées tangentielles, on
peut, des mêmes équations algébriques, tirer des inter-
prétations géométriques différentes. Les deux figures
traduisant les mêmes équations, l'une dans le domaine
ponctuel, l'autre dans le domaine tangentiel, sont dites
corrélatives l'une de l'autre. Aux points de l'une correspondent les droites de l'autre, et réciproquement.

Toute relation géométrique pouvant, par l'emploi des
coordonnées ponctuelles, se traduire algébriquement, il
suffit, dans les équations qui servent à l'exprimer; de
substituer les coordonnées tangentielles aux coordonnées ponctuelles, et d'interpréter géométriquement les
équations ainsi modifiées pour obtenir une relation géométrique correspondante. C'est dans ce mode de correspondance que réside le *principe de dualité*. Il est de
la plus grande fécondité pour la transformation des
propriétés des figures, notamment des propriétés projectives, grâce à la remarque que le rapport anharmonique de quatre points d'une des figures est égal à celui
des quatre droites correspondantes de la figure corrélative.

Mais, pour l'objet que nous avons ici en vue, nous
n'avons à retenir de ce qui précède que *la possibilité,*

étant donnée une figure composée de droites, de lui subs-
tituer une figure composée de points et telle que si trois
droites de la première figure passent par un même point,
les trois points correspondants de la seconde sont alignés
sur une même droite.

Pour construire cette seconde figure quand la première est donnée, il faut connaître l'interprétation géométrique des coordonnées d'une droite, telles que nous
venons de les définir. Cette interprétation est immédiate.

Si nous appelons M et N
les points où la droite

$$ux + vy + 1 = 0$$

coupe respectivement les axes
Ox et Oy (fig. 3), nous voyons,
en faisant successivement

$$y = 0 \text{ et } x = 0,$$

Fig. 3.

que l'on a :

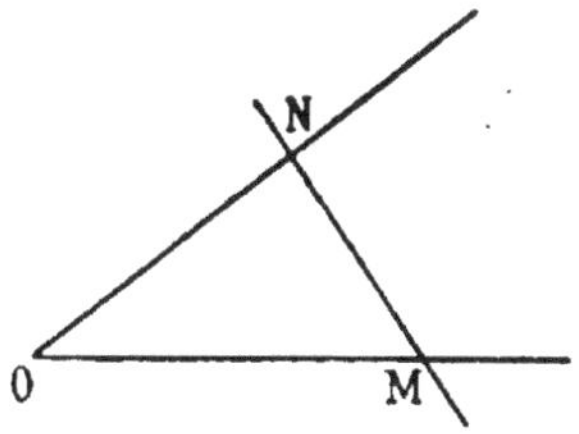

$$u = -\frac{1}{OM}, \qquad v = -\frac{1}{ON}.$$

Les coordonnées tangentielles ainsi définies sont dites
plückériennes, du nom du géomètre qui en a, le premier, fait un emploi systématique. Elles constituent un
outil analytique de premier ordre. Pratiquement, elles
ont le défaut de ne pas représenter *directement* des
longueurs de segments, en sorte que si, relevant sur une
figure des coordonnées ponctuelles, on veut construire
la figure corrélative[1], il est nécessaire, à cet effet, de

---

[1] Il est bien facile de voir que chaque figure et la symétrique
de l'autre par rapport à l'origine sont polaires réciproques par
rapport au cercle de rayon 1 ayant son centre à l'origine.

prendre les inverses de tous les segments que représentent ces coordonnées pour obtenir ceux que représentent ces mêmes coordonnées considérées comme tangentielles. C'est là une complication qu'il est très désirable d'éviter. La question se pose alors de trouver un système de coordonnées tangentielles permettant l'application du principe de dualité (c'est-à-dire avec lequel le point ait une équation du premier degré), mais qui représentent directement des segments de droite. Nous allons voir par quelle analyse logique on peut aboutir à la connaissance d'un tel système.

3. Différents systèmes de coordonnées tangentielles rattachés aux coordonnées cartésiennes.

— L'équation d'une droite quelconque du plan peut se mettre sous la forme

$$(au + bv + c) x + (a'u + b'v + c') y$$
$$+ a''u + b''v + c'' = 0,$$

u et v étant des paramètres, variables d'une droite à l'autre, qui, par suite, pourront être pris comme coordonnées de cette droite, et tous les autres coefficients des constantes dont on pourra disposer arbitrairement.

Remarquons tout d'abord qu'avec ces coordonnées u et v l'équation du point sera du premier degré[1], car pour toutes les droites (u, v) passant par un point (x, y)

---

[1] Il suit de là que l'équation en u et v d'une courbe de la classe n sera de degré n. En effet, les coordonnées des tangentes menées d'un point à une courbe étant définies par les équations en u et v de ce point et de cette courbe, et la première d'entre elles étant du premier degré, si la seconde est de degré n, les solutions communes seront au nombre de n; autrement dit, du point on pourra mener n tangentes à la courbe, et celle-ci sera bien de la classe n. En particulier, une équation du second degré en u et v définira une conique.

donné on aura (en écrivant simplement l'équation précédente sous une autre forme) :

$$(ax + a'y + a'') u + (bx + b'y + b'') v$$
$$+ cx + c'y + c'' = 0.$$

Cherchons maintenant la signification géométrique de ces coordonnées u et v. Pour cela, considérons les droites

(A) $\qquad ax + a'y + a'' = 0,$

(B) $\qquad bx + b'y + b'' = 0,$

(C) $\qquad cx + c'y + c'' = 0,$

et supposons que ces droites forment un triangle ABC (chaque sommet étant désigné par la même lettre que le côté opposé), ce qui suppose le déterminant

$$\begin{vmatrix} a & b & c \\ a' & b' & c' \\ a'' & b'' & c'' \end{vmatrix}$$

différent de 0.

Soient M et N les points où la droite considérée rencontre les droites (B) et (A) (fig. 4).

Les coordonnées du point N, satisfaisant à la fois aux équations

$$(A) u + (B) v + (C) = 0$$

et $\qquad\qquad (A) = 0,$

satisfont à

$$(B) v + (C) = 0.$$

Or les distances NH et NK du point N à (B) et à (C) sont proportionnelles aux résultats obtenus par substitution des coordonnées de ce point dans les premiers

membres des équations de ces droites (représentés par les mêmes notations). D'autre part, on a :

$$NH = NC \sin C,$$
$$NK = NB \sin B.$$

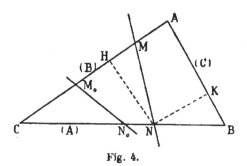

Fig. 4.

La dernière équation écrite donne donc :

$$v = \mu \cdot \frac{NB}{NC},$$

μ étant une constante dont il est inutile d'écrire l'expression détaillée.

On aurait de même, en considérant le point **M** :

$$u = \lambda \frac{MA}{MC}.$$

Si l'on prend une position particulière $M_0 N_0$ de la droite MN, on a :

$$u_0 = \lambda \frac{M_0 A}{M_0 C}, \qquad v_0 = \mu \cdot \frac{N_0 B}{N_0 C},$$

et les expressions trouvées pour u et v peuvent être mises sous la forme

$$u = u_0 \frac{M_0 C \cdot MA}{M_0 A \cdot MC}, \qquad v = v_0 \frac{N_0 C \cdot NB}{N_0 B \cdot NC}.$$

Pour **retrouver**, en partant de là, le système plücké-rien, il suffit de rejeter la droite (C) à l'infini, **parce** qu'alors, les rapports

$$\frac{MA}{M_0A} \quad \text{et} \quad \frac{NB}{N_0B}$$

tendant vers 1, on a, à la limite,

$$u = \frac{u_0 \cdot M_0C}{MC}, \quad v = \frac{v_0 \cdot N_0C}{NC}.$$

On peut d'ailleurs toujours choisir la droite M_0N_0 de façon que $\qquad u_0.M_0C = v_0.N_0C = 1,$

afin d'obtenir les expressions mêmes de Plücker :

$$u = -\frac{1}{CM}, \quad v = -\frac{1}{CN}.$$

Avec ce choix particulier du triangle de référence, nous avons, de l'expression de u ou de v, propor-tionnelle à $\frac{MA}{MC}$ ou à $\frac{NB}{NC}$, fait disparaître les numérateurs. Pour que les coordonnées u et v soient *directement* proportionnelles à des segments, c'est, au contraire, par une particularisation convenable du triangle de référence ABC, les dénominateurs qu'il faut faire disparaître. Or cette particularisation est évidente; c'est celle qui consiste, en maintenant la droite (C) à distance finie, à rejeter le sommet C à l'infini, c'est-à-dire à prendre les droites (A) et (B) parallèles. Dans ces conditions, les rapports

$$\frac{M_0C}{MC} \quad \text{et} \quad \frac{N_0C}{NC},$$

tendant vers l'unité, et la droite $M_0 N_0$ pouvant toujours être choisie de façon que

$$\frac{u_0}{M_0 A} = \frac{v_0}{N_0 B} = -1,$$

on a, à la limite,

$$u = AM, \quad v = BN.$$

Ainsi, les coordonnées tangentielles représentant directement des segments de droite,
et qui donnent, pour le point, une
équation linéaire en u et v, sont
celles qui sont définies comme suit :
*Deux axes parallèles, respectivement
munis des origines* A *et* B, *étant
coupés par une droite quelconque
aux points* M *et* N (fig. 5), *on
prend comme coordonnées de cette
droite les segments*

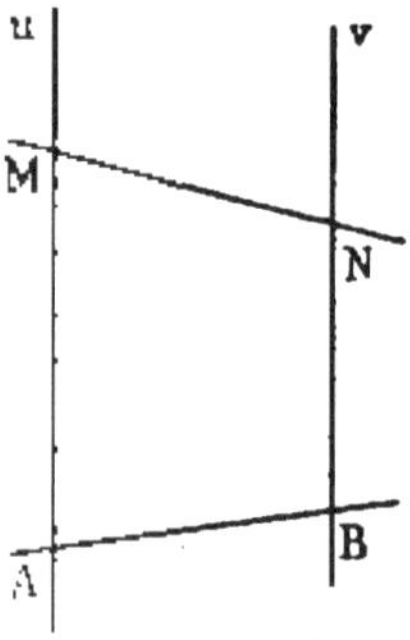

$$u = AM, \quad v = BN.$$

Fig. 5.

Telles sont les coordonnées tan-
gentielles, dites *parallèles*, dont nous nous servirons
ici exclusivement.

4. Coordonnées parallèles. — On peut fonder
sur l'emploi de ces coordonnées un système général de
géométrie analytique se prêtant à d'utiles applications[1] ;
nous ne retiendrons de leur théorie que ce dont nous
aurons besoin par la suite.

Pour construire le point défini par l'équation

(1) $au + bv + c = 0,$

il suffit de connaître deux systèmes de solutions en u et v de cette équation et de prendre le point de rencontre des deux droites dont chacun de ces systèmes constitue les coordonnées.

Faisons, en particulier, d'une part, $u = o$, de l'autre $v = o$, dans cette équation; soient $v = \beta$ et $u = \alpha$, les valeurs correspondantes de la seconde coordonnée, c'est-à-dire

$$\beta = -\frac{c}{b}, \quad \alpha = -\frac{c}{a}.$$

Si, en tenant compte du signe, on prend, sur les axes Au et Bv, les segments

$$AQ = \alpha, \quad BR = \beta,$$

on a donc le point P cherché par la rencontre des droites AR et BQ (fig. 6).

Lorsque, d'ailleurs, on met les valeurs de α et β en évidence dans l'équation (1), on voit qu'elle peut s'écrire

$$(1') \quad \frac{u}{\alpha} + \frac{v}{\beta} = 1.$$

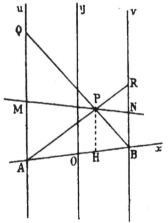

Fig. 6.

Il est généralement préférable, pour construire le point P, de recourir à des axes cartésiens.

Ceux dont nous nous servirons uniformément par la suite, — à moins de spécifier le contraire, — sont ainsi définis : l'origine O au milieu de AB, cette droite étant prise pour axe des x avec sens positif de O vers B;

l'axe Oy parallèle aux axes Au et Bv et de même sens positif; on représentera, en outre, le segment OB par δ. Dans ces conditions, les équations des droites BQ et AR étant respectivement

$$\frac{x}{\delta} + \frac{2y}{\alpha} = 1,$$

et

$$-\frac{x}{\delta} + \frac{2y}{\beta} = 1,$$

on en tire immédiatement, en remplaçant α et β par leurs valeurs ci-dessus,

$$(2) \quad \begin{cases} x = -\delta \dfrac{a-b}{a+b}, \\[2mm] y = -\dfrac{c}{a+b}. \end{cases}$$

Ainsi, la connaissance de l'équation (1) d'un point, en coordonnées parallèles, entraîne immédiatement celle de ses coordonnées cartésiennes définies par les formules (2). C'est à ces deux simples formules que se borne à peu près tout ce qu'il est essentiel de retenir de la théorie des coordonnées parallèles pour comprendre les applications qui vont en être faites par la suite.

Remarquons encore que, d'après les valeurs de α et β écrites plus haut, les équations ci-dessus des droites AR' et BQ peuvent s'écrire

$$(3) \quad \begin{cases} 2b\delta y + c(x+\delta) = 0, \\ 2a\delta y - c(x-\delta) = 0. \end{cases}$$

Remarque. — On peut obtenir les formules (2) par un procédé purement élémentaire que voici ;

Si la droite HP divise l'intervalle entre AM et BN dans

le rapport $\dfrac{AH}{HB} = \dfrac{b}{a}$,

on a, dans le trapèze AMNB,

$$\frac{AM - HP}{HP - BN} = \frac{b}{a},$$

ou $\quad\quad a \cdot AM + b \cdot BN = (a + b) \cdot HP$;

c'est-à-dire en posant $\quad AM = u, \quad BN = v, \quad HP = y$.

$$au + bv = (a + b)y.$$

Si donc la droite MN varie en passant par le point P supposé fixe, ce qui revient à prendre y constant, on voit, en posant $\quad\quad (a + b)y = -c$,

que l'on a : $\quad\quad au + bv + c = 0$.

Cette dernière équation s'applique donc bien à toutes les droites (u, v) passant par le point P d'ordonnée

$$y = \frac{-c}{a + b},$$

situé sur la parallèle HP aux axes telle que

(4) $\quad\quad \dfrac{AH}{HB} = \dfrac{b}{a}$,

ou, en posant $\quad OH = x, \quad OB = \delta$,

$$\frac{\delta + x}{\delta - x} = \frac{b}{a};$$

c'est-à-dire $\quad\quad x = -\delta \dfrac{a - b}{a + b}$.

On retrouve donc bien ainsi les formules (2) ci-dessus.

On voit d'ailleurs que le rapport $\dfrac{b}{a}$ joue ici le même

rôle que le coefficient angulaire en coordonnées cartésiennes[1] ; le caractère géométrique commun aux divers

---

[1] Sur la traduction géométrique comparée des mêmes symboles d'une part en coordonnées cartésiennes, de l'autre en coordonnées parallèles, voir les chapitres IX et X de l'ouvrage O., 2.

points pour lesquels ce rapport est le même consiste dans l'alignement sur une même droite parallèle aux axes Au et Bv.

En particulier, si $a = b$, le point correspondant est rejeté à l'infini et l'équation correspondante

$$a(u - v) + c = 0$$

définit une *direction*, celle dont le coefficient angulaire est donné par

$$\frac{v - u}{2\delta} = \frac{c}{2a\delta} \, .$$

5. Systèmes de points. — Si la position d'un point sur un plan dépend d'un paramètre variable α, les coefficients de l'équation en u et v de ce point s'expriment en fonction de ce paramètre, et cette équation s'écrit :

$$uf(\alpha) + v\varphi(\alpha) + \psi(\alpha) = 0.$$

La position du point correspondant à chaque valeur du paramètre α peut être définie en coordonnées cartésiennes au moyen des formules (2) où a, b, c seraient remplacés par leurs valeurs en fonction de α, et l'élimination de α entre ces formules ferait connaître l'équation cartésienne du lieu du point variable.

Mais on peut aussi déterminer ce lieu par son équation en u et v, obtenue par élimination de α entre l'équation du point variable et sa dérivée prise par rapport à α.

Ce problème est, en effet, analytiquement le même que celui qui, dans le domaine corrélatif, consiste à trouver l'enveloppe d'une droite dépendant d'un paramètre variable.

Si l'équation est du premier degré en u et v, elle peut s'écrire :

$$(1) \qquad U + \alpha V = 0,$$

U et V représentant des fonctions linéaires en u et v. Il est clair, en ce cas, que le point (α) se trouve sur la droite unissant les points

$$U = 0 \quad \text{et} \quad V = 0.$$

Si l'équation est du second degré en α, elle peut s'écrire :

$$(2) \qquad U + \alpha V + \alpha^2 W = 0.$$

Le lieu du point (α) est alors la courbe dont l'équation en u et v s'écrit :

$$(3) \qquad V^2 - 4UW = 0,$$

équation qui définit une conique[1]. Cette équation s'interprète d'ailleurs géométriquement de façon analogue à l'équation corrélative en coordonnées cartésiennes. De même que celle-ci définit une conique tangente aux droites $U = 0$ et $W = 0$ aux points où elles sont rencontrées par la droite $V = 0$, de même, en coordonnées u et v, on a une conique passant par les points $U = 0$ et $W = 0$, où les tangentes sont les droites unissant ces points au point $V = 0$.

Il est, en outre, essentiel de remarquer qu'un système du second degré peut être engendré par l'intersection de deux faisceaux de droites projetant chacun un système du premier degré. Si, en effet, on considère le point correspondant à une valeur particulière α_0 de α, point dont l'équation est :

$$(4) \qquad U + \alpha_0 V + \alpha_0^2 W = 0,$$

on voit que les coordonnées de la droite unissant ce point à un point quelconque (α) du système, satisfai-

---

[1] Voir la note au bas de la page 8.

sant à la fois aux équations (2) et (4), satisfont aussi à leur différence qui, après suppression du facteur $\alpha - \alpha_0$, différent de o, s'écrit

$$(5) \qquad V + (\alpha + \alpha_0)W = o,$$

et qui définit un système du premier degré situé sur la droite unissant les points $V = o$ et $W = o$. Par suite, en prenant deux valeurs particulières de x, à chacune desquelles correspondra un faisceau du premier degré, défini par une ponctuelle telle que (5), on engendrera le système du second degré.

Le même procédé ramènerait la construction d'un système du $n^{\text{ième}}$ degré à celle de deux systèmes du $(n - 1)^{\text{ième}}$; par suite, de proche en proche, on voit qu'*on peut construire un système de degré quelconque en partant de systèmes uniquement du premier degré.* Cette remarque sera largement utilisée par la suite.

6. Transformation homographique la plus générale. — Rappelons tout d'abord que le produit de deux déterminants de même ordre peut se mettre sous forme d'un déterminant de cet ordre par application de la règle qui s'exprime dans le cas du $3^{\text{ième}}$ ordre, par la relation

$$\begin{vmatrix} a_1 & b_1 & c_1 \\ a_2 & b_2 & c_2 \\ a_3 & b_3 & c_3 \end{vmatrix} \times \begin{vmatrix} l & m & n \\ l' & m' & n' \\ l'' & m'' & n'' \end{vmatrix} = \begin{vmatrix} a_1' & b_1' & c_1' \\ a_2' & b_2' & c_2' \\ a_3' & b_3' & c_3' \end{vmatrix}$$

avec (pour $i = 1, 2, 3$),

$$(1) \qquad \begin{cases} a_i' = la_i + mb_i + nc_i, \\ b_i' = l'a_i + m'b_i + n'c_i, \\ c_i' = l''a_i + m''b_i + n''c_i. \end{cases}$$

Si l'on représente ces trois déterminants par Δ, D et Δ', de telle sorte que

$$\Delta . D = \Delta',$$

on voit que, si D est différent de o, $\Delta = o$ entraîne $\Delta' = o$, et réciproquement.

Or, si a, b, c sont considérés, d'une manière générale, comme les coordonnées homogènes d'un point P, $\Delta = o$ exprime l'alignement sur une même droite des trois points P_1, P_2, P_3, et, de même $\Delta' = o$ pour les trois points P'_1, P'_2, P'_3. Par suite, les formules (1) (où on peut faire abstraction de l'indice i) définissent une transformation dans laquelle se correspondent les points P et P' de telle sorte que *si trois points sont alignés sur la première figure, il en est de même de leurs correspondants sur la seconde.* Une telle transformation est dite *homographique.*

Au lieu de considérer, ainsi que nous venons de le faire, a, b, c comme les coordonnées homogènes d'un point, on peut les considérer comme les coefficients de l'équation d'un point en coordonnées tangentielles et, plus particulièrement, en coordonnées parallèles, attendu que, dans ce second cas comme dans le précédent, la condition d'alignement des deux points s'exprime par

$$\Delta = o.$$

On peut voir que les deux figures, géométriquement distinctes, ainsi définies sont elles-mêmes homographiques l'une de l'autre. En effet, si a', b', c' sont les coordonnées homogènes du point pour lequel a, b, c sont les coefficients de l'équation en coordonnées parallèles, les formules (2) du n° 4 montrent que l'on a :

$$a' = -\delta (a - b), \quad b' = -c, \quad c' = a + b.$$

formules qui rentrent dans celles du groupe (1) ci-dessus, moyennant que l'on prenne :

$$l = -\delta, \quad m = \delta, \quad n = 0,$$
$$l' = 0, \quad m' = 0, \quad n' = -1.$$
$$l'' = 1, \quad m'' = 1, \quad n'' = 0.$$

Ceci montre qu'en considérant les valeurs de a, b, c,
soit comme des coordonnées homogènes, soit comme
des coefficients d'équations en u et v, on obtiendra la
même figure moyennant l'emploi de coefficients l, m, n
dans le premier cas, l_0, m_0, n_0 dans le second, liés les
uns aux autres par les relations

$$l = -\delta(l_0 - l'_0), \quad l' = -l'_0, \quad l'' = l_0 + l'_0,$$

et de même pour m et pour n.

Rappelons enfin, — ainsi qu'il est bien aisé de le
vérifier, — que la transformation homographique conserve le rapport anharmonique, c'est-à-dire qu'à quatre
points alignés d'une figure correspondent, sur la figure
transformée, quatre autres points alignés dont le rapport anharmonique est le même que celui des quatre
premiers.

Remarque. — Les coordonnées du transformé homographique le plus général d'un point renferment sous forme
homogène les 9 coefficients $l, m, \ldots, n''$; elles dépendent
donc en réalité de 8 paramètres. Ceci montre, puisque la
position d'un point sur un plan dépend de 2 paramètres,
qu'on peut se donner arbitrairement les transformés de
4 points quelconques.

LIVRE I

CALCUL GRAPHIQUE

CHAPITRE I

ARITHMÉTIQUE ET ALGÈBRE GRAPHIQUES

A. — Opérations arithmétiques.

7. Échelles métriques. — Pour opérer graphiquement sur des nombres, il convient tout d'abord de représenter chacun d'eux par un segment de droite dont il exprime la longueur mesurée au moyen d'une certaine unité, d'ailleurs choisie arbitrairement, que nous appellerons le *module*.

L'opération qui consiste à passer d'un nombre au segment correspondant, ou inversement, exige l'emploi d'une échelle métrique obtenue en répétant consécutivement un certain nombre de fois, sur une droite, le module choisi.

Chacun des segments unitaires peut être divisé en un même nombre de parties égales, elles-mêmes subdivisées à leur tour, à la condition de ne pas descendre à des intervalles graphiques par trop petits. Le demi-millimètre est une limite qui ne semble pas pratiquement pouvoir être dépassée. Il conviendra même, en général, de ne pas descendre au-dessous du millimètre pour la raison, tenant à l'interpolation à vue, qui va être donnée plus loin.

Strictement, une échelle métrique ne permet de représenter que des nombres exactement composés d'unités de l'ordre décimal correspondant à son plus petit intervalle. Par exemple, si le module est de 1^{cm}, une échelle de 1 mètre de long, divisée en millimètres, ne permet de représenter que des nombres variant de 0 à 100, par échelons de 0,1. Le nombre 36,25, par exemple, n'est pas effectivement représenté sur l'échelle; il n'est pas difficile néanmoins de relever sur cette échelle le segment correspondant, attendu qu'il est bien aisé de placer mentalement entre le trait correspondant à 36,2 et celui correspondant à 36,3, tous deux effectivement marqués, le point qui diviserait leur intervalle en deux parties égales. Cette intercalation, par la pensée, de traits intermédiaires entre ceux qui sont effectivement marqués porte le nom d'*interpolation à vue*. Un opérateur exercé arrive à pratiquer aisément, à simple vue, l'interpolation au 1/4 ou au 1/5 sur une échelle millimétrique; il peut d'ailleurs prétendre atteindre le 1/10 en s'armant d'une loupe. Avec le demi-millimètre on ne peut guère compter, à simple vue, que sur l'interpolation au 1/2 ; et c'est ce qui montre que, dans le cas des échelles métriques, on n'a pas grand bénéfice à descendre au-dessous de l'intervalle du millimètre, à moins — ce qui arrive — que la nature de la question relimite précisément l'approximation que l'on recherche à la moitié de l'unité correspondant à l'inter-valle du millimètre; ce sera le cas, notamment, s'il s'agit de nombres exprimant des valeurs monnayées et si le millimètre de l'échelle correspond au décime.

On peut d'ailleurs obtenir rigoureusement (dans les limites de précision, tout au moins, que comporte l'exécution du dessin) l'approximation correspondant à l'intervalle de $0^{mm},1$, et cela grâce à un dispositif qui n'est pas sans analogie avec le vernier employé pour la lecture des divisions des instruments de précision et qu'on peut, en conséquence, appeler un *vernier graphique*.

Si une échelle est divisée en centimètres, il est inutile de subdiviser chacun d'eux en millimètres; il suffit d'opé-rer cette subdivision pour un centimètre supplémen-taire, placé en avant du o de l'échelle, et qui constitue ce qu'on appelle la *contre-échelle*. C'est ainsi que sont constituées notamment les échelles métriques adjointes aux cartes géographiques. Le segment compris, par exemple, entre le trait 7 de l'échelle et le trait 4 de la contre-échelle représente alors le nombre 74 (si le mo-dule est pris égal au millimètre).

Plaçons maintenant parallèlement l'une à l'autre deux telles échelles (fig. 7) dont nous divisons l'écartement en dix parties égales par d'autres axes parallèles. Les traits de division correspondant. sur ces échelles, à un même nombre de centimètres se prolongeront sur des droites, dites *de rappel*, perpendiculaires à la direction commune des échelles. Joignons maintenant par des obliques les traits o, 1, 2, 3,... de la contre-échelle que porte l'axe supérieur respectivement aux traits 1, 2, 3, 4,... de la contre-échelle que porte l'axe inférieur en affectant ces obliques de la chiffraison de la

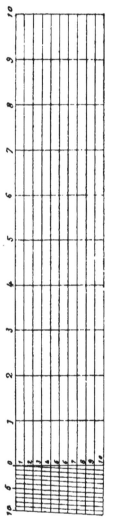

Fig. 7.

première. Nous déterminons ainsi, sur les axes intermédiaires — en allant de haut en bas — des contre-échelles dont les origines sont respectivement écartées de $0^{mm},1$, $0^{mm},2$, $0^{mm},3…$, du o de l'échelle correspondante ; c'est-à-dire que si les échelles intermédiaires sont numérotées de 1 à 9, en allant de haut en bas, les traits de la contre-échelle, sur l'axe de rang n, sont reculés de $0^{mm},n$ par rapport à la position qu'ils occuperaient normalement sur cet axe. Si donc, en prenant comme module le millimètre, on veut obtenir le segment représentatif du nombre 36,4, il suffit de prendre sur l'horizontale numérotée 4 l'écartement entre l'oblique numérotée 6 et la ligne de rappel numérotée 3.

Inversement, si on veut évaluer la longueur d'un segment (relevé soit au moyen d'un compas, soit au moyen de deux traits marqués sur le bord rectiligne d'une feuille de papier), on cherche, dans le système qui vient d'être défini, l'échelle pour laquelle l'une des extrémités de ce segment étant placée sur l'une des lignes de rappel, son autre extrémité tombè, le plus rigoureusement possible, sur une des obliques. Si, par exemple, sur l'horizontale numérotée 6, les deux extrémités tombent respectivement sur la ligne de rappel numérotée 2 et l'oblique numérotée 7, on lit 27,6.

Au surplus, dans la pratique du calcul graphique, toute longueur inférieure au dixième de millimètre peut être tenue pour absolument négligeable.

Quoi qu'il en soit du procédé, graphique ou simplement visuel, au moyen duquel on pratique l'interpolation, on voit que, dans chaque cas, les nombres ne sont graphiquemeut déterminés qu'à un certain degré d'approximation qui résulte de l'échelle admise. On comprend donc que, *lorsqu'on parle du segment représentatif d'un nombre donné, il s'agit du segment représentatif du nombre le plus voisin exactement représentable au moyen de l'échelle dont on dispose.* C'est ainsi que cette locution devra être entendue dans toute la suite de cet ouvrage.

· Les procédés graphiques de calcul ne sont donc pas comme les procédés numériques, susceptibles d'une approximation indéfinie. En général même, vu les dimensions du cadre où on les applique, ils ne permettent de représenter que des nombres s'exprimant (en unités d'un ordre décimal d'ailleurs quelconque) au moyen de 3 chiffres significatifs, ou de 4 au plus. Il convient d'ajouter que cette approximation est largement suffisante dans une foule de cas de la pratique, notamment dans la plupart de ceux qui intéressent les ingénieurs. Pour les applications qui exigent la connaissance d'un grand nombre de chiffres, comme celles qui concernent l'astronomie ou les opérations financières, ils donnent encore la possibilité d'obtenir, en première approximation, certains résultats que des méthodes connues permettent ensuite de corriger en vue d'une plus grande exactitude.

Remarque. — Il résulte de ce qui précède qu'il n'y a pas lieu, au point de vue du calcul graphique, de distinguer les nombres rationnels de ceux qui ne le sont pas, les uns comme les autres devant, pour être représentés au moyen d'une échelle métrique, être remplacés par le nombre le plus voisin exactement représentable au moyen des plus petites divisions de cette échelle.

8. **Opérations fondamentales de l'arithmétique.** — Pour effectuer l'addition et la soustraction

arithmétiques, ramenées d'ailleurs à une seule opération, la *sommation algébrique,* par la considération des grandeurs positives et négatives, il suffit, en faisant correspondre à chaque signe un sens conventionnel, de porter bout à bout les vecteurs représentatifs (conformément à ce qui a été vu au n° précédent) des nombres donnés, et munis d'un sens conforme à leur signe.

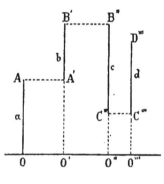

Fig. 8.

Il arrive d'ailleurs souvent, lorsqu'on doit cumuler successivement plusieurs tels vecteurs, qu'il soit préférable, au fur et à mesure que l'on introduit chacun d'eux, de passer à un nouvel axe parallèle au précédent. La figure 8 montre une telle construction pour la somme

$$a + b - c + d$$

dont la grandeur est représentée par l'ordonnée finale $O'''D'''$; les ordonnées intermédiaires $O'B'$ et $O''C''$ font connaître les sommes partielles $a + b$ et $a + b - c$.

La multiplication et la division résultent de cette simple remarque : si, entre deux parallèles mM et nN à Oy (lignes que nous appellerons uniformément dans la suite de cet ouvrage des *lignes de rappel*), séparées par l'*intervalle* $mn = a$ (fig. 9), nous tirons une

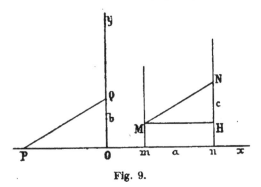

Fig. 9.

droite MN de coefficient angulaire b, la différence NH ou c des ordonnées des points M et N est égale à ab. Pour avoir la direction de coefficient angulaire b, il suffit d'ailleurs, ayant pris sur la partie négative de Ox le segment OP égal à l'unité de longueur, de porter sur Oy le segment OQ égal à b, pris avec son signe, et de tirer PQ[1]. La droite MN est dès lors parallèle à PQ.

Au reste, pour simplifier le langage, nous nous contenterons, dans ce qui suit, de dire que la droite MN ainsi construite a la *direction* b.

Inversement, si c est donné ainsi que a, il suffit de

---

[1] Il est bien clair que l'on peut construire le triangle OPQ n'importe où sur le plan, en lui conservant la même orientation, puisque la droite PQ n'intervient que par sa direction.

mener la parallèle PQ à MN pour avoir, sur Oy, le quotient b de c par a.

Nous avons supposé jusqu'ici les segments mn, OQ et HN (respectivement égaux à a, b, c) mesurés avec une même unité de longueur. Or, la commodité des applications conduit presque toujours à adopter pour ces segments, mesurés suivant Ox, Oy, ou les lignes de rappel, des unités de longueur (ou *modules*) différentes dont les grandeurs, évaluées avec la même fraction du mètre, seront représentées par α, β, γ. Il n'y a, dans ce cas, rien à changer à la construction précédente à la condition que la longueur δ du segment OP, exprimée aussi avec cette fraction de mètre, soit telle que

$$\alpha\beta = \gamma\delta.$$

En effet, les longueurs des segments mn, OQ, HN, ramenées à la même unité, étant alors représentées respectivement par $a\alpha, b\beta, c\gamma$, le parallélisme des droites MN et PQ s'exprime par

$$\frac{c\gamma}{a\alpha} = \frac{b\beta}{\delta},$$

ou, en vertu de la relation précédente,

$$c = ab.$$

Telle est la *construction fondamentale* sur laquelle va reposer tout le calcul graphique tel que nous l'envisageons ici.

Le point P est dit le *pôle* de la construction dont le segment $PO = \delta$ est dit la *base*. Il va de soi que, dans les applications, on choisira pour α, β et γ (d'où se déduit δ) les valeurs les plus simples possibles

cadrant avec les exigences auxquelles il s'agit de satisfaire.

Remarquons d'ailleurs que, β et δ restant les mêmes,
α et γ peuvent être multipliés par un même facteur.

Il est donc bien entendu que, dans toute la suite de
cet ouvrage, les segments comptés sur Ox, sur Oy, ou
sur les lignes de rappel, sont mesurés respectivement
avec les modules α, β, γ, la base δ étant prise égale
à $\dfrac{\alpha\beta}{\gamma}$.

Là où certains de ces modules devront être choisis
égaux entre eux, cela sera spécifié. Sauf ces cas, d'une
manière générale, ces divers modules seront toujours
supposés inégaux.

9. Sommation de produits. Moyenne. — A
partir du point M_0 portons sur Ox, les uns à la suite
des autres, des intervalles M_0m_1, m_1m_2, m_2m_3,... (fig. 10)

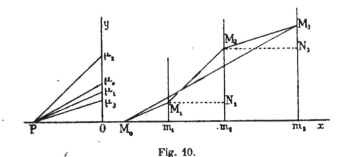

Fig. 10.

respectivement égaux à a_1, a_2, a_3,... pris avec leur
signe, et, à partir de M_0, construisons une ligne brisée
$M_0M_1M_2M_3$... dont les sommets soient sur les lignes

de rappel de m_1, m_2, m_3,... et dont les côtés aient successivement les directions b_1, b_2, b_3,... (obtenues en portant ces quantités en $O\mu_1$, $O\mu_2$, $O\mu_3$,... sur Oy).

En vertu de la construction fondamentale nous avons :

$$m_1M_1 = a_1b_1, \quad N_2M_2 = a_2b_2, \quad N_3M_3 = a_3\,b_3,...$$

et, par suite :

$$m_1M_1 = a_1b_1,$$
$$m_2M_2 = a_1b_1 + a_2b_2,$$
$$m_3M_3 = a_1b_1 + a_2b_2 + a_3b_3,$$

. . . .

Nous dirons, pour simplifier le langage, que le polygone $M_0M_1M_2M_3$... est *de directions* b_1, b_2, b_3,... et nous résumerons d'un mot sa construction en disant qu'il est *tendu* sur les lignes de rappel de m_1, m_2, m_3,...

Pour avoir la moyenne

$$\frac{a_1b_1 + a_2b_2 + a_3b_3}{a_1 + a_2 + a_3},$$

il suffit de diviser le nombre que représente m_3M_3 par le nombre que représente M_0m_3, c'est-à-dire de mener par le pôle P la parallèle $P\mu_0$ à M_0M_3. Le segment $O\mu_0$ représente la moyenne cherchée.

La construction est d'ailleurs absolument générale moyennant la considération des signes attachés aux segments.

Soit, par exemple, à effectuer l'opération

$$c = \frac{a_1b_1 + a_2b_2}{a_2 - a_1}.$$

On écrira :

$$c = \frac{(-a_1)(-b_1) + a_2 b_2}{-a_1 + a_2},$$

et la construction sera celle qu'indique la figure 11 dont la notation, après ce qui vient d'être dit, est assez claire pour qu'il n'y ait pas lieu d'y insister ; les données sont :

$$M_0 m_1 = -a_1$$

et $m_1 m_2 = a_2,$

$$O\mu_1 = -b_1$$

et $O\mu_2 = b_2 ;$

le résultat,

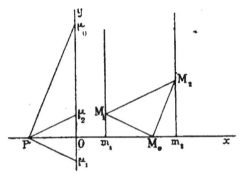

Fig. 11.

$$O\mu_0 = c.$$

10. Suites récurrentes. — Cette construction fournit un procédé très simple de calcul graphique des termes successifs d'une *suite récurrente*.

Nous allons l'indiquer dans le cas des suites du second ordre (comme il s'en rencontre dans certains problèmes de résistance des matériaux), mais sa généralité est évidente.

Soit donc la suite définie par l'échelle de récurrence

$$u_n = k u_{n-1} + h u_{n-2}$$

et les valeurs des termes initiaux u_1 et u_2.

Ayant porté (fig. 12) $M_0 m_1 = h$, $m_1 m_2 = k$, puis $O\mu_1 = u_1$, $O\mu_2 = u_2$, on trace, parallèlement aux vecteurs $P\mu_1$ et $P\mu_2$, le polygone $M_0 M_1 M_2$; si l'on a

fait en sorte que $\gamma = \beta$, il suffit de projeter M_2 sur
Oy en μ_3, pour avoir $O\mu_3 = u_3$. De la même façon, on

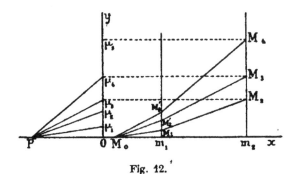

Fig. 12.

déduit u_4 de u_2 et de u_3 au moyen du polygone
$M_0M'_2M_3$ dont les côtés sont parallèles à $P\mu_2$ et $P\mu_3$, et
de la projetante $M_3\mu_4$; on a $O\mu_4 = u_4$; et ainsi de
suite.

B. — Systèmes d'équations linéaires.

**11. Schéma graphique des équations li-
néaires. Systèmes étagés.** — Soit une équation
linéaire quelconque que, pour plus de symétrie dans
les tracés subséquents, nous écrirons :

$$a_0 + a_1 z_1 + a_2 z_2 + \ldots\ldots + a_n z_n = 0.$$

Si, dans la forme qui constitue le premier membre,
nous donnons à $z_1, z_2, \ldots z_n$ un système de valeurs quelconques, nous pouvons obtenir la valeur que prend
alors cette forme en appliquant la construction donnée
au n° 9, et qui est la suivante : ayant porté sur Ox les
intervalles Om_0, m_0m_1, m_1m_2, … $m_{n-1}m_n$ respective-

ment égaux à a_0, a_1, a_2, ... a_n (fig. 13), tendre sur les lignes de rappel des points m_0. m_1, m_2. ... m_n. le polygone $OM_0M_1M_2$ ... M_n de directions 1, z_1, z_2, ... z_n.

L'ordonnée finale m_nM_n fait connaître la valeur cherchée.

Quand on fait varier le système de valeurs choisies pour z_1, z_2, ... z_n, les points m_0, m_1, m_2, ... m_n ne changent pas (non plus d'ailleurs que M_0). Leur en-

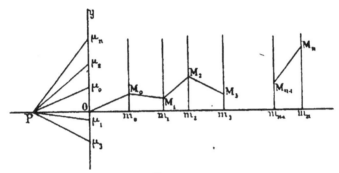

Fig. 13.

semble constitue ce qu'on peut appeler le *schéma graphique* ou, tout simplement, le schéma de la forme constituant le premier membre de l'équation considérée. A tout système de valeurs de z_1, z_2, ... z_n correspond un polygone tendu sur ce schéma.

Si le système considéré satisfait à l'équation correspondante, le point M_n coïncide avec le point m_n. Nous dirons alors que le polygone tendu sur le schéma *ferme* ce schéma.

Remarquons tout de suite que, d'après la construction, l'ordonnée m_0M_0 est égale au segment qui mesure a_0 (suivant le module γ). Ce point, indépendant du système de valeurs de z_1, z_2, ... z_n, peut être pris comme *point initial* du polygone variable $M_0 M_1 M_2 \ldots M_n$, et comme définissant avec les points m_0, $m_1 \ldots m_n$ le schéma de l'équation considérée.

Le problème de la résolution graphique d'un système de n équations linéaires à n inconnues revient donc à ceci : *les schémas des n équations ayant été tracés parallèlement les uns aux autres, fermer ces schémas au moyen de polygones ayant tous les mêmes directions.*

La solution de ce problème est immédiate si les n équations se présentent sous la forme [1]

$$a_0^1 + a_1^1 z_1 = 0,$$
$$a_0^2 + a_1^2 z_1 + a_2^2 z_2 = 0,$$
$$a_0^3 + a_1^3 z_1 + a_2^3 z_2 + a_3^3 z_3 = 0,$$
$$\cdot \quad \cdot \quad \cdot \quad \cdot \quad \cdot \quad \cdot \quad \cdot \quad \cdot \quad \cdot \quad \cdot$$
$$a_0^n + a_1^n z_1 + a_2^n z_2 + a_3^n z_3 + \ldots + a_n^n z_n = 0,$$

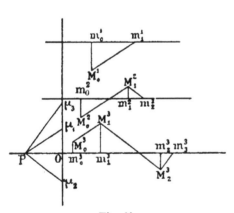

Fig. 14.

auquel cas elles constituent ce que l'on peut appeler un *système étagé.*

Construisons, en effet, les schémas de ces diverses équations en portant (fig. 14), d'une part (mod. α), les segments $m_0^1 m_1^1 = a_1^1$;. $m_0^2 m_1^2 = a_1^2$ et $m_1^2 m_2^2 = a_2^2$;

---

[1] Ici, et dans la suite de ce paragraphe où nulle confusion n'est possible, les indices supérieurs sont de simples indices d'ordre, comme les indices inférieurs, et non des exposants de puissances. Les indices supérieurs ont trait aux équations, les indices inférieurs aux inconnues.

$m_0^3 m_1^3 = a_1^3,\ m_1^3 m_2^3 = a_2^3$ et $m_2^3 m_3^3 = a_3^3\ \ldots;$ de l'autre (mod. γ), les ordonnées

$$m_0^1 M_0^1 = a_0^1,\ m_0^2 M_0^2 = a_0^2,\ m_0^3 M_0^3 = a_0^3,\ \ldots,$$

les uns et les autres étant, bien entendu, pris avec leur signe. Pour fermer le schéma de la $1^{\text{ière}}$ équation, il suffit de tirer la droite $M_0^1 m_1^1$; cette direction étant reportée en $M_0^2 M_1^2$ sur le schéma de la $2^{\text{ième}}$ équation, il suffit, pour fermer celui-ci, de tirer la droite $M_1^2 m_2^2$; les deux premières directions obtenues étant reportées en $M_0^3 M_1^3$ et $M_1^3 M_2^3$ sur le schéma de la $3^{\text{ième}}$ équation, il suffit, pour fermer celui-ci, de tirer la droite $M_2^3 m_3^3$; et ainsi de suite. En menant par le pôle P les parallèles $P\mu_1$, $P\mu_2$, $P\mu_3$, ... aux directions ainsi successivement obtenues, on a en $O\mu_1$, $O\mu_2$, $O\mu_3$. ...   (mod. β) les valeurs des inconnues z_1, z_2, z_3, ... cherchées.

12. **Élimination graphique.** — Si l'on a affaire à un système de n équations linéaires à n inconnues de forme quelconque, on peut toujours, par des éliminations successives, l'amener à la forme étagée ci-dessus. Supposons, pour plus de généralité, les n équations complètes, c'est-à-dire contenant chacune les n inconnues. Voici comment on procédera : entre une des n équations, la $n^{\text{ième}}$ par exemple, et chacune des $n-1$ autres, on pourra séparément éliminer une même inconnue, z_n par exemple; les $n-1$ équations résultantes ne contiendront plus que les $n-1$ inconnues z_1, z_2, ..., z_{n-1}. Opérant de même sur ces $n-1$ équations avec l'inconnue z_{n-1}, on obtiendra, en dehors de la $n-1^{\text{ième}}$ conservée telle quelle, $n-2$ équations ne contenant plus que z_1, z_2, ... z_{n-2}, et ainsi de suite. On voit qu'en conservant seulement chaque fois

la dernière équation du dernier groupe obtenu, on finira par avoir n équations renfermant chacune respectivement 1, 2, ... $n-1$ et n inconnues, c'est-à-dire constituant, au sens ci-dessus défini, un système étagé.

La résolution d'un système quelconque d'équations linéaires sera donc réduite à une suite d'opérations purement graphiques si l'on sait éliminer graphiquement une inconnue z_n entre deux équations telles que

$$a_0 + a_1 z_1 + a_2 z_2 + \ldots + a_n z_n = 0,$$
$$b_0 + b_1 z_1 + b_2 z_2 + \ldots + b_n z_n = 0.$$

Le principe de cette élimination repose sur la remarque algébrique, que tout système de valeurs de z_1, z_2, ... z_n satisfaisant à la fois aux deux équations précédentes satisfait encore à

$$(a_0 + \lambda b_0) + (a_1 + \lambda b_1)z_1 + (a_2 + \lambda b_2)z_2 + \ldots$$
$$+ (a_n + \lambda b_n)z_n = 0,$$

λ ayant une valeur quelconque. Si l'on dispose de cette valeur de façon à annuler le coefficient $a_n + \lambda b_n$ de z_n, cette inconnue se trouve éliminée.

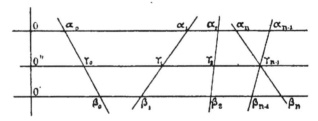

Fig. 15.

Soient, dès lors, $O\alpha_0 \alpha_1 \ldots \alpha_n$ et $O'\beta_0 \beta_1 \ldots \beta_n$ (fig. 15) les schémas des deux équations données, obtenus en portant, d'une part. $O\alpha_0 = a_0$. $\alpha_0\alpha_1 = a_1$. .... $\alpha_{n-1}\alpha_n = a_n$; de l'autre, $O'\beta_0 = b_0$, $\beta_0\beta_1 = b_1$, ..., $\beta_{n-1}\beta_n = b_n$. Joignons les points correspondants par des transversales, $\alpha_0\beta_0$, $\alpha_1\beta_1$, ... $\alpha_n\beta_n$. Si nous tirons maintenant une parallèle quelconque aux axes des deux premiers schémas, ces transversales déterminent sur cette parallèle un ensemble de points qui constitue le schéma d'une équation de la forme

$$(a_0 + \lambda b_0) + (a_1 + \lambda b_1)z_1 + \dots + (a_n + \lambda b_n)z_n = 0.$$

En effet, si, d'une manière générale, nous posons $\gamma_{i-1}\gamma_i = c_i$, et si nous posons en outre

$$\frac{OO''}{O''O'} = \lambda,$$

la propriété énoncée dans la *Remarque* qui termine le n° 4 montre que $(1 + \lambda)c_i = a_i + \lambda b_i$.

Il suffit dès lors de faire passer l'axe $O''\gamma_0\gamma_1 \dots$ par le point de rencontre des transversales $\alpha_{n-1}\beta_{n-1}$ et $\alpha_n\beta_n$ pour que, de l'équation résultante, z_n soit éliminé. Cette ingénieuse construction est due à M. F.-J. van den Berg[1].

Si les droites $\alpha_{n-1}\beta_{n-1}$ et $\alpha_n\beta_n$ se coupent sous un angle très petit, on peut, pour obtenir un point de l'axe résultant, prendre sur l'axe $O''\beta_n$ un segment $\beta'_{n-1}\beta'_n$ égal à $\beta_{n-1}\beta_n$ et tel que les transversales $\alpha_{n-1}\beta'_{n-1}$ et $\alpha_n\beta'_n$ se coupent sous un meilleur angle. Le maximum de cet angle est d'ailleurs atteint lorsque les milieux des segments $\alpha_{n-1}\alpha_n$ et $\beta'_{n-1}\beta'_n$ sont sur une même perpendiculaire à la direction commune des axes.

[1] Van den Berg.

Calcul graphique.

Exemple d'application.— La figure 16 montre l'application

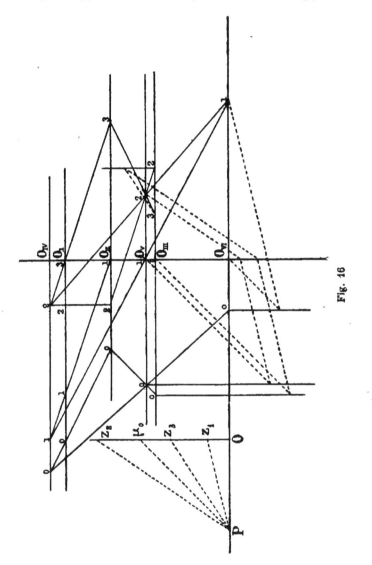

Fig. 16

de la méthode précédente à la résolution du système

$$z_1 + 2z_2 + z_3 = 4,$$
$$2z_1 - z_2 + 4z_3 = 2,$$
$$3z_1 + 2z_2 - z_3 = 3,$$

auquel correspondent les schémas O_I, O_{II} et O_{III}, construits avec $\beta = \delta = 20^{mm}$, $\alpha = \gamma = 10^{mm}$. L'élimination de z_3 entre O_I et O_{II} donne O_{IV}, entre O_{II} et O_{III} donne O_V; l'élimination de z_2 entre O_{IV} et O_V donne O_{VI}. Les équations de schémas O_{VI}, O_V et O_{III} forment un système étagé dont la résolution est indiquée en traits pointillés. On trouve :

$$z_1 = 0,25, \quad z_2 = 1,5, \quad z_3 = 0,75.$$

Remarque I. — On peut, si on le préfère, porter les segments représentatifs sur chaque axe, à partir de l'origine, au lieu de les porter bout à bout. En ce cas, pour éliminer z_k, il faut faire passer l'axe de l'équation résultante par le point de rencontre de la transversale d'indice k et de celle qui joint les origines.

Remarque II. — Puisque l'on peut, dans chaque équation, faire varier proportionnellement tous les coefficients, on est libre d'adopter, pour le schéma de chacune d'elles, un module différent, ou, ce qui revient au même, ayant tracé un certain schéma pour une de ces équations, on peut lui en substituer un autre en projetant le premier, à partir d'un point S quelconque, sur un axe parallèle. En particulier, si on prend le nouvel axe symétrique du premier par rapport au point S, on voit que l'on peut renverser le sens du premier schéma tracé, ce qui peut être utile lorsque, avec la première disposition adoptée, le point de rencontre des deux transversales déterminant l'axe résultant se trouve rejeté en dehors des limites de l'épure.

M. Farid Boulad, qui avait, de son côté, retrouvé le principe de M. Van den Berg sans en avoir eu préalablement connaissance, a déduit de là une variante de la méthode.

Les points 1, 2, 3, ... limitant les segments représentatifs des coefficients d'une équation, tous portés à partir de l'origine O, ayant été joints au point S (fig. 17), on peut supposer l'axe qui porte ces segments rejeté à l'infini. Dans ce cas, les transversales unissant les points portés sur cet axe à ceux $1'$, $2'$, $3'$, … qui, sur un autre axe d'origine O', correspondent à une autre équation, finissent par se confondre avec les parallèles menées par $1'$, $2'$, $3'$, … aux rayons $S1$, $S2$, $S3$, … Et comme la transversale unissant les origines devient elle-même la parallèle menée par O' à SO, on voit que pour éliminer z_k, il faut faire passer l'axe résultant par le point de rencontre O'' des parallèles à SO et à Sk, menées par O' et k'. Le point O'' est d'ailleurs l'origine de l'axe résultant.

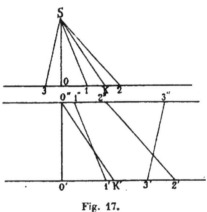

Fig. 17.

13. Résolution générale d'un système d'équations linéaires.

— Dans ce qui précède, nous avons ramené le système proposé à la forme étagée par des éliminations successives, de façon à pouvoir le résoudre par le procédé très simple indiqué au n° 11. Mais M. Massau a fait connaître[1] une méthode de fausse position qui permet de résoudre directement un système quelconque sans recourir à aucune élimination.

Cette méthode peut être fondée sur un lemme algébrique à peu près évident qui s'énonce ainsi :

Si, pour chacun des systèmes de valeurs (en nombre

---

[1] MASSAU, 2.

infini) *des* n *variables* z_1, z_2, ..., z_n *satisfaisant aux*
n — 1 *équations*

$$a_0^1 + a_1^1 z_1 + a_2^1 z_2 + \dots + a_n^1 z_n = 0,$$

$$a_0^2 + a_1^2 z_1 + a_2^2 z_2 + \dots + a_n^2 z_n = 0,$$

$$\cdots \cdots \cdots \cdots \cdots$$

$$a_0^{n-1} + a_1^{n-1} z_1 + a_2^{n-1} z_2 + \dots + a_n^{n-1} z_n = 0,$$

on forme les fonctions linéaires

$$U = b_1 z_1 + b_2 z_2 + \dots + b_n z_n,$$

$$V = c_1 z_1 + c_2 z_2 + \dots + c_n z_n,$$

il existe entre U *et* V *une relation linéaire*

$$\lambda U + \mu V + \nu = 0,$$

dans laquelle λ *et* μ *sont indépendants des termes cons-*
tants a_0^1, a_0^2, ... a_0^{n-1}.

Il suffit, pour le voir, d'éliminer z_1, z_2, ... z_n entre
les $n+1$ équations écrites, ce qui donne :

$$\begin{vmatrix} -U & b_1 & b_2 & \dots & b_n \\ -V & c_1 & c_2 & \dots & c_n \\ a_0^1 & a_1^1 & a_2^1 & \dots & a_n^1 \\ a_0^2 & a_1^2 & a_2^2 & \dots & a_n^2 \\ \cdot & \cdot & \cdot & \dots & \cdot \\ a_0^{n-1} & a_1^{n-1} & a_2^{n-1} & \dots & a_n^{n-1} \end{vmatrix} = 0$$

et de remarquer que le développement de ce déterminant a la forme annoncée, les mineurs correspondant
à U et V étant d'ailleurs indépendants de a_0^1, a_0^2, ...
a_0^{n-1} qui ne figurent que dans la première colonne.

Cela posé, ayant construit le schéma $Om_0 m_1 \dots m_n$
(fig. 18) d'une $n^{\text{ième}}$ équation

$$a_0^n + a_1^n z_1 + a_2^n z_2 + \dots + a_n^n z_n = 0,$$

tendons sur ce schéma un polygone $M_0 M_1' \ldots M_{n-1}' M_n'$ dont *les directions satisfassent aux* n — 1 *équations précédentes.* D'une manière générale, l'ordonnée ζ_i du sommet M_i' est donnée par

$$\zeta_i = a_0^n + a_1^n z_1 + \ldots + a_i^n z_i.$$

Donc, en vertu du lemme ci-dessus, il existe entre ζ_{i-1} et ζ_i une relation linéaire telle que

$$\lambda_i \zeta_{i-1} + \mu_i \zeta_i + \nu_i = 0,$$

et comme ζ_{i-1} et ζ_i sont les coordonnées parallèles de la droite $M_{i-1}' M_i'$, il en résulte, d'après ce qui a été vu

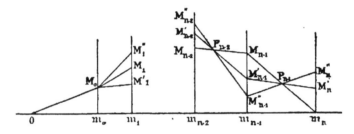

Fig. 18.

au n° 4, que, lorsqu'on fait varier le système des directions $z_1, z_2, \ldots z_n$ en satisfaisant toujours aux $n - 1$ premières équations, le côté $M_{i-1}' M_i'$ pivote autour d'un point fixe P_i.

Imaginons donc un second polygone

$$M_0 M_1'' \ldots M_{n-1}'' M_n''$$

tendu sur le même schéma et dont les directions satisfassent aussi aux $n - 1$ premières équations. Par leur rencontre avec les côtés correspondants du premier, ses côtés donneront les $n - 1$ pivots $P_1, P_2, \ldots P_{n-1}$.

Si donc, partant de m_n, on tend sur le schéma un polygone dont les côtés successifs

$$m_n M_{n-1}, \quad M_{n-1}M_{n-2}, \ldots$$

passent respectivement par les pivots P_{n-1}, P_{n-2}, ... et qui aboutisse en M_0, les directions de ce dernier polygone satisfont à la fois aux n équations considérées. Il suffit donc de leur mener des parallèles par le pôle pour avoir sur Oy (mod. β) les valeurs des inconnues cherchées.

Cela suppose, comme on voit, que l'on a pu former deux systèmes de valeurs de z_1, z_2. ... z_n satisfaisant aux $n - 1$ premières équations. Si, se donnant arbitrairement la valeur de l'une d'elles, on veut avoir les valeurs correspondantes des $n - 1$ autres, on doit résoudre un système de $n - 1$ équations linéaires.

Autrement dit, la construction de M. Massau ramène la résolution graphique d'un système de n équations linéaires à celle de deux systèmes de $n - 1$ équations; par suite, de proche en proche, à celle de 2^{n-1} équations ne renfermant chacune qu'une inconnue.

Remarque. — En vertu de la dernière partie du lemme algébrique ci-dessus, lorsqu'on fait varier seulement les termes constants a_0^1, a_0^2, ... a_0^n, les coefficients λ_i et μ_i ne changent pas; par suite, en vertu du dernier alinéa de la *Remarque* qui termine le nº 4, les pôles P_i se déplacent en restant sur les mêmes lignes de rappel.

14. Marche systématique pour l'application de la méthode. — M. Massau a donné lui-même[1] une indication sommaire sur une façon systématique d'appliquer sa méthode en vue d'obtenir le résultat cherché par une voie

---

[1] MASSAU, 2, nº 16.

aussi rapide que possible. Nous allons ici développer complètement cette indication. Elle conduit, en partant de n systèmes de solutions satisfaisant à la première équation, à déterminer successivement $n - 1$ systèmes satisfaisant aux deux premières, puis $n - 2$ systèmes satisfaisant aux trois premières, et ainsi de suite jusqu'au système unique satisfaisant à l'ensemble des n équations données[1], qui est ce que l'on cherche.

On peut remarquer tout d'abord que si, par un procédé quelconque, on a pu obtenir deux systèmes S_1 et S'_1 de directions, *ayant en commun les* $n - k$ *premières de ces directions*, et fermant les schémas des $k - 1$ premières équations, on en déduit immédiatement un système Σ_1 fermant les schémas des k premières équations et ayant aussi en commun avec S_1 et S'_1 les $n - k$ premières directions. En effet, sur les schémas des k premières équations tendons à partir des points initiaux M_0^1, M_0^2, ... M_0^{k-1}, M_0^k des polygones parallèles aux $n - k$ premières directions communes à S_1 et S'_1 : ces polygones aboutissent respectivement sur les $n - k^{\text{ièmes}}$ lignes de rappel en des points M_{n-k}^1, ... M_{n-k}^2, M_{n-k}^k, que nous pouvons prendre à leur tour comme points initiaux de k schémas partiels s'étendant sur les k intervalles restants. Les systèmes s_1 et s'_1 formés par les k dernières directions de S_1 et S'_1 ferment les $k - 1$ premiers de ces schémas partiels ; nous savons donc en déduire (n° 13) un système σ_1 fermant les k schémas partiels ; et les directions de ce système σ_1, ajoutées aux $n - k$ premières restées les mêmes, forment un système Σ_1 de n directions fermant les k premiers schémas pris intégralement.

A cette première remarque s'en ajoute une seconde qui constitue avec elle toute l'économie du procédé ; elle consiste en ce que, si on connaît maintenant un autre système *quelconque* S_2 de directions fermant les schémas des $k - 1$ pre-

---

[1] Le système est toujours supposé compatible et déterminé ; pour ceux que l'on rencontre dans la pratique il n'en est jamais autrement. La marche ici indiquée pour être suivie par la voie graphique nous semble de nature à être recommandée même quand on opère par la voie numérique.

mières équations, on en déduit, immédiatement un nouveau
système Σ_2 fermant ceux des k premières équations. En effet,
d'après ce qui précède, si à ce système S_2 on en associait un
second S'_2 ayant en commun avec lui les $n - k$ premières
directions, on déterminerait, d'après ce qui vient d'être vu, le
système Σ_2 en déduisant σ_2 des systèmes partiels s_2 et s'_2 comme
σ_1 a été déduit de s_1 et s'_1. Or, en vertu de la *Remarque* qui termine le numéro précédent, les intervalles n'ayant pas changé,
les $k - 1$ nouveaux pivots nécessaires à cette transformation sont sur les lignes de rappel des $k - 1$ pivots qui, des
systèmes s_1 et s'_1, ont permis de déduire σ_1. Ces lignes de rappel déterminent donc les nouveaux pivots sur les $k - 1$ derniers côtés du polygone tendu parallèlement à S_2 sur le
schéma de la $k^{\text{ième}}$ équation sans qu'il y ait lieu de recourir
réellement au système S'_2; celui-ci peut donc être supprimé
pour le passage du système S_2, satisfaisant aux $k - 1$ premières équations, au système Σ_2 satisfaisant aux k premières.

Tout ce qui vient d'être dit montre que *de la connaissance
de p systèmes de directions satisfaisant aux* k — 1 *premières
équations on peut déduire celle de* p — 1 *systèmes satisfaisant
aux* k *premières équations, pourvu que deux de ces* p *systèmes
aient en commun les* n — k *premières directions.*

De là, la marche systématique que nous avons en
vue : on commence par former n systèmes de directions
$S_1^1, S_2^1, \ldots S_n^1$ fermant le schéma de la première équation
et *tels que* S_p^1 *et* S_{p+1}^1 *aient en commun leurs* p — 1 *premières
directions, pour* p $\geqq$ 2. En vertu de ce qui précède, et en
commençant par prendre d'abord S_{n-1}^1 et S_n^1 (qui, ayant en
commun les $n - 2$ premières directions, donneront un
pivot dans le dernier intervalle), on en déduira $n - 1$ systèmes $S_1^2, S_2^2, \ldots S_{n-1}^2$, fermant le schéma des 2 premières
équations et tels que S_p^2 et S_{p+1}^2 auront en commun les
$p - 2$ premières directions pour $p \geqq 3$. De ceux-ci on
déduira de même $S_1^3, S_2^3, S_3^3, \ldots S_{n-2}^3$ fermant le schéma
des 3 premières équations et tels que S_p^3 et S_{p+1}^3 auront en
commun les $p - 3$ premières directions pour $p \geqq 4$; et
ainsi de suite jusqu'à S_1^n qui, fermant le schéma des n équations, fournira la solution cherchée.

Maintenant, pour former de la façon la plus simple possible les systèmes initiaux S_1^1, S_2^1, ... S_n^1, remplissant les conditions voulues, le mieux semble de constituer S_p^1 au moyen de deux droites seulement (fig. 19) : l'une, parallèle

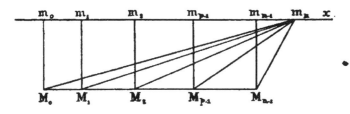

Fig. 19.

à Ox, partant du point initial M_0^1 pour aboutir à la ligne de rappel d'indice $p-1$ (ce qui revient à faire $z_1 = z_2 = \ldots = z_{p-1} = 0$), qu'elle rencontre au point M_{p-1}^1, l'autre unissant directement ce point M_{p-1}^1 au point terminal m_n^1 sur Ox (ce qui revient à faire $z_p = z_{p+1} = \ldots = z_n$).

On peut d'ailleurs remarquer que la détermination de chacun des $n-1$ systèmes S^2 exige un pivot, de chacun des $n-2$ systèmes S^3, 2 pivots, ..., du système S_n, $n-1$ pivots. *Le nombre total des pivots utilisés pour la résolution d'un système de* n *équations linéaires est donc, dans le cas général, égal à*

$$1(n-1) + 2(n-2) + 3(n-3) + \ldots + (n-1)1$$
$$= \frac{(n+1)\,n\,(n-1)}{6},$$

c'est-à-dire au coefficient de x^3 *dans le développement de* $(1+x)^{n+1}$.

Mais le système des n équations pourra offrir telle particularité d'où résultera une sensible diminution de ce nombre. On trouvera plus loin (n° 15) diverses indications à cet égard.

Exemple d'application. — La figure 20 montre l'application de la méthode au système

$$z_1 + 2z_2 + z_3 = 4,$$
$$2z_1 - z_2 + 4z_3 = 2,$$
$$3z_1 + 2z_2 - z_3 = 3,$$

déjà traité par un autre procédé au n° 12. Ici, d'ailleurs, on

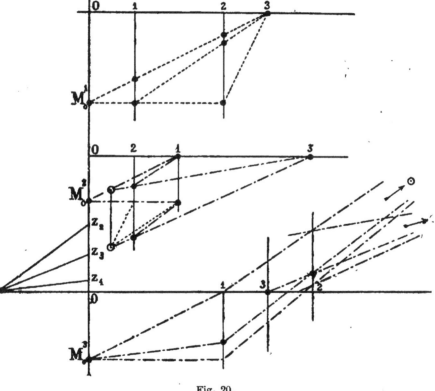

Fig. 20.

a pris $a = \beta = 10^{mm}$, $\gamma = 5^{mm}$, $\delta = 20^{mm}$. Les quatre pivots qu'exige cette résolution ont été entourés chacun d'un petit cercle ; deux d'entre eux sont en dehors des limites de la figure, dans les directions qu'indiquent les flèches. Ceci nous amène à montrer comment on peut utiliser les *pivots inaccessibles* parce que rejetés en dehors des limites de l'épure. Entre deux lignes de rappel AD, A'D' (fig. 21), considérons deux couples de droites AA', BB', d'une part, CC', DD' de l'autre, se coupant respectivement aux points

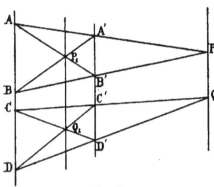

P et Q situés sur une même ligne de rappel ; les droites AB', BA', d'une part, CD', DC', de l'autre, se coupent en des points P_1, Q_1 situés aussi sur une ligne de rappel conjuguée de PQ par rapport à AD et A'D'. Si donc le point P est défini, en dehors des limites de l'épure, par la rencontre des droites AA' et BB' prolongées, on peut construire P_1 et tirer sa ligne de rappel. Cela fait, pour joindre le point D au point de rencontre inaccessible de CC' et de la ligne de rappel de P, on n'a qu'à tirer DC' qui coupe la ligne de rappel de P_1 en Q_1, puis CQ_1 qui coupe A'C' en D'; DD' est la droite cherchée. Si c'est au point P lui-même qu'il faut joindre D, on applique la construction précédente en faisant coïncider CC' avec l'une des droites AA' ou BB'.

Fig. 21.

15. Systèmes de forme spéciale. Réduction du nombre des pivots. — Lorsque le système donné offre certaines particularités de forme, il arrive que l'on puisse réduire le nombre C_{n+1}^3 des pivots requis par la solution générale. Nous examinerons successivement deux cas importants pour la pratique.

1er *Cas particulier. Système de n équations sur lesquelles* n — 1 *sont homogènes.* — Soit, par exemple, $a_0^1 = a_0^2 = \ldots = a_0^{n-1} = 0$. Imaginons que nous. ayons obtenu un seul système de valeurs de $z_1, z_2, \ldots z_n$ satisfaisant à ces $n - 1$ premières équations. Nous allons voir qu'il est inutile d'en chercher un second comme l'exigerait la solution générale. En effet, les valeurs de $z_1, z_2, \ldots z_n$ cherchées étant proportionnelles à celles qui ont été déterminées, on pourra toujours disposer de la base δ de façon à rendre les coefficients angulaires des directions obtenues égaux aux valeurs cherchées. A cet effet, en partant du point terminal m_n^n de la $n^{\text{ième}}$ équation, tendons sur le schéma de cette équation un polygone dont, en remontant vers l'origine, les directions successives soient les valeurs qui viennent d'être obtenues pour $z_n, z_{n-1}, \ldots z_1$. Nous obtenons ainsi sur la ligne de rappel du point m_0^n le point M_0^n, et il suffira que celui-ci soit précisément le point initial du schéma pour que la fermeture de ce dernier schéma ait lieu; il en sera ainsi, d'après ce qui a été vu ci-dessus (n° 11), si le segment $m_0^n M_0^n$ est précisément égal à a_0^n (suivant le module γ). Or, ce module n'étant jusque-là intervenu en rien dans la construction, on peut lui donner maintenant la grandeur requise à cet effet. Il ne reste plus qu'à déterminer les valeurs numériques correspondantes de $z_1, z_2, \ldots z_n$ au moyen d'un axe Oy de module β et d'un pôle P, à la distance δ de O, β et δ pouvant être arbitrairement choisis à la condition que $\alpha\beta = \gamma\delta$, ce qui revient à dire qu'on a le libre choix de l'un ou de l'autre. C'est en général β qu'on se donnera pour en déduire δ par la relation

$$\frac{\delta}{\beta} = \frac{\alpha}{\gamma},$$

dont la traduction graphique est immédiate.

Comme on est toujours libre, en associant. par le procédé Van den Berg (n° 12), chacune des $n-1$ premières équations à la $n^{ième}$, de faire disparaître le terme constant de chacune d'elles, on voit que l'on pourra, dans tous les cas. bénéficier de cette simplification en ramenant la résolution d'un système de n équations à celle d'un système de $n-1$ et réduisant, par suite, le nombre des pivots de C_{n+1}^3 à C_n^3.

Remarquons, en outre, que pour avoir un système de valeurs de $z_1, z_2, \ldots z_n$ satisfaisant aux $n-1$ premières équations, nous sommes libres d'imposer à ce système une condition supplémentaire quelconque; cette remarque sera utilisée dans l'exemple d'application ci-dessous.

2ième *Cas particulier. Système d'équations étagé.* — L'étagement envisagé au n° 11 consistait en l'introduction successive des diverses inconnues, d'une équation à l'autre, en partant d'une première équation qui ne contenait qu'une seule inconnue. On peut également envisager des systèmes étagés à partir d'une équation contenant k inconnues; en ce cas, les inconnues contenues dans les k dernières équations comprennent la $n^{ième}$[1], et comme. lorsqu'on se donne arbitrairement $z_1, z_2, \ldots z_{k-1}$, les $n-k+1$ premières équations fournissent, sans aucune fausse position, les valeurs de $z_k, z_{k+1}. \ldots z_n$ qui, avec les précédentes, forment un système satisfaisant aux $n-k+1$ premières équations, on voit qu'on peut obtenir directement k systèmes

---

[1] Ceci n'implique pas nécessairement qu'elles contiennent toutes les n inconnues, car quelques-unes des inconnues d'indice inférieur peuvent en avoir disparu, ce qui ne change absolument rien à ce qui est dit ici.

de valeurs de $z_1, z_2, \ldots z_n$ satisfaisant aux $n - k + 1$ premières équations. Il suffit de partir de là pour former par fausses positions $k - 1$ systèmes satisfaisant aux $n - k + 2$ premières équations, puis $k - 2$ satisfaisant aux $n - k + 3$, et finalement 1 système satisfaisant aux n équations. Le nombre des fausses positions est dès lors le même que s'il s'agissait de résoudre k équations à k inconnues.

En particulier, si l'étagement commence par une équation à 2 inconnues, il suffit de deux fausses positions.

C'est le cas notamment du calcul des moments d'une poutre à travées solidaires sur ses appuis, calcul que le théorème des trois moments ramène à la résolution d'un système de la forme

$$a_0^1 + a_1^1 z_1 + a_2^1 z_2 = 0.$$
$$a_0^2 + a_1^2 z_1 + a_2^2 z_2 + a_3^2 z_3 = 0,$$
$$a_0^3 \qquad + a_2^3 z_2 + a_3^3 z_3 + a_4^3 z_4 = 0,$$

$$\cdot \quad \cdot \quad \cdot \quad \cdot \quad \cdot \quad \cdot \quad \cdot \quad \cdot \quad \cdot \quad \cdot$$

$$a_0^{n-1} \qquad\qquad + a_{n-2}^{n-1} z_{n-2} + a_{n-1}^{n-1} z_{n-1} + a_n^{n-1} z_n = 0,$$
$$a_0^n \qquad\qquad\qquad + a_{n-1}^n z_{n-1} + a_n^n z_n = 0.$$

La résolution de ce système par le procédé sus-indiqué montre que l'on n'a besoin en tout que d'un seul pivot déterminé sur le schéma de la dernière équation par les deux systèmes quelconques, formés directement, qui satisfont aux $n - 1$ premières équations.

Exemple d'application. — Nous prendrons comme exemple le problème du pont de Wheatstone dans le cas de la figure 22 qui (les lettres i désignant les intensités du courant dans les différents fils, et les lettres r les résistances), rend les notations suffisamment explicites [1].

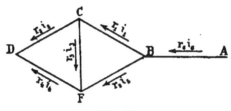

Fig. 22.

Si E est la différence de potentiel entre les points A et D, les équations du problème sont :

(I)	$i_6 = i_1 + i_5,$
(II)	$i_1 = i_2 + i_3,$
(III)	$i_4 = i_3 + i_5,$
(IV)	$r_2 i_2 = r_3 i_3 + r_4 i_4,$
(V)	$r_1 i_1 + r_2 i_2 = r_4 i_4 + r_5 i_5,$
(VI)	$r_1 i_1 + r_2 i_2 + r_6 i_6 = E,$

d'où, les 6 résistances r et la différence de potentiel E étant connues, il s'agit de tirer les 6 intensités i.

Observons d'abord que sur ces 6 équations les 5 premières sont homogènes; le système rentre donc dans le premier exemple ci-dessus. Nous pouvons, en conséquence, laissant de côté la dernière équation, chercher à satisfaire aux 5 premières en imposant aux inconnues i une condition supplémentaire quelconque, celle, par exemple, qui se traduit par l'équation

(VI *bis*) $r_1 i_1 + r_2 i_2 = \lambda,$

---

[1] MASSAU, **2**. Dans cette brochure (n° 17), le problème est traité par une méthode spéciale fondée sur la considération des lignes des niveaux potentiels et de leurs dérivées graphiques. Il nous a paru intéressant de faire voir avec quelle simplicité la méthode générale, dont le principe a été donné par M. Massau lui-même, permet, moyennant l'artifice qui ramène le système à la forme étagée ici envisagée, de résoudre ce problème.

λ étant une quantité à laquelle nous ferons correspondre sur le schéma un segment arbitrairement choisi. Cela fait, adjoignant cette équation aux 5 premières ci-dessus, nous écrirons leur système comme suit :

(VI *bis*) $r_1 i_1 + r_2 i_2 = \lambda,$

(II) $i_1 - i_2 - i_3 = 0,$

(IV) $r_2 i_2 - r_3 i_3 - r_4 i_4 = 0,$

(III) $i_3 - i_4 + i_5 = 0,$

(V *bis*) $r_4 i_4 + r_5 i_5 = \lambda,$

(I) $i_1 + i_5 - i_6 = 0.$

Les 5 premières forment un système étagé à 5 inconnues rentrant dans le deuxième cas particulier ci-dessus et commençant par une équation à 2 inconnues. Nous pourrons donc le résoudre au moyen de deux fausses positions conduisant sur le schéma de la dernière équation à un seul pivot. Les valeurs de i_1 et i_5 reportées graphiquement sur le schéma de la 6ième donneront i_6.

Reste à porter les valeurs de i_1, i_2 et i_6 dans la dernière du système initial. Or, sur le schéma de la première équation du système étagé, on a déjà sur la dernière ligne de rappel le segment représentatif de λ égal (d'après la forme même de cette équation) à $r_1 i_1 + r_2 i_2$. Il suffit donc de lui ajouter $r_6 i_6$ (chose facile puisque i_6 vient d'être déterminé) pour obtenir le segment représentatif de E.

Il ne reste plus, suivant la remarque faite plus haut, qu'à choisir le module γ avec lequel la mesure de ce segment sera précisément égale à E pour en déduire la base δ et, par suite, le pôle P. Les parallèles aux directions finalement obtenues pour i_1, i_2, ... i_6, menées par ce pôle déterminent sur Oy (mod. β) les valeurs cherchées pour ces quantités.

Les opérations graphiques à effectuer sur les schémas des 6 équations sont indiquées par la figure 23. La quantité auxiliaire λ est représentée, sur les schémas des équations (VI *bis*) et (V *bis*), par les segments om_0 et $3m'_0$.

Les deux systèmes de valeurs arbitrairement choisis pour i_1, i_2, i_3, i_4, i_5, tendus sur les schémas (VI *bis*), (II),

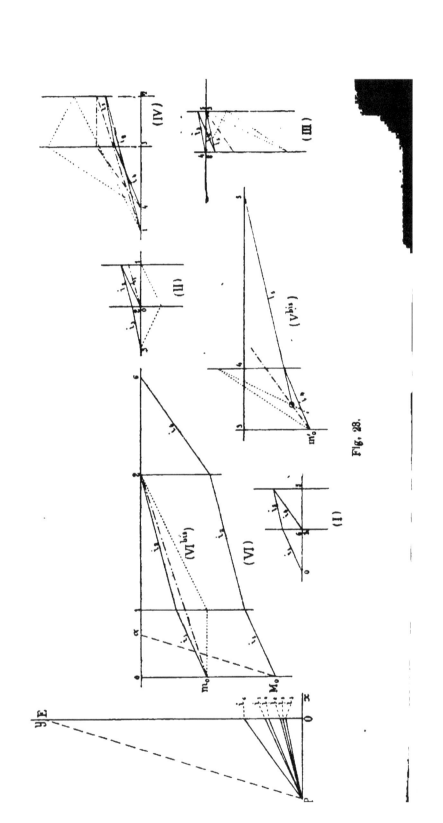

Fig. 28.

(IV), (III), (V *bis*) (trait pointillé et trait interrompu), donnent sur le dernier de ces schémas le pivot d'où se déduisent, en remontant, les directions correspondant aux valeurs cherchées de ces cinq inconnues. En reportant i_1 et i_5 sur le schéma de (1), on a i_6; enfin i_6, i_2, i_4, reportés sur le schéma de (VI) à partir du point terminal, donnent le point initial M_0; le module γ doit être pris de façon que le nombre mesurant oM_0 soit égal à la valeur donnée de E. Pour cela, ayant porté le module a en ox sur le schéma de (VI) et le segment représentatif de E (mod. β) sur Oy, on mène à M_0x par E une parallèle qui coupe Ox en P. Les parallèles aux directions i_k menées par P coupent Oy aux points dont les ordonnées, mesurées avec le module β, sont égales aux valeurs i_k cherchées.

16. Emploi d'intervalles variables. — Schémas rayonnants.

— En partant de la considération des polygones sommatoires définis au n° 9, nous avons obtenu, au n° 11, la représentation des formes linéaires,

$$a_0 + a_1 z_1 + a_2 z_2 + \ldots + a_n z_n,$$

en faisant correspondre les coefficients a_0, a_1, ... a_n, aux intervalles, comptés suivant Ox, entre les lignes de rappel, et les valeurs des variables aux ordonnées comptées sur Oy, ou, ce qui revient au même, aux directions des côtés du polygone sommatoire tendu sur ces lignes de rappel.

Nous aurions évidemment pu — bien que ce soit moins naturel — faire le contraire. Dans ce second système de représentation, aux coefficients a_0, a_1, ... a_n correspondent des directions fixes pour les côtés du polygogne sommatoire, aux variables z_1, z_2, ... z_n des intervalles variables entre les lignes de rappel. M. F. Boulad s'est appliqué à résoudre, au moyen de ce système de représentation, les divers problèmes qui se rapportent aux systèmes linéaires. Nous nous proposons d'indiquer ici quelques-unes de ses ingénieuses solutions.

Occupons-nous d'abord de l'élimination. De même que, précédemment, le schéma d'une équation linéaire était constitué par les segments représentatifs des coefficients

a_0, a_1, ... a_n, portés sur un même axe, il sera constitué ici par les directions représentatives de ces coefficients, issues d'un même point P[1]. Nous dirons qu'un tel schéma est *rayonnant*.

Dès lors, le théorème corrélatif de celui de Van den Berg (n° 12) sera le suivant : *Si les rayons correspondants des schémas rayonnants de deux équations*

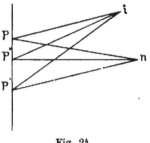

Fig. 24.

$$a_0 + a_1 z_1 + a_2 z_2 + \ldots + a_n z_n = 0,$$
$$b_0 + b_1 z_1 + b_2 z_2 + \ldots + b_n z_n = 0,$$

issus respectivement des points P *et* P′, *se coupent deux à deux aux points* 0, 1, 2, ... n, *il suffit de joindre ces points à un point quelconque* P″ *de la droite* PP′ *pour avoir le schéma rayonnant d'une équation satisfaite en même temps que les précédentes.*

La démonstration de ce théorème est immédiate. En effet, a_i et b_i étant les coefficients angulaires des droites unissant le point i aux pôles P et P′ (fig. 24), si le point P″ est pris sur PP′ de telle sorte que $\dfrac{P''P}{P'P''} = \lambda$, on a, pour le coefficient angulaire c_i de la droite iP″,

$$(1 + \lambda)c_i = a_i + \lambda b_i,$$

et cela suffit à établir la proposition.

Dès lors, pour que l'inconnue z_n soit éliminée, il suffit de prendre le point P″ sur PP′ de telle sorte que la droite nP″ soit parallèle à Ox.

De là, par des éliminations successives, un nouveau

---

[1] Pour obtenir ces directions, prendre le point P à la distance δ de Oy sur lequel on porte à partir de O les segments représentatifs de a_0, a_1,..... a_n (mod. β), et joindre le point P aux extrémités de ces segments.

moyen de réduire un système donné à la forme étagée
simple

$$a_0^1 + a_1^1 z_1 = 0,$$

$$a_0^2 + a_1^2 z_1 + a_2^2 z_2 = 0,$$

$$a_0^3 + a_1^3 z_1 + a_2^3 z_2 + a_3^3 z_3 = 0,$$

. . . .

Connaissant dès lors les coefficients de ces diverses équations par leurs schémas rayonnants, on obtient les valeurs
des inconnues z_1, z_2, z_3, ... par la construction suivante.
Ayant pris sur Ox (fig. 25) le segment $Oo = a$, on tend sur

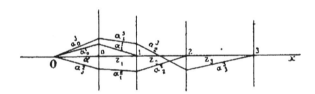

Fig. 25.

la ligne de rappel du point o, à partir de O, le polygone de
directions (a_0^1, a_1^1), ce qui donne sur Ox le point terminal 1,
et $o1 = z_1$; sur les lignes de rappel de o et 1 on tend, à
partir de O, le polygone de directions (a_0^2, a_1^2, a_2^2), ce qui
donne sur Ox le point terminal 2, et $12 = z_2$; et ainsi de
suite.

M. F. Boulad a également remarqué que ce mode de représentation comporte aussi un théorème corrélatif de celui de
Massau (n° 13), permettant de ramener la résolution d'un
système quelconque de n équations à la résolution de deux
systèmes de $n - 1$ équations.

Soit, en effet, $M_0 M_1' M_2' ... M_{n-1}' M_n'$ (fig. 26) un polygone
dont les directions soient les coefficients a_0^n, a_1^n, ... a_{n-1}^n, a_n^n
de la $n^{ième}$ équation et dont les intervalles z_1', z_2', ... z_n' satis-

fassent aux $n-1$ autres équations. Les coordonnées du sommet M_i' de ce polygone sont :

$$x_i = 1 + z_1 + z_2' + \dots + z_i',$$
$$y_i = a_0 + a_1 z_1' + a_2 z_2' + \dots + a_i z_i'.$$

Donc, en vertu du lémme algébrique du n° 13, il existe entre x_i et y_i une relation linéaire telle que

$$\lambda_i x_i + \mu_i y_i + \nu_i = 0 ;$$

autrement dit : quand on change le système $z_1', z_2', \dots, z_n'$ en satisfaisant toujours aux $n-1$ premières équations, le point M_i décrit une droite Δ_i. On peut même ajouter que

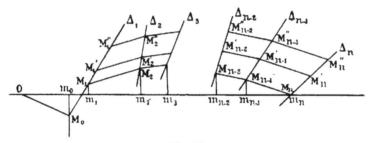

Fig. 26.

cette droite Δ_i conserve une direction fixe si on fait varier seulement les termes constants $a_0^1, a_0^2, \dots a_0^{n-1}$, puisque les coefficients λ_i et μ_i en sont indépendants.

Deux systèmes de valeurs $(z_1', z_2', \dots z_n')$ et $(z_1'', z_2'', \dots z_n'')$ satisfaisant aux $n-1$ premières équations déterminent les droites $\Delta_2, \dots \Delta_{n-1}, \Delta_n$. Le point de rencontre de cette dernière avec Ox est le point terminal m_n du polygone résolvant pour la $n^{\text{ième}}$ équation. Tendant, à partir de ce point sur les droites $\Delta_{n-1}, \dots \Delta_2, \Delta_1$, un polygone dont les côtés soient de directions $(a_n^n, a_{n-1}^n, \dots a_1^n)$, on obtient les points $M_{n-1} M_{n-2}, \dots M_1 M_0$, dont les intervalles successifs font connaître les racines cherchées (mod. a).

17. Schéma des polynômes entiers de degré quelconque. — Ayant affecté chacun des quatre côtés d'un carré d'un sens positif, marqué par une flèche, et d'un indice 0, 1, 2 et 3 (fig. 27), et convenant de porter les segments d'indice $4p + i$ parallèlement à la flèche d'indice i, ou en sens contraire, sui-

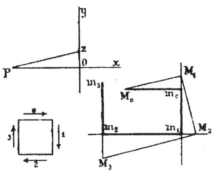

Fig. 27.

vant qu'ils sont positifs ou négatifs, nous construisons le schéma du polynôme

$$a_0 z^n + a_1 z^{n-1} + a_2 z^{n-2} + \ldots + a_{n-1} z + a_n,$$

en traçant successivement les segments

$$M_0 m_0, \; m_0 m_1, \; \ldots \; m_{n-1} m_n$$

représentatifs, d'après cette convention, des coefficients $a_0, a_1, \ldots a_n$ mesurés avec le même module. Cela revient à prendre $\alpha = \gamma$ et, par suite, $\beta = \delta$, ce dernier segment représentant toujours la distance du pôle P à l'origine O. La figure $M_0 m_0 \ldots m_{n-1} m_n$ ainsi obtenue, qui est dite un *orthogone*, constitue le schéma graphique du polynôme de degré n donné.

Cela posé, traçons un autre orthogone, partant également du point M_0, et dont les sommets successifs

$M_1, M_2, \ldots M_n$ soient sur les côtés $m_0m_1, m_1m_2, \ldots$ $m_{n-1}m_n$ du précédent. Nous exprimerons d'ailleurs ce fait en disant simplement que ce second orthogone est *tendu* sur le premier.

Si le côté M_0M_1 est parallèle à la direction z. c'est-à-dire à la droite qui joint le pôle P à l'extrémité du segment z porté. à partir de O. sur Oy (mode β). on a $m_0M_1 = a_0z$; donc. en adoptant maintenant comme sens positif celui de la flèche 1, on a aussi $M_1m_0 = a_0z$, et, par suite. $M_1\,m_1 = a_0z + a_1$.

La direction z par rapport à l'axe M_0m_0 étant donnée par M_0M_1, on aura cette direction z par rapport à l'axe M_1m_1. à angle droit sur le premier, en menant par M_1 la perpendiculaire M_1M_2 à M_0M_1. Dès lors. on a :

$$m_1M_2 = (a_0z + a_1)\,z = a_0z^2 + a_1z.$$

le sens positif étant celui de l'axe M_0m_0 primitif; en adoptant maintenant comme sens positif celui de la flèche 2. on a donc aussi $M_2m_1 = a_0z^2 + a_1z$, et par suite,

$$M_2m_2 = a_0z^2 + a_1z + a_2.$$

Continuant de même, de proche en proche, on voit que

$$M_nm_n = a_0z^n + a_1z^{n-1} + \ldots + a_{n-1}z + a_n.$$

Donc. *la distance* (comptée positivement suivant la flèche d'indice i si $n = 4p + i$) *du dernier sommet de l'orthogone tendu sur le schéma. pour une certaine direction z, au point terminal de ce schéma fait connaître* (mod. α) *la valeur que prend le polynôme pour la valeur considérée de z.*

Tel est le théorème qui sert de fondement à la méthode de Lill[1] donnée ci-dessous pour la résolution des équations de degré quelconque.

18. Résolution des équations de degré quelconque. — On aura une racine de l'équation

$$a_0 z^n + a_1 z^{n-1} + \cdots + a_{n-1} z + a_n = 0,$$

si pour cette valeur de z, le polynôme du premier membre prend la valeur o, c'est-à-dire si le dernier sommet M_n de l'orthogone tendu sur le schéma de ce polynôme coïncide avec le point terminal m_n de ce schéma, auquel cas on dit que ce schéma est *fermé* par cet orthogone.

En général, on ne pourra obtenir cette valeur de z que par tâtonnements. On se donnera arbitrairement une valeur de z voisine de la racine z_0 cherchée (qu'en pratique on connaît presque toujours approximativement); cela revient à tirer arbitrairement le premier côté $M_0 M_1$ de l'orthogone tracé sur le schéma. On constatera en quel point M_n aboutit l'orthogone obtenu, à partir de ce premier côté, par retournement à angle droit sur les côtés successifs du schéma, et on modifiera progressivement la direction du premier côté $M_0 M_1$ jusqu'à ce que ce point M_n vienne en coïncidence avec le point terminal m_n du schéma.

Ces tâtonnements sont grandement facilités par un dispositif indiqué par Lill[2] quand il a publié sa méthode, et qui consiste à faire usage d'un transparent portant un quadrillage à mailles serrées (au millimètre

---

[1] LILL. Voir aussi : ARNOUX et DENY ; c'est à ce dernier que nous avons emprunté le terme d'orthogone.

[2] LILL, p. 361. Sur un autre appareil propre à faciliter les tâtonnements, voir aussi ARNOUX.

Calcul graphique.   2*

par exemple), que l'on applique sur le schéma de l'équation, et sur lequel il est bien facile de suivre de l'œil
les côtés successifs d'un orthogone ayant ses sommets
sur ce schéma sans avoir à tracer effectivement cet
orthogone.

On peut aussi obtenir très approximativement la solution cherchée par une construction graphique auxiliaire
lorsqu'on a réussi à tracer sur le schéma deux orthogones aboutissant en des points M_n et M'_n situés de part
et d'autre du point terminal m_n. Ayant mené, par le
pôle P, aux premiers côtés de ces orthogones des parallèles qui coupent Oy en μ et en μ', on élève en ces
points à cet axe des perpendiculaires sur lesquelles on
porte respectivement, de part et d'autre de l'axe, les
segments $\mu\nu = M_n m_n$ et $\mu'\nu' = M'_n m_n$. Si la droite $\nu\nu'$
coupe Oy en μ_0, $O\mu_0$ est très sensiblement égal à la
racine cherchée, comme on peut d'ailleurs le vérifier en
traçant sur le schéma l'orthogone dont le premier côté
est parallèle à $P\mu_0$. C'est, on le voit, ici, une nouvelle

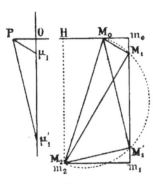

Fig. 28.

application de l'idée de principe d'où découle la méthode
d'approximation de Newton
pour la résolution des équations numériques.

Lorsque d'ailleurs l'équation
se réduit au 2ième degré, la solution s'obtient sans tâtonnement. Soit, en effet, $M_0 m_0 m_1 m_2$
(fig. 28) le schéma de l'équation $a_0 z^2 + a_1 z + a_2 = 0$,

et $M_0 M_1 M_2$ l'orthogone correspondant à une des racines,

le point M_2 coïncidant avec m_2. L'angle en M_1 étant droit, ce point se trouve sur le cercle ayant M_0m_2 pour diamètre, d'où le tracé : *décrire sur M_0m_2 comme dia-mètre un cercle qui coupe m_0m_2 en M_1 et M'_1; si les pa-rallèles à M_0M_1 et $M_0M'_1$ menées par le pôle P coupent Oy en μ_1 et μ'_1, les racines sont données en grandeur et signe par $O\mu_1$ et $O\mu'_1$ (mod. $\beta = PO$).*

Il est d'ailleurs bien aisé de justifier cette construction d'une façon tout à fait élémentaire. Il suffit, en effet, d'éta-blir que les racines sont égales à $\dfrac{m_0M_1}{M_0m_0}$ et $\dfrac{m_0M'_1}{M_0m_0}$, au-trement dit, que

$$m_0M_1 + m_0M'_1 = -a_1,$$

et

$$m_0M_1 \cdot m_0M'_1 = a_0a_2,$$

égalités évidentes sur la figure 28, si l'on remarque que le cercle de diamètre M_0m_2 passe par le pied H de la perpen-diculaire abaissée de m_2 sur M_0m_0.

Remarquons, en passant, que la méthode précédente donne le moyen d'extraire graphiquement les racines $n^{\text{ièmes}}$, opération qui revient à résoudre l'équation

$$z^n - a = 0.$$

En particulier, dans le cas du second degré, on retrouve ainsi la construction classique fondée sur la propriété fondamentale de la hauteur du triangle rec-tangle.

Dans le cas général, on peut graphiquement (comme on le ferait algébriquement) abaisser d'une unité le degré

de l'équation dès qu'une racine z_0 a été déterminée. On
sait, en effet, que l'on a :

$$a_0 z^n + a_1 z^{n-1} + \ldots + a_{n-1} z + a_n$$
$$= (z - z_0)(a'_0 z^{n-1} + a'_1 z^{n-2} + \ldots + a'_{n-1})$$

avec $a'_0 = a_0$

$$a'_1 = a_0 z_0 + a_1$$
$$a'_2 = a_0 z_0^2 + a_1 z_0 + a_2$$
$$\cdots \cdots \cdots$$
$$a'_{n-1} = a_0 z_0^{n-1} + a_1 z_0^{n-2} + \ldots + a_{n-1}$$

Or, d'après ce qui a été vu au numéro précédent, ces
diverses quantités sont respectivement données, sur le
graphique, par $M_0 m_0$, $M_1 m_1$, $M_2 m_2$, ... $M_{n-1} m_{n-1}$. Il
suffit donc, à partir du point M_0, de construire l'orthogone dont les côtés successifs sont équipollents à ces
segments successifs, pris avec leur signe, pour obtenir
le schéma du polynome $a'_0 z^{n-1} + a'_1 z^{n-2} + \ldots + a'_{n-1}$
que l'on traitera à son tour de la même façon[1]. On
continuera ainsi jusqu'à ce qu'on arrive à un polynome du $2^{\text{ième}}$ degré dont les racines seront obtenues
comme il vient d'être dit (fig. 28). On n'aura donc
jamais que $n - 2$ essais à faire pour obtenir toutes les
racines d'une équation de degré n en supposant
d'ailleurs toutes ces racines réelles. En particulier, un

[1] CREMONA, **1**, p. 47. A cet endroit, la remarque est complétée par
cette autre (p. 49) que si z_0 et z_1 sont deux racines de $f(z) = 0$, de
telle sorte que les orthogones de z_0 et de z_1 ferment le schéma
de $f(z)$, les côtés correspondants de ces deux orthogones se
coupent en des points formant eux-mêmes un orthogone qui (à
une rotation des axes et un changement de module près) peut
être considéré comme le schéma de $\dfrac{f(z)}{(z - z_0)(z - z_1)}$. Pratiquement, le procédé de réduction indiqué ci-dessus est préférable.

seul essai suffira pour une équation du $3^{\text{ième}}$ degré. La fig. 29 montre, à titre d'exemple, l'application de la méthode à l'équation

$$z^3 - z^2 - 1,59z + 1,26 = 0,$$

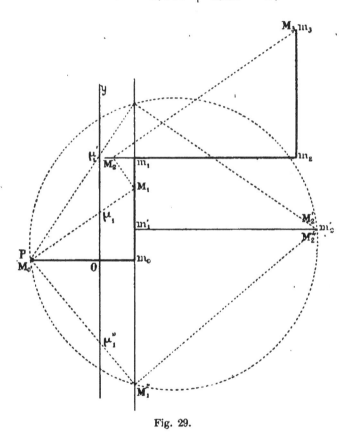

Fig. 29.

dont la seule racine $z_1 = 0,7$ a été obtenue par tâtonnement sur le schéma $M_0 m_0 m_1 m_2 m_3$ au moyen de l'orthogone $M_0 M_1 M_2 M_3$. Les deux autres, déterminées ensuite comme racines de l'équation du $2^{\text{ième}}$ degré dont le schéma est $M_0 m_0 m'_1 m'_2$ (obtenu en portant $m_0 m'_1 = M_1 m_1$ et $m'_1 m'_2 = M_2 m_2$) sont $z'_1 = 1,5$ et $z''_1 = -1,2$. Ici d'ailleurs on a pris le pôle P en coïncidence avec le point initial M_0, ce qui dispense de tirer des parallèles aux droites

$$M_0 M_1, \quad M_0 M'_1, \quad M_0 M''_1.$$

D'ailleurs, lorsque, dans une application pratique, on a à résoudre une équation de degré supérieur, il est rare qu'on ait besoin d'en déterminer plus d'une racine, celle-ci étant, en outre, approximativement connue d'avance, ce qui empêche qu'on puisse la confondre avec une autre. Souvent même, lorsque le degré de l'équation est impair, cette racine est la seule réelle que possède l'équation.

19. **Transformation par l'abscisse**. — Le

mode de représentation des polynômes qui vient d'être indiqué peut être substitué à l'écriture algébrique. Le schéma graphique définit entièrement le polynôme; mais on doit, sur ce schéma, recommencer une construction pour chaque valeur attribuée à la variable si l'on veut avoir la valeur correspondante du polynôme, sans pouvoir embrasser d'un coup d'œil les variations simultanées de ces deux éléments. Si l'on a besoin de se ménager cette possibilité, il faut avoir recours à la *courbe représentative* obtenue lorsque l'on considère les valeurs du polynôme comme des ordonnées correspondant aux valeurs de la variable prises en abscisses. C'est de la construction d'une telle courbe par des tracés linéaires que nous allons maintenant nous occuper. Nous la ferons dériver d'un mode de transformation proposé, dès 1761, pour cet objet, par J.-A. von Segner[1] :

Soit (M) une courbe dont l'équation, rapportée aux axes Ox et Oy, est

$$y = F(x),$$

l'abscisse x et l'ordonnée y étant d'ailleurs, si l'on veut, mesurées avec des modules différents α et β. Nous appellerons *transformée directe par l'abscisse* de la proposée la courbe (M₁) dont l'équation sera :

$$y_1 = xF(x).$$

En retour, la courbe (M) sera dite la *transformée inverse par l'abscisse* de la courbe (M₁).

La construction permettant de passer du point M au point M₁ (fig. 30), et inversement, résulte immédiatement de la construction fondamentale du n° 8, que l'on peut d'ailleurs appliquer en faisant coïncider le pôle avec l'origine O, ce qui revient à porter la base δ

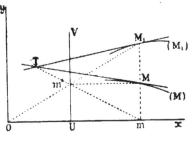

Fig. 30.

en OU sur la partie positive de Ox. L'origine O est alors dite le *pôle*, et la ligne de rappel UV *l'axe de la transformation*.

Si, sur cet axe UV on prend le point m' de même ordonnée que M, en menant la parallèle Mm' à Ox, il

---

[1] SEGNER. La même construction a été réinventée par Bellavitis (FAVARO, p. 204). On trouvera plus loin (n° 75) le principe d'une construction toute différente.

suffit de tirer Om' pour obtenir sur la ligne de rappel du point M le point M_1. Cette construction résulte d'ailleurs immédiatement de la similitude des triangles OmM_1 et OUm' qui donne, en effet :

$$\frac{mM_1}{Om} = \frac{Um'}{OU},$$

ou
$$\frac{y_1}{x} = \frac{y}{1}.$$

Il est facile, en outre, de reconnaître le lien qui existe entre les tangentes en M et en M_1 aux courbes (M) et (M_1). Les équations de ces tangentes sont, en effet :

$$(1) \qquad Y - y = \frac{dy}{dx} \ (X - x)$$

et
$$Y - y_1 = \frac{dy_1}{dx} \ (X - x),$$

ou, en tenant compte de l'égalité de définition,

$$(2) \qquad Y - xy = \left(y + x \frac{dy}{dx} \right)(X - x).$$

Éliminant $\dfrac{dy}{dx}$ entre les équations (1) et (2) (en multipliant la première par $-x$ et ajoutant), on obtient :

$$Y(1 - x) = y(X - x),$$

qui est l'équation de la droite mm'.

Cette droite mm' *passe donc par le point de rencontre des tangentes en* M *et en* M_1 *aux courbes* (M) *et* (M_1). Ce théorème permet, quand on connaît une des deux tangentes, de construire immédiatement l'autre. Il y a

lieu toutefois, pour l'application de ce théorème, d'envisager à part les cas que voici :

1° Si le point M est sur Oy, auquel cas le point M_1
se confond avec O, la tangente en
M_1 se confond avec Om' (fig. 31).
Inversement, si on se donne le
point M_1 en O, le point M est indéterminé à moins que l'on ne
connaisse la tangente en M_1 à la
courbe que décrit ce point. En
effet, dans ce cas, d'après ce qui
vient d'être vu, si la tangente en O

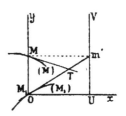

Fig. 31.

à cette courbe coupe l'axe UV en m', le point M est le
point de Oy de même ordonnée que m'.

2° Si le point M se trouve sur
UV (fig. 32), les points M, M_1 et
m' sont confondus, et la propriété
ci-dessus des tangentes en M et en
M_1 devient illusoire ; mais on peut
remarquer que dans ce cas, *la tangente M_1T_1 et la parallèle à MT
menée par U se coupent sur l'axe*
Oy. En effet, d'après son équation

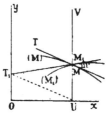

Fig. 32.

(2), la tangente M_1T_1 a pour ordonnée à l'origine :

$$ -\frac{dy}{dx}, $$

(x étant ici égal à 1), et il en est de même de la parallèle
à MT menée par U, qui a ici pour équation :

$$ 1 = \frac{dy}{dx}(X - 1). $$

3° Si le point M se trouve sur Ox (fig. 33), les

points M, M₁ et *m* sont confondus, et la propriété fondamentale des tangentes devient encore illusoire ; mais, dans ce cas, *la tangente MT et la parallèle à M₁T₁, menée par U se coupent sur Oy.* En effet, d'après son équation (1), la tangente MT a pour ordonnée à l'origine $-x\dfrac{dy}{dx}$

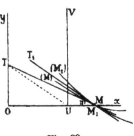

Fig. 33.

(*y* étant ici égal à o), et il en est de même de la parallèle à M₁T₁ menée par U, qui a ici pour équation :

$$Y = x\frac{dy}{dx}(X-1).$$

Remarque I. — Nous avons supposé l'ordonnée *y* comptée à partir de O*x*; nous aurions pu tout aussi bien la supposer comptée à partir d'une courbe de référence (*m*) quelconque (fig. 34). Pour effectuer la construction par laquelle sont reliés les points M et M₁, il suffit de prendre un axe O'*x*' instantané quelconque (par exemple, parallèle à O*x*). En le prenant dirigé suivant la tangente en *m* à la courbe (*m*) de référence, on a l'avantage que, lorsqu'on passe à la position infiniment voisine, le point *m* peut être considéré comme glissant le long de cet axe et, par suite, qu'avec l'axe

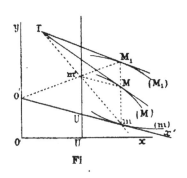

Fi

O'*x*' ainsi choisi, la propriété ci-dessus démontrée pour les tangentes subsiste.

Remarque II. — Si on suppose égaux les modules a et

β, il est facile de trouver la relation entre les rayons de courbure R et R₁ des courbes (M) et (M₁). L'égalité de définition deux fois dérivée donne, en effet,

$$\frac{d^2 y_1}{dx^2} = 2\,\frac{dy}{dx} + x\,\frac{d^2 y}{dx^2},$$

ou, en appelant θ et θ₁ les angles des tangentes MT et M₁T

avec Ox, $$\frac{1}{R_1 \cos^3 \theta_1} = 2\,\mathrm{tg}\,\theta + \frac{x}{R \cos^3 \theta}.$$

20. Courbe représentative d'un polynôme. — Interpolation parabolique graphique. —

Nous sommes maintenant en mesure de construire l'ordonnée, répondant à une valeur quelconque de z, de la courbe représentative du polynôme,

$$a_0 z^n + a_1 z^{n-1} + \ldots + a_{n-1} z + a_n.$$

Nous n'aurons pour cela qu'à faire une application répétée de la transformation par l'abscisse à partir d'une droite parallèle à Ox ; mais si l'on veut que les ordonnées des transformées successives puissent être mesurées avec le même module[1], il faut, à partir de la première transformation, prendre **γ = β** et, par suite, **δ = α**.

Ayant donc fait choix d'un premier axe O₁x₁ des abscisses (fig.35) et mené par le point U₁ à l'unité de distance $(O_1 U_1 = \alpha^{mm})$ la parallèle U₁V à Oy, donnons-nous une abscisse quelconque $O_1 m = z$. A cette abscisse correspond, sur la droite O₀x₀ d'ordonnée a_0, un point M₀ dont le transformé M₁ par l'abscisse a pour

---

[1] Ceci n'est pas d'une nécessité absolue ; on peut prendre pour γ une valeur γ₁ différente de β. Mais, en ce cas, à la seconde transformation, γ₁ devant être pris pour module β, les ordonnées de la nouvelle transformée doivent être mesurées avec γ₂ tel que αγ₁ = γ₂δ ; de même, celles de la troisième avec γ₃ tel que αγ₂ = γ₃δ, et ainsi de suite.

ordonnée a_0z. Abaissons l'origine de $O_1O_2 = a_1$ [1]. Par rapport à l'axe O_2x_2, le point M_1 a pour ordonnée

$$a_0z + a_1,$$

et son transformé M_2 par l'abscisse,

$$a_0z^2 + a_1z.$$

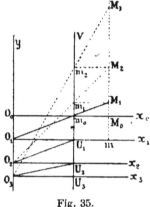

Fig. 35.

Abaissons de même O_2 de $O_2O_3 = a_2$, et ainsi de suite. Finalement. le point M_n rapporté à l'axe $O_{n-1}x_{n+1}$ aura pour ordonnée :

$$a_0z^n + a_1z^{n-1} + \dots + a_{n-1}z + a_n.$$

En répétant la même construction pour un certain nombre de valeurs z, attribuées à l'abscisse, on obtient la courbe représentative de ce polynôme rapportée aux axes $O_{n+1}x_{n+1}$ et $O_{n+1}y$; c'est une *parabole générale d'ordre* n. Par la suite, nous désignerons une telle parabole par la notation $\mathbf{II}_n$.

Observons, par application du premier des trois cas particuliers examinés au n° 19. que, d'une manière générale. la parabole $\mathbf{II}_n$ passe par le point O_n. où sa tangente est O_nU_{n-1}.

Puisque l'équation d'une parabole $\mathbf{II}_n$ renferme $n+1$ paramètres, il faut $n+1$ conditions géométriques simples pour la déterminer; par exemple, il

---

[1] Si a_1 était négatif, l'abaissement négatif équivaudrait à un relèvement.

faut en connaître p points et les tangentes en q de ces

points, si $p + q = n + 1.$

Le problème qui consiste, si on se donne ces p points et ces q tangentes, à construire le point (avec sa tangente) correspondant à une abscisse quelconque, est celui de l'*interpolation parabolique graphique*.

La solution repose sur le principe que voici : des $n + 1$ éléments donnés, au moyen de $n - 1$ transformations inverses par l'abscisse, on déduit deux points ou un point et une direction, déterminant une droite qui, par les $n - 1$ transformations directes exactement contraires aux précédentes, donne la parabole générale d'ordre n cherchée.

Pour effectuer les $n - 1$ transformations inverses, on prend chaque fois pour origine l'un des points donnés par la transformation précédente, ce qui revient à annuler dans le polynôme correspondant le terme constant ; de cette façon, en divisant par z, on obtient bien un polynôme entier en z de degré inférieur d'une unité. C'est là ce qui permet d'obtenir les réductions successives dont il vient d'être parlé.

Chacun des points, autre que celui pris pour origine, donnera un point correspondant de la transformée inverse, et toute tangente en un de ces points une tangente correspondante ; cet énoncé peut d'ailleurs se réduire à sa première partie si l'on considère un point et la tangente en ce point comme l'ensemble de deux points infiniment voisins.

Le point pris pour origine ne donne pas de point correspondant de la transformée ; toutefois, si l'on a, parmi les données, la tangente en ce point, c'est comme si l'on connaissait un autre point (infiniment voisin de celui-ci), et cet autre point doit en donner un de la transformée. On tombe, en effet, alors sur le premier cas particulier du n° 19, et la construction indiquée à cet endroit permet de déduire de la tangente à l'origine de la courbe donnée le point de la transformée inverse situé sur l'axe Oy.

21. **Application à la représentation de résultats d'observations physiques.** — Lorsqu'on a déterminé, par des observations physiques, la façon dont une grandeur y varie avec une autre grandeur x, on commence, pour trouver la loi de cette variation, par marquer sur un plan les points dont les coordonnées (mesurées au besoin avec des modules différents α et β) sont données par les couples de valeurs de x et y, et l'on cherche à déterminer l'équation de la ligne moyenne sur laquelle viennent se disposer ces points en essayant tout d'abord de la ramener approximativement à la forme d'un polynôme algébrique et entier; autrement dit, on cherche à faire passer par les points trouvés une $\mathbf{II}_n$ dont l'ordre soit très notablement inférieur au nombre N de ces points. Si ces points sont sensiblement disposés sur une $\mathbf{II}_n$, $n-1$ applications de la transformation inverse par l'abscisse[1] avec une base δ quelconque (pouvant même varier d'une transformation à l'autre), pourvu que l'on prenne chaque fois pour origine un des derniers points obtenus, donneront

$$N - n + 1$$

points sensiblement en ligne droite. Traçant cette

----

[1] Ces constructions seront grandement facilitées si on opère sur une feuille de papier quadrillé au millimètre.

droite moyenne $\mathbf{\Delta}$, on pourra, en parcourant en sens contraire la chaîne des transformations précédemment effectuées, déterminer autant de nouveaux points que l'on voudra de la $\mathbf{II}_n$ par laquelle l'interpolation graphique sera réalisée.

Mais, en pratique, ce que l'on cherche en général, ce sont les valeurs numériques des coefficients de l'équation

$$y = a_0 x^n + a_1 x^{n-1} + \ldots + a_{n-1} x + a_n,$$

de cette $\mathbf{II}_n$ rapportée aux axes primitifs que nous appellerons $O_{n+1} x_{n+1}$ et $O_{n+1} y$. Pour y arriver, il faut pouvoir effectuer, en sens contraire, la construction indiquée par la figure 35 en passant de l'axe $O_{n+1} x_{n+1}$ à $O_n x_n$, puis à $O_{n-1} x_{n-1}$, et ainsi de suite jusqu'à $O_0 x_0$. Les segments $O_0 O_1$, $O_1 O_2$, ..., $O_n O_{n+1}$, *pris positivement du haut vers le bas,* feront connaître les coefficients a_0, a_1, ... a_n si on les mesure avec le module β [1].

En remontant de la droite $\mathbf{\Delta}$ précédemment obtenue à la parabole $\mathbf{II}_n$, on pourra déterminer, comme il a été dit ci-dessus, non seulement le point O_n où cette parabole $\mathbf{II}_n$ rencontre l'axe $O_{n+1} y$, mais encore la tangente en ce point qui, d'après la construction indiquée au nᵒ précédent, est indispensable pour déterminer O_{n-1} par la transformation dont le pôle sera placé en O_n. Toutefois cette transformation ne fera pas connaître la tangente en O_{n-1} à la parabole $\mathbf{II}_{n-1}$ qu'elle détermine et qui, à son tour, sera requise pour la construction

---

[1] Cela suppose qu'on a pris, comme plus haut, $\delta = \alpha$, ce qui entraîne $\beta = \gamma$. S'il n'en est pas ainsi, les modules sont différents pour les divers segments $O_0 O_1$, $O_1 O_2$, ..., $O_{n-1} O_n$, ainsi qu'il a été expliqué dans la note au bas de la page 71.

subséquente du point O_{n-2}. Il faudra pour l'obtenir,
en traitant un nombre suffisant de points de $\mathbf{II}_{n-1}$,
comme il a été fait de ceux de $\mathbf{II}_n$, arriver de proche
en proche à une droite $\mathbf{\Delta}'$ qui, par le retour inverse
des transformations effectuées, permettra d'avoir la
tangente en O_{n-1} à $\mathbf{II}_{n-1}$. Une telle obligation se re-
nouvelant pour le passage de chaque point O_{n-i} au
suivant, on voit que, dans le cas général, la construction ne laissera pas d'être assez longue. Mais, en pratique, on se contente le plus souvent d'une interpolation du second degré, parfois du troisième. Et, dans
ces deux cas, dans le premier surtout, la construction
prend une forme vraiment simple.

Soit, par exemple, à déterminer les coefficients a_0,
a_1, a_2 de la $\mathbf{II}_2$ passant par les points A_2, B_2, C_2 rapportés à O_3x_3 et O_3y (fig. 36). Pour avoir la droite
désignée ci-dessus par $\mathbf{\Delta}$, nous n'avons, en prenant A_2
pour pôle et la ligne de rappel de C_2 comme axe de
la transformation, qu'à construire le transformé inverse
B'_1 de B_2 (C'_1 étant confondu avec C_2). La droite $\mathbf{\Delta}$
est donc alors $B'_1C'_1$ qui coupe O_3y en O'_1. Le transformé direct de O'_1 (avec le même pôle A_2 et le même
axe C_2C_1) est O_2[1], et la tangente en ce point O_2T_2.
Cette tangente rencontrant en U_1 l'axe U_3V (dont
l'abscisse est égale au module α). la projection de U_1
sur O_3y fait connaître O_1. Pour avoir la droite transformée de la $\mathbf{II}_2$, il suffit de prendre le transformé inverse A_1 de A_2 pour le pôle O_1 et l'axe U_1V. Cette

---

[1] En répétant la même construction à partir de plusieurs des
points obtenus empiriquement, pris successivement pour pôle A_2,
on obtient autant de déterminations du même point O_2; ce qui,
le cas échéant, offre le moyen d'accroître la précision en effectuant la compensation de ces diverses déterminations.

droite coupe U_1V en U_0 qui se projette en O_0 sur O_1y. Dès lors les coefficients cherchés sont donnés par les segments O_0O_1, O_1O_2, O_2O_3 (le sens positif étant celui de haut en bas). Sur la fig. 36, construite avec les

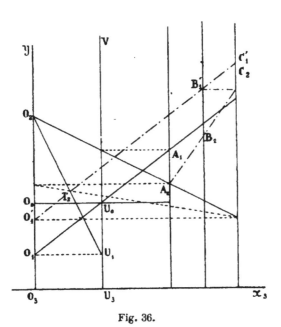

Fig. 36.

modules $\alpha = 2^{cm}$, $\beta = 1^{cm}, 1$ on a $a_0 = 1,5$, $a_1 = -4$, $a_2 = 5$. Par rapport aux axes O_3x_3 et O_3y_3 choisis, les points A_2, B_2, C_2 appartiennent donc à la II_2 représentative de

$$1,5x^2 - 4x + 5.$$

Dans le cas d'une interpolation du 3ième ordre, il suf-

<hr>

[1] La figure originale a été réduite du quart pour l'impression.

fit, en plus, de déterminer (comme il a été indiqué plus haut) la tangente au point de départ O_3.

22. Image logarithmique d'un polynôme. — Dans

tout ce qui précède, — et c'est là le caractère essentiel du calcul graphique ordinaire, — les nombres ont été représentés, grâce aux échelles métriques, par des segments de droite dont les longueurs leur sont proportionnelles. On peut imaginer tel mode de calcul graphique dans lequel tout nombre soit représenté par un segment proportionnel à une fonction donnée de ce nombre, définie graphiquement au moyen d'une échelle appropriée. Il en résultera le plus souvent une complication inutile ; dans quelques cas cependant, pour un choix convenable de l'échelle fonctionnelle utilisée, il peut en résulter certains avantages spéciaux. C'est ainsi, par exemple, que M. Mehmke a été amené à envisager un mode de calcul graphique fondé sur l'emploi d'une échelle logarithmique[1].

Une telle échelle est ainsi définie : à partir d'une même origine on porte sur un axe des segments proportionnels à log n, pour différentes valeurs de n, en inscrivant chaque fois la valeur de n à côté du point terminal du segment correspondant. L'origine porte nécessairement la cote 1 puisque log 1 = 0, et le module de l'échelle est égal à la distance séparant ce point coté 1 du point coté 10[2]. Pour avoir le segment représentatif du nombre n, il suffit donc de relever, sur cette échelle, le segment compris entre les points cotés 1 et n, et réciproquement.

Cela posé, si on porte en abscisse le segment représentatif de z, en ordonnée celui de $f(z)$, relevés l'un et l'autre sur cette échelle logarithmique, on obtient l'*image logarithmique* de cette fonction. En particulier, l'image d'un monôme tel que az^n sera une droite dont le coefficient

---

[1] Mehmke. On verra plus loin (n° 75) qu'on peut encore faire utilement intervenir d'autres échelles fonctionnelles dans le calcul graphique proprement dit.

[2] Il s'agit ici de logarithmes vulgaires. Pour plus de détails sur les échelles logarithmiques, voir n° 49.

angulaire sera égal à n, et l'ordonnée à l'origine à log a. Construire cette image revient, en effet, à poser

$$x = \log z,$$
$$y = \log az^n,$$

et on a : $\qquad y = nx + \log a.$

Dans ce mode de représentation, l'opération la plus simple à effectuer graphiquement est la multiplication (ou la division), puisqu'il suffit de cumuler les segments représentatifs des facteurs pour obtenir celui du produit. Par contre, ici, l'addition (ou la soustraction) devient une opération transcendante. Pour l'effectuer, M. Mehmke a proposé le procédé suivant qui peut être considéré comme une interprétation graphique du principe des logarithmes d'addition, d'abord proposé par Leonelli [1], retrouvé depuis lors par Gauss [2].

Comme on peut écrire :

$$\log (a + b) = \log b + \log \left(1 + \frac{a}{b} \right),$$

on voit que, si l'on pose :

$$\log \frac{b}{a} = \log b - \log a = \log t,$$

on a : $\qquad \log (a + b) = \log b + \log \left(1 + \frac{1}{t} \right).$

Construisons donc une courbe (fig. 37) telle que si, avec le module de l'échelle logarithmique dont on se sert, l'abscisse d'un point est $x = \log t$, son ordonnée soit :

$$y = \log \left(1 + \frac{1}{t} \right).$$

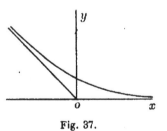

Fig. 37.

Cette courbe sera dite *logarithmique d'addition*.

[1] Supplément logarithmique; Bordeaux, an XI (1802).
[2] *Zach's monatliche Korrespondenz*, t. XXVI, p. 498 (1812).

Si, sur l'échelle logarithmique, nous relevons le segment séparant les points cotés a et b, ce segment, égal en vertu de la construction de l'échelle, à $\log b - \log a$, le sera à $\log t$. Si donc ce segment est porté en abscisse sur la figure 37, l'ordonnée correspondante sera égale à $\log\left(1 + \dfrac{1}{t}\right)$, et il suffira de l'ajouter au segment représentatif de $\log b$ pour avoir celui de $\log(a + b)$.

Donc, pour avoir l'image de la somme de deux fonctions Z_1 et Z_2, connaissant celles de chacune de ces fonctions, il suffit, pour toute valeur de l'abscisse, d'effectuer sur les ordonnées l'opération précédente qui peut être énoncée ainsi : prenant comme abscisse de la courbe de la figure 37 la différence des ordonnées des images (Z_1) et (Z_2), et relevant l'ordonnée correspondante, il suffit de l'ajouter à la plus grande des deux ordonnées précédentes pour obtenir l'ordonnée du point correspondant de l'image $(Z_1 + Z_2)$.

Soit, par exemple, à construire l'image logarithmique de $a_1 z^{n_1} + a_2 z^{n_2}$. Celles des deux monômes $a_1 z^{n_1}$ et $a_2 z^{n_2}$ sont des droites de construction immédiate, ainsi qu'il a été vu plus haut ; en leur appliquant la construction qui vient d'être indiquée, on en déduira l'image courbe de

$$a_1 z^{n_1} + a_2 z^{n_2}.$$

On peut d'ailleurs, par répétition de la même opération, construire de même l'image d'un polynôme entier ou non, à un nombre quelconque de termes. En particulier, la figure 38 montre l'image logarithmique du polynôme

$$0,1 x^2 + 2\sqrt[3]{x} + 1,5 x^{-1}$$

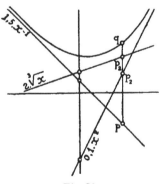

Fig. 38.

déduite des trois droites images de ses trois termes.

Pour suppléer à l'emploi de la courbe logarithmique d'addition, M. Brauer a imaginé un compas spécial à trois branches (fig. 39) construit de telle sorte que si l'écartement des pointes I et II est égal à log t, l'écartement des pointes II et III est égal à $\log\left(1+\dfrac{1}{t}\right)$. Autrement dit, si les

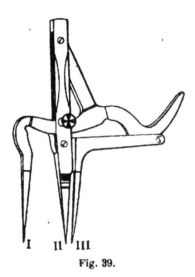

Fig. 39.

pointes I et II sont placées sur les extrémités des ordonnées (pour une même abscisse) des images composantes, la pointe III tombe sur le point correspondant de l'image résultante.

CHAPITRE II

A. — Propriétés fondamentales des courbes intégrales.

23. Définition des courbes intégrales. — Pour représenter géométriquement la fonction

$$y = f(x)$$

dans le système cartésien, en faisant usage de deux axes Ox et Oy (n° 1) (que nous dessinerons, en général, à angle droit, mais qui peuvent être supposés faire un angle quelconque), on peut, à moins de nécessités particulières, adopter pour les abscisses, comptées suivant Ox, et pour les ordonnées, comptées suivant Oy, des modules différents que nous représenterons respectivement, comme ci-dessus, par α et β.

Dans ces conditions, l'intégrale de la fonction $f(x)$ entre x_0 et x_1 est le *nombre* qui exprime l'aire comprise entre la courbe représentative de cette fonction, l'axe Ox et les lignes de rappel correspondant aux abscisses x_0 et x_1, lorsqu'on prend pour unité de surface le parallélogramme de côtés α et β, surface que nous désiguerons par $[\alpha\beta]^1$. Cette condition sera partout sous-entendue dans la suite.

Dès lors, la courbe C_1 représentative de cette inté-grale, ou *courbe intégrale* de la courbe représentative C de la fonction $f(x)$, sera une courbe telle que la dif-férence de ses ordonnées (mesurées avec un certain module γ) correspondant à deux abscisses quelconques, soit égale *en nombre* à l'aire (mesurée avec le module $[\alpha\beta]$) limitée entre les mêmes abscisses par la courbe C et l'axe Ox.

Pour simplifier le langage par la suite, nous dirons que la courbe C_1 est une *intégrale* de la courbe C.

Ajoutons que nous supposons toujours, — ce qui est le cas pour toutes les applications que nous avons à en-visager, — la fonction $f(x)$ finie et uniforme (mais non nécessairement continue) dans l'intervalle où se fait l'intégration.

L'équation de l'intégrale C_1, lorsqu'on y met en évi-dence la constante arbitraire c, peut s'écrire :

$$y_1 = \int f(x)dx + c.$$

Géométriquement, l'introduction de la constante ar-bitraire revient à dire que l'on peut faire passer l'inté-grale C_1 par un point A_1 arbitrairement choisi (fig. 40). Si, par ce point, on mène une parallèle à l'axe Ox, on voit, d'après la définition même de l'intégrale, que la différence d'ordonnées HB_1 (mesurée avec le module γ) et l'aire $aABb$ (mesurée avec le module $[\alpha\beta]$) s'ex-

---

[1] Ce parallélogramme dont les côtés sont parallèles à Ox et Oy devient un rectangle dans le cas d'axes rectangulaires, et, dans ce cas, sa surface est effectivement égale à $\alpha\beta^{mm2}$.

priment par le même nombre. Plus simplement, nous dirons que l'ordonnée relative HB_1 est *égale* à l'aire

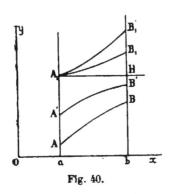

Fig. 40.

$aABb$. Cette locution, incorrecte en soi, mais dont le sens est précisé par ce qui précède, s'impose par une évidente nécessité de simplification du langage.

Si, de même, nous construisons l'intégrale C_1' d'une autre courbe C', à partir du même point initial A_1, nous voyons que la différence d'ordonnées B_1B_1' est, suivant la même convention de langage, *égale* à l'aire $AA'B'B$ comprise entre les courbes C et C'.

Les courbes C et C' peuvent d'ailleurs être constituées par les deux arcs d'un contour simplement connexe, qui sont limités aux points A et B où ce contour touche ses tangentes parallèles à Oy (fig. 41). Le segment B_1B_1' est alors égal à l'aire enfermée dans le contour.

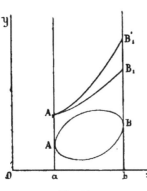

Fig. 41.

Remarque I. — Si C se confond avec Ox, C_1 est une droite parallèle à Ox.

Si C est une droite parallèle à Ox, C_1 est une droite de direction déterminée.

Si C est une droite quelconque, C_1 est une parabole du second degré.

En effet :

Pour $y = 0$,   on a : $y_1 = a_0$,

» $y = a_0$,   » $y_1 = a_0 x + a_1$,

» $y = a_0 x + a_1$,   » $y_1 = \dfrac{a_0 x^2}{2} + a_1 x + a_2$;

a_0, a_1, a_2 étant des constantes arbitraires respectivement pour le 1er, le 2ième et le 3ième cas.

D'une manière générale, l'intégrale d'une parabole Π_n est une parabole Π_{n+1}, déterminée à une translation près parallèle à Oy.

Remarque II. — Si deux courbes C et C_1, issues du même point A, ont en ce point un contact d'ordre n, leurs intégrales C_1 et C_1', tracées à partir du même point A_1, ont en ce point un contact d'ordre $n + 1$. Si, en effet, x_0 est l'abscisse du point A, la différence des ordonnées y' et y de C' et C, autour du point A, est donnée par

$$y' - y = \lambda(x - x_0)^{n+1} + \dots,$$

d'où, puisque la constante d'intégration est la même dans les deux cas,

$$y_1' - y_1 = \frac{\lambda}{n+2}(x - x_0)^{n+2} + \dots$$

En particulier, l'intégrale de la tangente en un point de C est la parabole Π_2 osculatrice à C_1 au point correspondant, etc.

24. **Intégrales des divers ordres**. — Si C_1 est une intégrale de la courbe C, on peut, de même, envisager une intégrale C_2 de C_1 construite à partir d'un point quelconque A_2, puis une intégrale C_3 de C_2, et ainsi de suite. Ces intégrales successives C_2, C_3, ... seront dites des intégrales d'ordre 2, 3, ... de la courbe C. Rien n'empêche d'ailleurs de supposer les ordonnées de ces diverses intégrales mesurées avec des modules différents γ_1, γ_2, ... γ_n, ...

Voyons quelle est la signification géométrique de la $n^{\text{ième}}$ intégrale $\mathbf{C}_n$ relativement à la courbe donnée $\mathbf{C}$. Pour cela établissons un lemme :

Étant donné un arc AB de courbe (dont nous pouvons toujours prendre l'origine A sur l'axe Oy), nous appellerons *moment d'ordre* n de l'aire limitée par cet arc, par rapport à Bb, et nous représenterons par μ_n l'intégrale

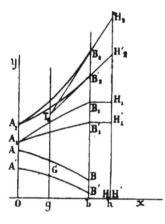

$$\mu_n = \int_0^x y(x - \xi)^n d\xi,$$

où ξ est l'abscisse du point courant entre A et B, et qui, lorsque les axes sont rectangulaires, se confond avec l'expression du moment d'ordre n, tel qu'il se définit habituellement, de l'aire OABb par rapport à l'axe Bb (fig. 42).

Fig. 42.

Cela posé, remarquons que l'on a :

$$\frac{d\mu_n}{dx} = \int_0^x yn(x - \xi)^{n-1}d\xi = n\mu_{n-1},$$

et, par suite,

$$\mu_n = n\int_0^x \mu_{n-1}dx + c,$$

c étant une constante d'intégration.

Comme μ_0 se confond numériquement avec l'aire OABb, c'est-à-dire, à une constante d'intégration près, avec l'ordonnée y_1 du point B$_1$ de la première intégrale

A_1B_1, répondant au point B, on déduit de là, de proche en proche, que[1]

$$y_{n+1} = \frac{\mu_n}{n!} + P_n,$$

P_n représentant un polynôme arbitraire de degré n en x. Ainsi donc, à ce polynôme arbitraire près, *les or- données de la* $n + 1^{\text{ième}}$ *intégrale représentent les quotients par* n! *des moments d'ordre* n *de l'aire limitée par la courbe donnée jusqu'à la ligne de rappel correspondante.*

Si C_{n+1} et C'_{n+1} sont les intégrales d'ordre $n+1$ de C et C', obtenues en faisant usage à chaque intégra- tion du même point initial, le polynôme P_n est le même pour y_n et pour y'_n, et on a :

$$y_{n+1} - y'_{n+1} = \frac{\mu_n - \mu'_n}{n!}.$$

Or $\mu_n - \mu'_n$ représente le moment d'ordre n, pris par rapport à la ligne de rappel terminale, de l'aire comprise, à partir de la ligne de rappel du point A, entre les courbes C et C'. On peut donc dire que *le segment déterminé sur une ligne de rappel quelconque par les intégrales* C_{n+1} *et* C'_{n+1} *partant du même point* A_{n+1} *est égal (mod.* γ_{n+1}) *au quotient par* n! *du moment d'ordre* n, *pris par rapport à cette ligne de rappel, de l'aire comprise entre les courbes* C *et* C' *dans l'inter- valle de cette ligne de rappel et de celle du point* A.

En particulier, si on prend pour C' l'axe Ox, C'_{n+1} est une parabole Π_n, ayant avec C_{n+1} au point B_n un contact d'ordre n (*Remarque II* du n° 23), et on voit

---

[1] **Rappelons que la notation** $n!$ **représente la factorielle** 1.2.3....n.

que *la différence des ordonnées de la* $n + 1^{\text{ième}}$ *inté-grale* $\mathbf{C}_{n+1}$ et de la parabole $\mathbf{II}_n$ *qui lui est osculatrice au point initial* A_{n+1}, *multipliée par* n!, *fait connaître le moment d'ordre* n *de l'aire* OABb *par rapport à* Bb.

Il ne faut pas oublier, pour l'application de ces théorèmes, que les différences $y_{n+1} - y'_{n+1}$ doivent être mesurées avec le module γ_{n+1}.

Mais puisque $y_{n+1} - y'_{n+1}$ doit être multiplié par n! pour donner le moment μ_n, on aura directement ce moment en mesurant $y_{n+1} - y'_{n+1}$ non pas avec le module γ_{n+1}, mais avec le module $\dfrac{\gamma_{n+1}}{n!}$.

Si l'on veut que les moments soient pris non pas par rapport à la ligne de rappel Bb qui limite les aires, mais par rapport à une ligne de rappel H_2h quelconque, il suffit de prolonger chaque arc tel que AB par l'or-donnée finale Bb et le segment bh de Ox, cette adjonc-tion n'altérant pas les moments pris par rapport à hH₂, puisque le segment bh donne avec Ox une aire nulle.

Mais les intégrales de bh, considéré comme rat-taché par l'ordonnée Bb à l'arc AB, sont parfaite-ment déterminées. La première est la parallèle à Ox menée par B_1; la seconde, la tangente en B_2 à l'arc A_2B_2, et ainsi de suite, jusqu'à la $n + 1^{\text{ième}}$ qui est la parabole $\mathbf{II}_n$ osculatrice en B_{n+1} à l'arc $A_{n+1}B_{n+1}$.

On déduit immédiatement de là que le *moment d'ordre* n, *pris par rapport à une ligne de rappel quelconque, de l'aire comprise entre* $\mathbf{C}$ *et* $\mathbf{C}'$ *dans l'in-tervalle des lignes de rappel des points* A *et* B (*si les courbes* $\mathbf{C}_{n+1}$ *et* $\mathbf{C}'_{n+1}$ *partent du même point* A_{n+1}) *est égal au produit par* n! *du segment déterminé sur* H_2h *par les paraboles d'ordre* n *osculatrices à* $\mathbf{C}_{n+1}$ *et* $\mathbf{C}'_{n+1}$ *en* B_{n+1} *et* B'_{n+1}.

En particulier :

Le moment du 1er ordre par rapport à H_2h *est égal au segment* $H_2H'_2$ *déterminé sur* H_2h *par les tangentes en* B_2 *et* B'_2 *à* $\mathbf{C}_2$ *et* $\mathbf{C}'_2$ (fig. 42).

D'où ce corollaire :

La ligne de rappel du centre de gravité G *de l'aire considérée passe par le point de rencontre* T_2 *des tangentes en* B_2 *et* B'_2 *aux intégrales* $\mathbf{C}_2$ *et* $\mathbf{C}'_2$; car, par rapport à cet axe, le moment du 1er ordre est nul.

Interprétation particulière dans le cas des problèmes d'équilibre élastique. — Bien que, dans le présent volume, nous n'ayons en vue que le calcul graphique considéré en général, indépendamment de telle ou telle application particulière, nous ne saurions nous dispenser de signaler ici la façon dont intervient, dans le domaine de la résistance des matériaux, la notion des intégrales successives que nous venons d'envisager.

Si les ordonnées comprises entre $\mathbf{C}$ et $\mathbf{C}'$ représentent la charge continue supportée par une poutre, celles comprises entre $\mathbf{C}_1$ et $\mathbf{C}'_1$ représentent les *efforts tranchants* correspondants, celles comprises entre $\mathbf{C}_2$ et $\mathbf{C}'_2$ les *moments fléchissants*.

Si, à la charge continue s'ajoutent des charges isolées, d'ailleurs de signe quelconque (les réactions d'appuis intermédiaires pouvant, par exemple, être assimilées à des charges négatives), l'effort tranchant doit, au droit de chacune d'elles, subir une variation, prise avec son signe, équivalente. Il en résultera, dans la ligne des efforts tranchants, de brusques discontinuités, suivant les lignes de rappel correspondantes, qui feront naître, sur la ligne des moments fléchissants, des points anguleux.

Mais il y a plus : si la fibre moyenne de la poutre non chargée est une droite horizontale, les ordonnées comprises entre C_3 et C'_3 font connaître les inclinaisons de la fibre déformée, et celles comprises entre C_4 et C'_4 les ordonnées de cette fibre même. Si donc on a fait d'abord coïncider Ox avec la fibre moyenne et si on a eu soin de prendre chaque fois sur Ox le point initial de la nouvelle intégrale de façon à faire coïncider les intégrales successives de Ox avec Ox même, l'intégrale C_4 donne le profil de la fibre moyenne déformée, c'est-à-dire ce qu'on appelle la *ligne élastique* (au changement d'échelle près des abscisses et des ordonnées)[1].

25. **Tangente à l'intégrale**. — La définition de l'intégrale donnée au n° 23 montre que y_1 peut être considéré (à une constante près, ordonnée du point initial A_1) comme la somme d'une infinité d'éléments infiniment petits ydx. Si on effectue cette sommation par la construction indiquée au n° 9, on voit, en passant à la limite, que la tangente M_1T_1 en chaque point M_1 de la courbe

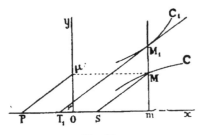

Fig. 43.

intégrale C_1 (fig. 43) est parallèle à la droite qui joint le pôle P à la projection μ du point correspondant M de la courbe C sur Oy.

Rappelons d'ailleurs que si les abscisses sont mesurées avec le module α, les ordonnées de la courbe C (que l'on reporte sur Oy) avec le module β et les ordonnées de l'intégrale C_1 avec le module γ, la base PO, ou δ, de l'intégration est donnée par

$$\delta = \frac{\alpha\beta}{\gamma}.$$

[1] MASSAU, livre V, n° 539.

Remarquons que si, par le point M, on mène une parallèle MS à la tangente M_1T_1 et, par suite, à $P\mu$, le segment Sm est constant et égal à δ. C'est sur cette propriété que repose l'intégraphe décrit au numéro suivant.

La construction ci-dessus permet de vérifier immédiatement les remarques suivantes, traductions graphiques de propositions d'analyse bien connues :

1° Suivant que l'ordonnée de **C** est positive ou négative, l'intégrale C_1, lorsqu'on chemine dans le sens des x positifs, s'élève ou s'abaisse par rapport à Ox, et, par suite, aux points correspondant à ceux où la courbe **C** rencontre Ox, on voit que l'intégrale C_1 a sa tangente parallèle à Ox : point M_1 (fig. 44).

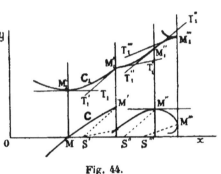

Fig. 44.

2° Sur une ligne de rappel où la courbe **C** offre une discontinuité, l'intégrale C_1 présente un point anguleux : point M_1' (fig. 44).

2° Suivant que la courbe **C** s'élève ou s'abaisse par rapport à Ox pris dans le sens positif, l'intégrale C_1 tourne sa concavité du côté positif ou négatif de Oy, et, par suite, si la tangente à **C** est parallèle à Ox, au point correspondant de C_1, il y a inflexion : point M_1'' (fig. 44).

4° Si on fait partir du même point A_1 les intégrales

de deux courbes passant par le point A, ces intégrales sont tangentes en A_1.

Ce n'est d'ailleurs là qu'un cas particulier de la *Remarque II* du n° 23.

Remarque. — La construction précédente, prise à l'inverse, permet, dans tous les cas, d'obtenir point par point la courbe **C** *dérivée* d'une courbe donnée $\mathbf{C}_1$. On voit, en effet, que *si la parallèle à la tangente en* M_1 *à* $\mathbf{C}_1$, *menée par le pôle* P, *coupe l'axe* Oy *en* μ (fig. 43), *la parallèle à* Ox *menée par* μ *coupe la ligne de rappel de* M_1 *au point* M *correspondant de la courbe* **C**.

26. **Principe de l'intégraphe.** — C'est sur la propriété fondamentale de la tangente à la courbe intégrale, démontrée au numéro précédent, qu'est fondé l'instrument, dit *intégraphe*[1], qui permet de tracer mécaniquement l'intégrale $\mathbf{C}_1$ en partant de la courbe **C**.

Cet instrument a pour organe essentiel une roulette pressée contre un plan horizontal et dont l'axe est porté par un étrier muni d'une tige verticale. Un effort horizontal exercé sur cette tige se décompose en deux, l'un normal au plan de la roulette qui est détruit par le frottement, l'autre dirigé suivant ce plan et qui détermine le mouvement de la roulette.

L'intégraphe peut être réduit schématiquement[2] à ce qui suit : le côté S*m* de l'équerre mobile S*m*M glisse le long de Ox (fig. 45) ; le long d'une coulisse pratiquée dans le côté mM_1 peuvent glisser : 1° un style M engagé en outre dans la coulisse de la tige SM qui

---

[1] ABDANK-ABAKANOWICZ.
[2] Une description détaillée sera donnée dans le volume de l'*Encyclopédie* traitant du *calcul mécanique*.

pivote autour du point S à distance constante de *m*,
2° une tige verticale portant l'axe $A_1 B_1$ d'une roulette R
suffisamment pressée contre le plan horizontal sur
lequel est posé l'appareil. Cet axe
$A_1 B_1$ et la barre AB qui, par
construction, est perpendiculaire
à SM, sont reliés par un parallélogramme articulé, en sorte que
le plan dans lequel s'effectue la
rotation de la roulette R est toujours parallèle à SM. Or cette
roulette (dont la tranche est biseautée de façon à entamer légè-

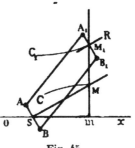

Fig. 45.

rement le papier sur lequel elle repose) se déplace toujours dans la direction de ce plan (lorsqu'on pousse
l'équerre le long de O*x*) en raison de la liberté du
glissement de la tige qui la supporte le long de *m*M.
Il en résulte que le point de contact M_1 de cette roulette et du plan décrit sur ce plan une courbe dont la
tangente est à chaque instant parallèle à SM. Si donc
S*m* a été pris égal à la base δ de l'intégration, la
courbe C_1 que décrit M_1 est l'intégrale de la courbe C
que décrit M [1].

Si l'on dispose d'un tel appareil, les tracés graphiques
donnés par la suite pour la construction approchée des
intégrales deviennent superflus; mais, en raison de son

___

[1] On peut d'ailleurs placer le style avec lequel on suit la
courbe C en un point quelconque invariablement lié à M, et le
traçoir décrivant C_1 en un point invariablement lié à M_1 (ainsi
que cela a lieu dans le modèle que construit la maison Corradi);
il en résultera simplement un certain décalage de C_1 par rapport
à C donné par l'intervalle entre les lignes de rappel des points
initiaux de ces deux courbes.

prix élevé, il ne saurait être considéré comme d'un usage absolument courant; d'où, l'intérêt de procédés n'utilisant que la règle et l'équerre.

27. **Centre de courbure de l'intégrale.** — Dans le présent numéro, les axes sont supposés rectangulaires.

Pour appliquer la formule qui fait connaître le rayon de courbure en un point d'une courbe plane, on doit supposer les abscisses et ordonnées exprimées au moyen d'une même unité de longueur, soit, par exemple, celle qui a servi à exprimer les modules α, β, γ. Désignons alors par X, Y, Z, les nombres représentant l'abscisse commune et les ordonnées des points M et M_1, liés aux précédents par les relations

$$X = \alpha x, \quad Y = \beta y, \quad Z = \gamma z.$$

La construction de la tangente à l'intégrale, obtenue au n° 25, montre que l'on a (en appliquant aux dérivées prises par rapport à X la notation de Lagrange) :

$$Y_1' = \frac{Y}{\delta},$$

δ étant la base de l'intégration. Par suite, l'expression du rayon de courbure R_1 de $\mathbf{C}_1$, c'est-à-dire

$$R_1 = \frac{\left[1 + Y_1'^2\right]^{\frac{3}{2}}}{Y_1''},$$

peut s'écrire :
$$R_1 = \frac{\left[1 + Y_1'^2\right]^{\frac{3}{2}}}{Y'} \, \delta,$$

ou
$$R_1 = \frac{\left[1 + Y_1'^2\right]^{\frac{3}{2}}}{Y_1'} \cdot \frac{Y}{Y'}.$$

Si θ et θ_1 sont les angles que les tangentes en M et en M_1 aux courbes $\mathbf{C}$ et $\mathbf{C}_1$ font avec Ox, cela donne

$$R_1 \cos^2 \theta_1 \sin \theta_1 = \frac{Y}{\text{tg}\,\theta}.$$

Le centre de courbure μ_1 de la courbe $\mathbf{C}_1$ (fig. 46) étant projeté orthogonalement en μ_1' sur la ligne de rappel de M_1, puis μ_1' en μ_1'' sur la normale $M_1\mu_1$, le premier membre de cette équation représente la projection de $M_1\mu_1''$ sur Ox; le second représente la sous-tangente mT. Il en résulte que *le point μ_1'' se projette* en T sur Ox; ce qui, par le tracé $T\mu_1''\mu_1'\mu_1$, fournit la construction cherchée du centre de courbure μ_1[1].

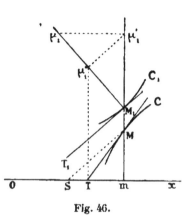

Fig. 46.

Cette construction redonne immédiatement le 3ième corollaire du n° 25. On voit, en outre, que si la tangente en M est perpendiculaire à Ox, le point M_1 est de rebroussement sur C_1 [point M_1''' de la figure 44].

28. Ordonnée et abscisse moyennes. — Considérons un arc de courbe AB rapporté aux axes Ox et Oy (fig. 47). Si la parallèle IJ à Ox détermine un parallélogramme $aIJb$ de même aire que $aACBb$, le côté de ce parallélogramme parallèle à Oy est l'*ordonnée moyenne* de l'arc AB. Si donc h est la longueur du segment ab mesuré avec le module α, et Y celle de l'ordonnée moyenne mesurée avec le module β, on a :

$$hY = \int_A^B y\,dx.$$

[1] En donnant pour la première fois cette construction (*Nouv. Ann. de Math.*, 3e série, t. VII (1888), p. 438), nous avons fait remarquer que si la courbe C se réduit à une droite coupant Ox en T, C_1 est une parabole du second degré dont l'axe est la parallèle à Oy menée par T. On retrouve ainsi une construction classique du centre de courbure de la parabole.

L'intégrale de la parallèle IJ à Ox est, d'après ce qui a été vu au n° 23 (*Remarque I*), une ligne droite. Si nous faisons passer cette droite par A$_1$, elle doit nécessairement aboutir en B$_1$, puisque, par définition, les aires définies par la droite IJ et l'arc AB ont même valeur entre les lignes de rappel AI et BJ. Autrement

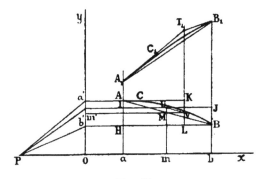

Fig. 47.

dit, la corde A$_1$B$_1$ est intégrale de la ligne IJ. Il en résulte, en vertu du théorème du n° 25, que *la corde A$_1$B$_1$ est parallèle à la droite qui joint le pôle de l'intégration au point de rencontre de IJ et de Oy.*

En permutant les rôles des axes Ox et Oy, on définit de même l'*abscisse moyenne* dont la longueur X (mod. α) est donnée, si k est la longueur de $a'b'$ (mod. β), par

$$kX = \int_A^B x\,dy.$$

Supposons l'ordonnée et l'abscisse moyennes portées en mU et m'V sur les parallèles à Oy et Ox menées par le milieu M de la corde AB. Nous dirons que les points U et V sont respectivement les *centres d'ordonnée* et *d'abscisse moyenne* de l'arc AB. Il est facile de voir que *la droite* UV *qui joint ces centres est parallèle à la corde* AB.

En effet, nous avons, pour l'aire du segment compris entre l'arc AB et sa corde,

$$\text{Aire } ACB = \text{Aire } aACBb - \text{Aire } aABb,$$

ou, en appelant Y_0 la longueur de mM (mod. β), et ayant égard aux conventions faites au n° 23,

$$\text{Aire } ACB = h\,(Y - Y_0).$$

De même :

$$\text{Aire } ACB = k\,(X - X_0)$$

en appelant X_0 la longueur de $m'M$ (mod. α). Il en résulte :

$$h\,(Y - Y_0) = k\,(X - X_0),$$

ou, en remarquant que $Y - Y_0$ et $X - X_0$ mesurent MU et MV, respectivement avec les modules β et α,

$$\frac{MU}{MV} = \frac{HA}{HB},$$

ce qui établit la proposition annoncée.

On peut enfin remarquer que *les tangentes en* A_1 *et* B_1 *à l'intégrale* A_1B_1 *se coupent sur la ligne de rappel* KL *du centre d'abscisse moyenne* V.

En effet, par définition, les aires $a'ACBb'$ et $a'KLb'$ sont égales. En leur retranchant à toutes deux le parallélogramme $a'AHb'$ pour leur ajouter le parallélogramme $aHBb$, on voit que les aires $aACBb$ et $aAKLBb$ sont aussi égales. Il en résulte que l'intégrale de la ligne AKLB partant de A_1, constituée par deux droites qui se coupent sur KL, aboutit en B_1.

Or, les intégrales de AK et de AB sont tangentes en A_1 (4^{ieme} corol. du n° 25); de même pour celles

Calcul graphique. 3*

de BL et de BA en B$_1$. Les deux droites se coupant sur KL, qui constituent l'intégrale de AKLB, sont donc les tangentes A$_1$T$_1$ et B$_1$T$_1$ à la courbe A$_1$B$_1$, et la proposition est établie.

29. **Ordonnée moyenne d'un arc parabolique.** — Si l'arc AB appartient à une parabole **II$_n$** dont nous écrirons l'équation

$$y = a_0 + a_1 x + a_2 x^2 + \ldots + a_n x^n,$$

en supposant (ce qui n'enlève rien à la généralité du résultat) l'axe Oy confondu avec la ligne de rappel équidistante de A et B et le module de Ox égal à la moitié de AB (ce qui donne pour les points A et B les abscisses — 1 et + 1), un calcul bien facile montre que l'ordonnée moyenne est donnée par

$$Y = a_0 + \frac{a_2}{3} + \ldots + \frac{a_{2p}}{2p+1},$$

si l'on représente par $2p$ le plus grand nombre pair inférieur ou égal à n. Or, si nous divisons l'intervalle compris entre A et B en $2p$ parties égales, nous voyons que, laissant à part l'ordonnée y_0 située sur Oy, les $2p$ autres ordonnées correspondant aux points de division (y compris les extrémités A et B) se répartissent en couples formés par deux ordonnées symétriques par rapport à Oy et ayant chacun une somme qui s'exprime au moyen des seuls coefficients d'indice pair. D'une manière générale,

$$y_{-i} + y_i = 2a_0 + 2a_2 \left(\frac{i}{p}\right)^2 + \ldots + 2a_{2p}\left(\frac{i}{p}\right)^{2p}.$$

Il suit de là que les $p + 1$ coefficients $a_0, a_2, \ldots a_{2p}$

pourront s'exprimer au moyen des p sommes $y_{-i}+y_i$ et de $y_0=a_0$. La formule ci-dessus se transformera dès lors en

$$Y=\lambda_0 y_0+\Sigma_1^p\lambda_i(y_{-i}+y_i),$$

et l'on voit qu'elle reste la même, que n soit égal à $2p$ ou à $2p+1$, ce qui signifie que la même formule de Cotes est valable pour une Π_{2p} et une Π_{2p+1}.[1]

Le calcul développé dans le cas de $p=1$ (paraboles Π_2 et Π_3), le seul qui nous intéresse ici, donne :

$$Y=a_0+\frac{a_2}{3}.$$

puis

$$y_{-1}=a_0-a_1+a_2-a_3,$$
$$y_1\ =a_0+a_1+a_2+a_3;$$

d'où

$$y_{-1}+y_1=2a_0+2a_2;$$

et, puisque

$$y_0=a_0,$$

il vient :

$$Y=\frac{4y_0+y_{-1}+y_1}{6}$$

La traduction géométrique de cette formule est immédiate : si OC est l'ordonnée médiane y_0 de l'arc AB

---

[1] Cette remarque peut prendre la forme géométrique que voici : *Si, ayant pris sur une parabole π_{2p}, 2p + 1 points dont les ordonnées soient équidistantes, on fait passer par ces points une parabole π_{2p+1} quelconque, la somme algébrique des aires comprises entre les deux paraboles, dans l'intervalle des ordonnées extrêmes, est nulle.* Nous avons énoncé ce théorème dans les *Nouvelles Annales de Mathématiques* (4ᵉ série, t. V, 1905, p. 240). Nous avons appris depuis lors que M. Mansion a, de son côté, fait la même remarque qu'il utilise depuis plusieurs années dans son Cours de l'Université de Gand.

(fig. 48), que la corde AB rencontre en M, *le centre U*

d'ordonnée moyenne est tel que $MU = \dfrac{2}{3} MC.$

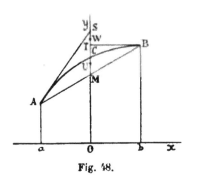

Fig. 48.

Mais ce centre d'ordonnée moyenne peut également se déduire très simplement des tangentes à l'arc en ses extrémités A et B, et c'est cette nouvelle construction qui sera utilisée plus loin (n° 30). L'ordonnée à l'origine de la tangente en (x, y) étant, en effet, donnée par

$$\eta_i = y - x\, \frac{dy}{dx} = a_0 - a_2 x^2 - 2a_3 x^3,$$

on en déduit que

$$\eta_{-1} + \eta_1 = 2a_0 - 2a_2,$$

et, par suite, que

$$Y = \frac{\eta_{-1} + \eta_1 + 2\,(y_{-1} + y_1)}{6},$$

formule qui s'interprète ainsi : *Si* W *est le milieu du segment* ST *de l'ordonnée moyenne compris entre les tangentes* AS *et* BT, *on a* $MU = \dfrac{1}{3} MW,$ ou encore :

le centre d'ordonnée moyenne U *se confond avec le centre de gravité du triangle* WAB[1].

---

[1] Massau, **1**, n° 25. M. Massau établit ce résultat en partant de la formule de Cotes spéciale au cas d'une π_3, distincte par conséquent de celle qui s'applique à une π_2. La remarque d'où nous sommes partis a l'avantage de réunir les deux cas en une seule démonstration.

Remarquons en passant qu'il résulte de là que le point W, quelle que soit la parabole $\mathbf{II}_3$ menée par A, C, B, est le symétrique de M par rapport à C.

Ainsi, la construction précédente est toujours valable, que l'arc AB appartienne à une $\mathbf{II}_2$ ou à une $\mathbf{II}_3$. Seulement, dans le premier cas, les tangentes en A et B se coupent sur la ligne de rappel équidistante de A et B. Autrement dit : les points S et T, et, par suite aussi, le point W sont confondus en un seul.

B. — Tracé graphique des intégrales.

3o. Polygones inscrits et circonscrits à une intégrale. — Imaginons la courbe qu'il s'agit d'intégrer divisée en arcs successifs AB, BC,... (fig. 49)

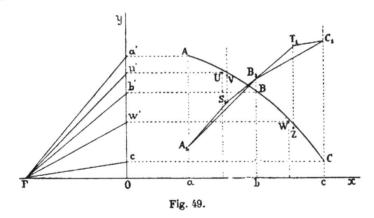

Fig. 49.

dont on sache obtenir les centres d'ordonnée moyenne U, W... Projetons les points A, B, ... U, W, ... en a', b', ... u', w', ... sur Oy et prenons sur la partie négative de Ox le pôle P, à une distance δ de l'origine donnée par $\delta = \dfrac{\alpha\beta}{\gamma}$ si α, β et γ sont les modules respectivement choisis pour les x, les y et les y_1. On verra d'ailleurs dans la remarque qui termine ce numéro comment, en pratique, on peut, en vue de la disposition la plus convenable, déterminer γ et δ quand α et β sont donnés.

D'après le 1er théorème du n° 28, si, par le point initial A_1, arbitrairement choisi pour la courbe intégrale, on mène la parallèle A_1B_1 à Pu', B_1 appartient à la courbe intégrale; de même pour C_1 obtenu au moyen de la parallèle B_1C_1 à Pw', et ainsi de suite. Donc en traçant, à partir de A_1, un polygone dont les sommets se trouvent sur les lignes de rappel des points B, C, ... et dont les côtés soient parallèles aux vecteurs Pu', Pw', ... on obtient *un polygone inscrit dans l'intégrale de la courbe* ABC.

En outre, en vertu du théorème du n° 25, les tangentes en A_1, B_1, C_1, ... sont respectivement parallèles à Pa', Pb', Pc', ... et on obtient ainsi *un polygone* $A_1S_1T_1$ ... *circonscrit à l'intégrale*. Ce polygone circonscrit peut d'ailleurs être construit directement, sans qu'on ait besoin de tracer au préalable le polygone inscrit. Il suffit, pour s'en assurer, de remarquer que, d'après le 3ième théorème du n° 28, ses sommets S_1, T_1, ... tombent sur les lignes de rappel des centres V, Z, ... d'abscisse moyenne des arcs AB, BC, ... lesquels centres, d'après le 2ième théorème du même n°, se déduisent immédiatement des centres d'ordonnée moyenne U, W, .., supposés connus.

En général, on ne saura pas déterminer rigoureusement les centres U, W ...; mais, en fractionnant convenablement l'arc à intégrer, on pourra toujours obtenir ces points avec une approximation suffisante. L'idée qui se présente tout d'abord à l'esprit consiste à diviser l'arc total en arcs partiels AB, BC, ... assez petits pour que chacun d'eux se confonde sensiblement avec sa corde, auquel cas les centres U, W, ... sont respectivement les milieux de AB, BC, ... Mais on peut aussi adopter des arcs partiels moins petits, dont, par suite, la courbure s'accuse davantage, en assimilant chacun d'eux à un arc parabolique qui lui serait tangent en ses extrémités.

L'arc parabolique du moindre degré à l'aide duquel on puisse satisfaire à cette condition est, en général, du 3ième ordre, à moins que les tangentes aux extrémités de l'arc se rencontrent sur la ligne de rappel équidistante de ces extrémités; auquel cas, cet ordre tombe au second. Dans un cas comme dans l'autre, le centre d'ordonnée moyenne est donné par la construction qui termine le n° 29. C'est le graphique même qui montre si les points S et T (et, par suite, le point W) (fig. 48) sont confondus en un seul.

Lorsqu'on a ainsi déterminé les polygones inscrit et circonscrit à l'intégrale, on peut tracer celle-ci comme on le fait des courbes obtenues point par point, sur les épures de géométrie descriptive, en se laissant, comme on dit, guider par le sentiment de la continuité.

Telle est la méthode proposée par M. Massau pour le tracé approximatif de l'intégrale[1]. Elle est, comme on voit, purement graphique, c'est-à-dire indépendante de toute propriété géométrique particulière de la courbe à

---

[1] MASSAU, 1, liv. I, chap. v, §§ 1, 2, 3.

intégrer, et s'applique, par suite, tout aussi bien qu'il
s'agisse ou non d'une fonction que l'on sache intégrer
analytiquement. Toutefois, lorsqu'il s'agit de polynomes
entiers, on peut, comme on le verra plus loin (section
C), avoir recours à des tracés théoriquement rigoureux. Mais, vu les petites erreurs de trait inséparables
de toute construction graphique, il n'y a pas, au point
de vue pratique, sensible avantage à cela.

Remarque I. — La construction du centre d'ordonnée
moyenne de l'arc AB suppose la connaissance des tangentes
en A et B.

Si ces tangentes ne sont pas déterminées rigoureusement,
on peut toujours obtenir le point de rencontre de chacune
d'elles avec la ligne de rappel médiane MU (fig. 48) au moyen
de ce qu'on appelle une *courbe d'erreur.* Si, par exemple, on
joint le point A à un point P variable sur la courbe donnée[1],
et si, à partir du point Q où la droite AP coupe MU, on
porte sur cette droite le segment QR = AP, le lieu du
point R (courbe d'erreur) coupera MU au point S situé sur
la tangente cherchée. Si, d'ailleurs, on a obtenu deux positions de R voisines de MU, de part et d'autre de cette droite,
on se contentera de les joindre par une droite pour obtenir
le point S sur MU, ce qui revient à remplacer un très petit
arc de la courbe d'erreur comprenant le point S par sa
corde.

Remarque II. — Les modules α, β et γ adoptés pour
les x, les y (ordonnées de **C**) et les y_1 (ordonnées de **C**₁)
étant liés à la base δ, ou OP, de l'intégration par la relation

$$\alpha\beta = \gamma\delta,$$

si on porte ces modules en Oα sur la partie négative de Ox,
Oβ et Oγ sur Oy (fig. 50), on voit que les droites $\alpha\gamma$ et Pβ
sont parallèles; cela permet, α et β étant donnés, de déterminer le pôle P si on se donne le module γ, ou réciproquement.

---

[1] Prière de faire la figure.

On peut d'ailleurs faire un choix tel, que l'intégrale partant de A_1 aboutisse sensiblement en un point B_1 fixé d'avance sur la ligne de rappel de l'extrémité B de l'arc à intégrer. En effet, d'après le 1er théorème du n° 28, la corde A_1B_1 de l'intégrale est parallèle à PK, si OK est égal à l'ordonnée moyenne de l'arc AB. Or, il est généralement facile d'obtenir approximativement ce point K; il suffit de tirer à Ox une parallèle IJ déterminant avec AB des aires AIC et BJC qui soient, à vue, sensiblement équivalentes. Menant alors par K une parallèle à A_1B_1, on obtient le pôle P,

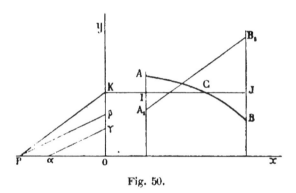

Fig. 50.

puis, en menant par α une parallèle à Pβ, le point γ tel que $O\gamma = \gamma$. Comme il y a intérêt à ce que ce module s'exprime par un nombre simple de millimètres, on fixe définitivement sa valeur au nombre rond le plus voisin de celui qui mesure le segment $O\gamma$ obtenu comme il vient d'être dit. Il en résulte que, sur la ligne de rappel du point B, le point B_1 se trouve un peu écarté de la position qu'on lui avait d'abord assignée. On est assuré en tout cas qu'il ne s'en écartera pas beaucoup.

Si, vu l'étendue de l'arc AB, on était ainsi conduit à un pôle P trop éloigné de l'origine O, on fractionnerait l'arc AB de façon à n'appliquer la construction indiquée qu'à des intervalles plus restreints.

Exemple d'application. — Les figures 51 et 51 *bis* montrent

le calcul graphique de l'intégrale $\int_2^3 \dfrac{dx}{\log x}$, où $\log x$ représente un logarithme vulgaire. Dans le premier cas (fig. 51)
l'arc AB à intégrer a été divisé en 5 intervalles égaux (ce qui a
exigé le calcul des ordonnées correspondant à $x = 2$, $x = 2,2$,
$x = 2,4$, $x = 2,6$, $x = 2,8$, $x = 3$); chaque arc partiel

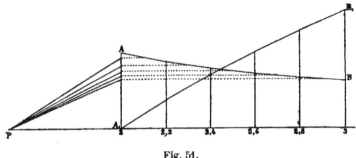

Fig. 51.

a été assimilé à sa corde dont le milieu a dès lors été pris
comme centre d'ordonnée moyenne. Dans le second cas
(fig. 51 *bis*), les tangentes AS et BT ayant été construites

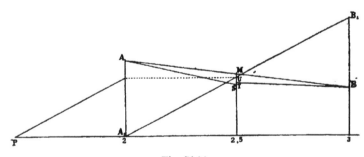

Fig. 51 *bis*.

comme il a été dit dans la *Remarque I*, on a pris pour centre
d'ordonnée moyenne de l'arc AB tout entier assimilé à un
arc de II_3, le point U situé au tiers de la distance du point M
au milieu de ST, sur la ligne de rappel équidistante de A
et B (n° 29).

Les deux constructions (dont les figures 5r et 5r *bis*
donnent la réduction exacte à la moitié) ont été exécutées
avec $\alpha = 10^{cm}$, $\beta = 1^{cm}$, $\gamma = 2^{cm}$, $\delta = 5^{cm}$. Elles ont
donné l'une et l'autre, pour l'ordonnée du point terminal B_1,
très sensiblement la même valeur $5^{cm},15$. On a donc :

$$\int_2^3 \frac{dx}{\log x} = \frac{5,15}{2} = 2,575.$$

On passerait des logarithmes vulgaires aux logarithmes
népériens en multipliant par $M = 0,4343$, ce qui donne-
rait $1,118$. En ce cas, la fonction définie par l'intégration
est ce qu'on appelle le *logarithme intégral*, qu'on représente
parfois par li x. Le résultat ci-dessus peut alors s'écrire :

$$\text{li } 3 - \text{li } 2 = 1,118.$$

31. **Borne supérieure de l'erreur commise.**
— Si on se place non pas au point de vue du tracé
continu de l'intégrale, mais à celui de la détermination
de sa valeur dans l'intervalle de deux lignes de rappel
données (c'est-à-dire d'une quadrature définie), on peut
considérer le tracé précédent comme une traduction
graphique de la méthode de quadrature de Simpson.
Ayant fait cette remarque, M. Massau[1] a été amené, en
appliquant le même mode de traduction graphique à
la méthode de quadrature de Poncelet, à un nouveau tracé
comportant détermination d'une borne[2] supérieure de
l'erreur commise, lorsque la courbure reste de même
sens sur toute l'étendue de l'arc à intégrer.

Divisons l'intervalle compris entre les lignes de rap-

---

[1] MASSAU, **1**, liv. I, chap. v, § 4.
[2] Suivant un usage récent, nous substituons ici le terme de
borne à celui plus généralement employé de *limite* qui, en pareil
cas, se trouve détourné du sens très précis qu'il a par ailleurs
dans les sciences mathématiques. La limite est la valeur vers
laquelle tend une quantité variable; la borne est une valeur certainement supérieure à celle d'une quantité laissée indéterminée

pel des extrémités A et G de l'arc à intégrer en un
nombre pair de parties égales, ce qui nous donne
sur cet arc les points intermédiaires B, C, D, E, F
(fig. 52).

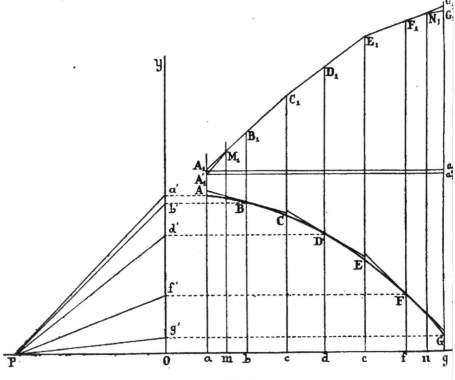

Fig. 52.

La ligne (discontinue sur les lignes de rappel des
points C et E) formée par les tangentes en B, D, F à la
courbe donnée détermine évidemment une intégrale
supérieure à l'intégrale cherchée.

La ligne polygonale de sommets ABDFG détermine,
au contraire, une intégrale inférieure.

Chacune de ces lignes étant uniquement composée de droites, la méthode du numéro précédent, sous l'une ou l'autre de ses variantes, permet d'en obtenir rigoureusement l'intégrale. On aura ainsi deux bornes entre lesquelles sera nécessairement comprise l'intégrale cherchée. D'ailleurs, par un fractionnement en un assez grand nombre de parties, on pourra rendre l'écart entre ces bornes aussi petit qu'on le voudra. Leur limite commune serait l'intégrale cherchée. Passons à l'exécution du tracé.

Pour la première ligne (formée par les tangentes en B, D, F), nous emploierons le tracé par le polygone inscrit (n° 3o). Les ordonnées moyennes des segments successifs étant bB, dD, fF, nous n'aurons qu'à tracer la ligne polygonale $A_1 C_1 E_1 G_1$, dont les côtés sont respectivement parallèles aux vecteurs Pb', Pd', Pf', pour avoir, par la différence $a_1 G_1$ entre les ordonnées des points extrêmes A_1 et G_1 (différence mesurée avec le module γ), la valeur de l'intégrale correspondante.

Pour la seconde ligne (polygone ABDFG), nous emploierons le tracé par le polygone circonscrit. Les côtés de ce polygone répondant aux sommets B,D,F, étant respectivement parallèles aux vecteurs Pb', Pd',Pf', et se coupant sur les lignes de rappel des centres d'abscisse moyenne (ici confondues avec cC et eE), pourront être pris en coïncidence avec les côtés $B_1 C_1$, $C_1 E_1$ et $E_1 F_1$ du polygone précédent. Les lignes de rappel des centres d'abscisse moyenne des côtés AB et FG du polygone sont celles des milieux m de ab et n de fg. Les côtés $B_1 C_1$ et $E_1 F_1$ doivent donc être prolongés l'un jusqu'en M_1, l'autre jusqu'en N_1. Maintenant les côtés du polygone circonscrit répondant l'un aù sommet A, l'autre au sommet G étant respectivement parallèles à Pa' et Pg', il ne reste plus qu'à mener respectivement par M_1 et par N_1 les parallèles M_1A_1' et N_1G_1' à ces vecteurs. La différence $a_1'G_1'$ des ordonnées des points extrêmes A_1' et G_1' (toujours mesurée avec le module γ) fait alors connaître la valeur de l'intégrale correspondante.

Si donc V est la valeur de l'intégrale de l'arc AG, on a :
$$a_1'G_1' < V < a_1 G_1,$$
et, bien entendu, l'erreur commise est moindre que
$$a_1 G_1 - a_1'G_1' = G_1'G_1 - a_1'a_1.$$

On peut réduire de moitié cette borne de l'erreur en adoptant pour valeur approchée de l'intégrale la moyenne
$$\frac{a_1 G_1 + a_1'G_1'}{2}.$$

On a, en effet,
$$V = a_1 G_1 - \varepsilon = a_1'G_1' + \varepsilon',$$
ε et ε' étant positifs. On en déduit, d'une part,
$$V = \frac{a_1 G_1 + a_1'G_1'}{2} + \frac{\varepsilon' - \varepsilon}{2};$$
de l'autre,
$$\frac{a_1 G_1 - a_1'G_1'}{2} = \frac{\varepsilon + \varepsilon'}{2},$$
ou
$$\frac{G_1'G_1 - a_1'a_1}{2} = \frac{\varepsilon + \varepsilon'}{2},$$

On a donc bien en valeur absolue
$$\left| V - \frac{a_1 G_1 + a_1'G_1'}{2} \right| < \frac{G_1'G_1 - a_1'a_1}{2}.$$

On peut, en s'aidant de ce qui vient d'être dit, arriver, par un fractionnement convenable de l'intervalle total sur lequel porte l'intégration, à rendre l'erreur commise inférieure à telle borne qu'on se sera fixée à *priori*.

Or, dans l'application de la méthode du n° 3o au tracé approximatif d'une intégrale, les erreurs commises sur chacun des arcs successifs, assimilés à un arc de II_3, s'accumulent jusqu'au point terminal. Il est donc utile d'avoir un moyen de vérifier directement la position de celui-ci. Ce moyen résulte immédiatement de la méthode exposée dans le présent numéro, qui, à ce point de vue, constitue un important complément à celle du numéro précédent.

En particulier, l'application de cette méthode à la figure 51 n'a révélé aucune erreur appréciable, à l'échelle de cette figure.

3₂. **Intégrale de la zone comprise entre deux courbes.** — Si l'on veut effectuer l'intégration de la zone comprise entre deux courbes **C** et **C'**, on peut, comme on l'a indiqué au n° 23, construire séparément les intégrales C_1 et C'_1 de ces deux courbes. Dès lors, la valeur de l'intégrale de la zone comprise entre deux courbes **C** et **C'** dans l'intervalle de deux lignes de rappel sera égale à la différence des segments compris, sur chacune de ces lignes de rappel, entre les courbes C_1 et C'_1. Mais on peut se proposer d'obtenir les valeurs de l'intégrale d'une telle zone en ne traçant qu'une seule courbe intégrale; c'est ce à quoi l'on parvient par le procédé suivant[1] :

[1] MASSAU, 1, liv. I, ch. VI.

Si l'on portait sur chaque ligne de rappel une or-
donnée $m\mathrm{M}''$ égale au segment $\mathrm{M}'\mathrm{M}$ compris entre les
courbes $\mathbf{C}$ et $\mathbf{C}'$ (fig. 53), l'aire balayée par cette ordonnée, entre deux lignes de rappel quelconque, serait
égale à celle comprise entre
les courbes $\mathbf{C}$ et $\mathbf{C}'$. Par
suite, cette dernière serait
donnée, comme la précédente,
par l'intégrale de la courbe
$\mathbf{C}''$ engendrée par M''. Pour
déterminer une tangente $\mathrm{M_{i}T_{i}}$
à cette intégrale, il suffit
d'ailleurs de connaître la
direction du vecteur $\mathrm{P}\mu''$
correspondant à chaque ordonnée $m\mathrm{M}''$. Or, si, me-
nant la ligne de rappel du pôle P, nous projetons,
parallèlement à Ox, M' en μ', sur cette ligne de rappel en même temps que nous projetons M en μ, sur Oy,
nous voyons que $\mu'\mu$ est parallèle à $\mathrm{P}\mu''$, donc à $\mathrm{M_{i}T_{i}}$.
Cette simple remarque montre qu'il est inutile de tra-
cer la courbe auxiliaire $\mathbf{C}''$ pour obtenir les directions
des tangentes à son intégrale.

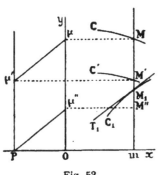

Fig. 53.

Au reste, la même remarque s'étend immédiatement
à la corde de $\mathbf{C_i}$ comprise entre deux lignes de rappel quelconques, lorsque les points μ et μ' sont les
projections respectives des centres d'ordonnée moyenne
des arcs des courbes $\mathbf{C}$ et $\mathbf{C}'$, compris dans l'intervalle
de ces lignes de rappel. De là, le procédé annoncé :

Ayant fractionné l'intervalle à intégrer en un nombre
suffisant de parties (généralement égales) par des lignes
de rappel, on détermine pour les divers arcs découpés

par ces lignes sur **C** et sur **C'** les centres d'ordonnée
moyenne ; ceux de la ligne supérieure **C** étant projetés
sur O*y*, ceux de la ligne inférieure **C'** sur la ligne de
rappel du pôle **P**, on joint ces projections deux à deux
dans l'ordre où elles se correspondent, et on a ainsi les
directions des côtés successifs du polygone inscrit dans
l'intégrale cherchée et ayant ses sommets sur les lignes
de rappel choisies.

On obtient de même les directions des côtés du
polygone circonscrit en se servant des points mêmes
pris sur les courbes **C** et **C'** au lieu des centres d'ordonnée moyenne
des arcs qui les
séparent. La fi-
gure 54 montre un
exemple d'appli-
cation de ce tracé.
Les courbes limi-
tant l'aire à inté-
grer sont ici les
courbes d'intrados
et d'extrados d'une
certaine voûte. La

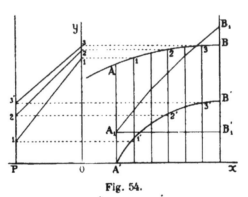

Fig. 54.

courbe intégrale ainsi obtenue se confond alors, d'après
ce qui a été dit plus haut (p. 89), avec la courbe des
efforts tranchants de la voûte soumise à son seul poids.
On doit d'ailleurs rapporter cette intégrale A_1B_1 à la
parallèle A_1B_1' à O*x*, menée par son point initial A_1.

33. Intégrale rapportée à une ligne de repère quelconque.

— Si on évalue l'intégrale de la
courbe **C** à partir de la ligne de rappel du point A, les

valeurs de cette intégrale sont données par les ordonnées de la courbe C_1, prises à partir de la parallèle à
Ox menée par le point A_1. Voyons comment il con-
viendrait de transformer cette intégrale C_1 si on vou-
lait qu'elle donnât ces valeurs par ses ordonnées prises
à partir·d'une ligne de repère quelconque Γ_1 (fig. 55).
Pour cela, considérons la courbe dérivée Γ de Γ_1 (que
nous pourrions construire d'après la *Remarque* du n° 25,
mais qui n'intervient ici que pour la démonstration).

Puisque les ordonnées R_1M_1 et m_1R_1 représentent
respectivement les
valeurs des inté-
grales de C et de Γ
rapportées à Ox,
l'ordonnée m_1M_1 re-
présentera la somme
de ces intégrales ou,
ce qui revient au
même, si on prend
la symétrique Γ' de
Γ par rapport à Ox[1],
l'intégrale de la zone
comprise entre C
et Γ'. Il en résulte,

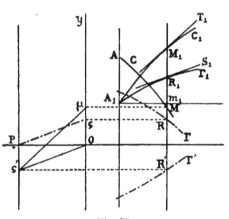

Fig. 55.

d'après le numéro précédent, que si l'on projette M
en μ sur Oy, R' en ρ' sur la ligne de rappel du
pôle P, la tangente en M_1 à l'intégrale cherchée est
parallèle à $\rho'\mu$. Or, si R se projette en ρ sur Oy, la
symétrie de R et R' par rapport à Ox montre que $\rho'O$

---

[1] Il s'agit, bien entendu, ici d'une symétrie oblique parallèle
à Oy qui ne se confond avec la symétrie ordinaire, c'est-à-dire
orthogonale, que si les axes Ox et Oy sont rectangulaires.

est parallèle à Pρ; mais, d'après la définition même
de la courbe Γ_1, Pρ est parallèle à la tangente en R$_1$ à
la courbe Γ; donc, il suffit, pour obtenir le point ρ',
de mener par O une parallèle à cette tangente.

Ainsi, *le point M de la courbe **C** à intégrer étant projeté en μ sur Oy, et la parallèle menée par O à la tangente correspondante R$_1$S$_1$ de la ligne de repère choisie
coupant la ligne de rappel du pôle P en ρ', la tangente
M$_1$T$_1$ à l'intégrale **C**$_1$ cherchée est parallèle à $\rho'\mu$.*

Si, au lieu de l'intégrale de **C** rapportée à Ox, on
veut obtenir celle
de la zone com-
prise entre **C** et
C' (fig. 55 *bis*),
on voit, comme
au numéro précé-
dent, que, pour
obtenir le point ρ'
qui donne avec μ
la direction $\rho'\mu$ de
la tangente M$_1$T$_1$ à
l'intégrale **C**$_1$, il
faut mener à la

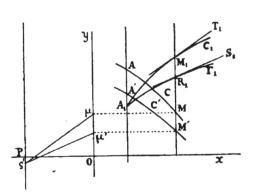

Fig. 55 *bis.*

tangente R$_1$S$_1$ de la ligne de repère Γ_1 une parallèle,
non plus par le point O, mais par la projection μ' de
M' sur Oy.

Pour la construction effective, si on veut procéder
par polygone inscrit, il est clair que, au lieu de projeter sur Oy les points tels que M et M' des courbes **C**
et **C'**, on projettera les centres d'ordonnée moyenne des
arcs successifs de ces courbes, compris entre les lignes
de rappel choisies, et que, au lieu de mener des pa-

rallèles aux tangentes de la ligne de repère Γ_1, on mènera des parallèles aux cordes joignant les points de cette ligne de repère situés sur les mêmes lignes de rappel.

La figure 56 montre l'application d'un tel tracé au

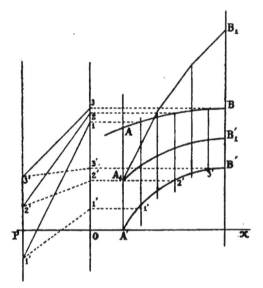

Fig. 56.

cas déjà traité (fig. 54), mais en rapportant cette fois l'intégrale A_1B_1 à une ligne de repère curviligne A_1B_1'.

Le cas particulier le plus important est celui d'une intégrale ordinaire (non de l'intégrale d'une zone limitée par deux courbes), lorsque la nouvelle ligne de repère est droite. Dans ce cas, en effet, tous les points ρ' de la construction précédente (fig. 55) se confondent en un seul point P' de la ligne de rappel du pôle P. La construction de l'intégrale ne diffère dès lors de la construction ordinaire qu'en ce que le pôle P est rem-

placé par le pôle P′. Comme la direction de la nouvelle ligne de repère est quelconque, quelconque aussi
est le point P′ sur la ligne de rappel du point P.
D'autre part, cette ligne de rappel, étant elle-même à
la distance δ de l'axe Oy, peut être prise aussi quelconque, pourvu que le module γ servant à mesurer les
ordonnées de l'intégrale (à partir de la ligne de repère
choisie) soit toujours donné par

$$\gamma = \frac{\alpha\beta}{\delta}.$$

Finalement, on voit que le *pôle de l'intégration peut
être choisi d'une manière quelconque dans le plan de la
courbe à intégrer* que nous supposons rapportée à
des axes quelconques Ox et Oy. Une fois ce pôle P
choisi, on a δ (et, par suite, γ) en prenant, parallèlement à Ox, la distance de P à Oy; en outre, la ligne
de repère, à partir de laquelle seront mesurées (avec le
module γ) les ordonnées de la courbe intégrale, devra
être prise parallèle à la droite OP; on peut d'ailleurs
la faire passer par un point quelconque, puisqu'on
dispose dans l'évaluation de l'intégrale d'une constante
arbitraire.

Un point quelconque pouvant être pris comme pôle
d'intégration, cherchons quelle relation géométrique
existe entre les intégrales d'une même courbe, correspondant à deux pôles différents.

**34. Relation géométrique entre les inté-
grales d'une même courbe pour deux pôles
différents.** — A titre de lemme, nous rappellerons
la définition géométrique des *figures réciproques* de

Cremona[1] : *Deux figures, composées de droites, sont réciproques si à chaque droite de l'une correspond une
droite parallèle de l'autre et que, à trois droites concourantes de l'une correspondent trois droites non concourantes de l'autre.*

La possibilité de construire de telles figures peut,
dans le cas de six droites, être établie par le procédé
tout élémentaire que voici : soient A, B, C, D, quatre
points quelconques (fig. 57) joints deux à deux par

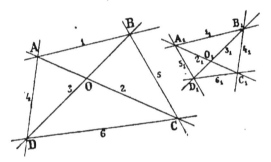

Fig. 57.

les droites numérotées, de 1 à 6. Ayant construit le
triangle $A_1B_1O_1$ directement semblable à ABO (en tirant
les droites 1_1, 2_1, 3_1 respectivement parallèles à 1, 2, 3),
tirons par A_1 la droite 5_1 parallèle à la droite 5 qui
passe par B, et par B_1 la droite 4_1 parallèle à la droite
4 qui passe par A. Nous obtenons ainsi les points C_1
et D_1 que nous joignons par la droite 6_1. Si cette
droite 6_1 est parallèle à 6, la figure $A_1B_1C_1D_1$ est réci-
proque de ABCD suivant la définition ci-dessus. Or, il

[1] CREMONA, **2**.

en est bien évidemment ainsi, car il résulte de la construction effectuée que l'on a :

$$\frac{O_1A_1}{O_1B_1} = \frac{OA}{OB}, \quad \frac{O_1B_1}{O_1C_1} = \frac{OD}{OA}, \quad \frac{O_1D_1}{O_1A_1} = \frac{OB}{OC},$$

d'où, en multipliant membre à membre,

$$\frac{O_1D_1}{O_1C_1} = \frac{OD}{OC},$$

ce qui prouve que C_1D_1 est bien parallèle à CD.

Cela posé, soient A_1B_1 et $A_1'B_1'$ des arcs d'intégrales
d'une même courbe AB, pris entre les deux lignes de
rappel quelconques AA_1 et BB_1 (fig. 58), et répondant

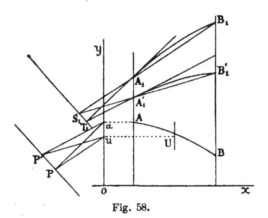

Fig. 58.

respectivement aux pôles P et P'. Si le centre d'ordonnée moyenne de l'arc AB est projeté en u sur Oy, les
cordes A_1B_1 et $A_1'B_1'$ sont respectivement parallèles à
Pu et $P'u$; de même, si A est projeté en a sur Oy, les
tangentes en A_1 et A_1' aux intégrales sont respectivement parallèles à Pa et $P'a$. Comme, d'ailleurs, A_1A_1' est
parallèle à ua, il en résulte, si les tangentes en A_1 et A_1' se

coupent en T_1, et les cordes A_1B_1 et $A'_1B'_1$ en S_1, que les systèmes des quatre points $A_1A'_1T_1S_1$, d'une part, au PP', de l'autre, sont réciproques, au sens ci-dessus défini, et, par suite, que les droites S_1T_1 et PP' sont parallèles.

Ainsi, les cordes A_1B_1 et $A'_1B'_1$ se coupent sur la parallèle menée par le point de rencontre des tangentes en A_1 et A'_1 à la droite qui joint les deux pôles P et P'. On verrait de même que ces cordes se coupent sur la parallèle à la même direction menée par le point de rencontre des tangentes en B_1 et B'_1. Cette parallèle est donc la même dans les deux cas, et, comme les lignes de rappel $A_1A'_1$ et $B_1B'_1$ sont absolument quelconques, on arrive à cette conclusion :

Les tangentes aux deux intégrales en des points situés sur une même ligne de rappel, de même que les cordes qui unissent deux couples de points se correspondant sur deux lignes de rappel, se coupent toutes, deux à deux, sur une même parallèle à la droite unissant les pôles des deux intégrales.

Autrement dit :

Les deux intégrales sont homologiques, le centre d'homologie étant à l'infini dans la direction de Oy et l'axe d'homologie parallèle à la droite qui joint les pôles de ces intégrales.

Remarque. — On ne saurait manquer d'être frappé de l'identité des polygones incrits dans les intégrales avec les polygones funiculaires de vecteurs parallèles, dirigés suivant les lignes de rappel considérées, et qui auraient pour grandeurs les différences des ordonnées moyennes des arcs séparés par ces lignes de rappel. Le dernier résultat obtenu se confond alors avec un théorème fondamental de la statique graphique de Culmann. Ici, comme on le voit, il résulte de considérations géométriques directes tout élémentaires.

35. Intégrales successives. Détermination des constantes arbitraires.

— Si l'on construit, par la méthode qui vient d'être exposée, les intégrales successives C_1, C_2, ... C_n,... d'une courbe donnée C en donnant arbitrairement, sur une même ligne de rappel, le point initial de chacune d'elles, cela revient à se donner, pour la valeur initiale de l'abscisse, les valeurs de l'intégrale $n^{\text{ième}}$ et de ses $n-1$ premières dérivées.

On peut d'ailleurs, ainsi qu'il a été dit au n° 24, affecter aux ordonnées de ces diverses intégrales des modules différents γ_1, γ_2,... γ_n,... choisis d'avance. Il suffit pour cela que les bases d'intégration successives satisfassent aux relations

$$\alpha\beta = \gamma_1\delta_1,$$
$$\alpha\gamma_1 = \gamma_2\delta_2,$$
$$\cdots \cdots \cdots$$
$$\alpha\gamma_{n-1} = \gamma_n\delta_n,$$
$$\cdots \cdots \cdots$$

Changer, après intégration, les valeurs des constantes arbitraires revient à substituer aux ordonnées y_n de C_n celles y'_n qui seraient données par

$$y'_n = y_n + a_0 x^{n-1} + a_1 x^{n-2} + \cdots + a_{n-1},$$

les coefficients a_0, a_1, ... a_{n-1} étant arbitraires. Pour un choix particulier de ces coefficients, il suffirait de construire (n° 20) la parabole Π_{n-1} d'équation

$$y = -(a_0 x^{n-1} + a_1 x^{n-2} + \cdots + a_{n-1}).$$

On aurait alors

$$y'_n = y_n - y.$$

Autrement dit : l'*intégrale* C_n *fournirait encore, par ses ordonnées, les valeurs cherchées, à la condition d'être rapportée à une ligne de repère confondue, non plus avec l'axe* Ox, *mais avec la parabole* II_{n-1}.

On peut, en particulier, définir les n constantes arbitraires par la condition que, pour n valeurs données de x, y'_n ait des valeurs données. Rien de plus facile alors que de construire la parabole II_{n-1}. En effet, l'intégrale C_n ayant été tracée avec des constantes arbitraires absolument quelconques, prenons sur cette intégrale les points A_n, B_n, ... répondant aux valeurs données de x, et, sur les lignes de rappel de ces points, portons les segments $A_n A'_n$, $B_n B'_n$, ... égaux (mod. γ_n) aux valeurs données de y'_n *changées de signe*. Il ne reste plus, par les n points A'_n, B'_n, ... qu'à faire passer la parabole II_{n-1} qu'ils déterminent d'ailleurs sans aucune ambiguïté. C'est le problème de l'interpolation graphique tel qu'il a été résolu au n° 20.

Il convient toutefois d'observer que les bases à employer pour les diverses transformations par l'abscisse doivent être les mêmes δ_n, δ_{n-1}, ... qui ont servi pour les intégrations.

En particulier, s'il s'agit de l'intégrale première, il suffit de prendre le point A'_1 correspondant à un seul point A_1 et de mener par ce point A'_1 une parallèle II_0 à Ox; s'il s'agit de l'intégrale seconde, il suffit de prendre les points A'_2 et B'_2 correspondant à deux points A_2 et B_2 et de joindre ces points A'_2 et B'_2 par une droite II_1, etc.

Dans les applications, les intégrations successives s'appliquent, en général, à des zones limitées à deux courbes C et C', prises à partir d'une certaine ligne de rappel. Les constantes arbitraires résultent alors de ce fait que, sur cette ligne de rappel, les intégrales successives doivent être nulles. Autrement dit, si on construit séparément les intégrales successives correspondant d'une part à C, de l'autre à C', les intégrales C_n et C'_n doivent, quel que soit n, partir du même point A_n de la ligne de rappel initiale.

On peut d'ailleurs, ainsi qu'on l'a vu au n° 32, obtenir les valeurs de l'aire comprise entre C et C' au moyen d'une seule intégrale C_1 dont les ordonnées soient prises à partir de la parallèle $A_1 x_1$ à Ox, menée par le point initial A_1 de C_1. Pour les intégrales suivantes, rien n'est à changer à ce qui précède moyennant que l'on prenne l'axe $A_1 x_1$ pour C'_1. En ce cas, d'une manière générale, C'_n sera une parabole $\mathbf{II}_{n-1}$ d'ordre $n-1$ osculatrice (contact d'ordre $n-1$) à C_n au point A_n.

Mais on peut bien aisément éviter le tracé de ces paraboles $\mathbf{II}_{n-1}$ successives. Il suffit en effet, pour effectuer la seconde intégration, de prendre $A_1 x_1$ comme axe des x, en choisissant le pôle P_1 sur cet axe; l'intégrale C'_2 est dès lors la parallèle $A_2 x_2$ menée à $A_1 x_1$ par le point initial A_2 arbitrairement choisi pour C_2. Nous prendrons de même $A_2 x_2$ comme axe des x pour la troisième intégration, et ainsi de suite. De cette façon, les paraboles $\mathbf{II}_{n-1}$ successives sont toutes remplacées par des parallèles à Ox.

36. Intégrales diverses attachées à une courbe donnée. — Longueur, moment, centre de gravité d'un arc de courbe. — Si y représente l'ordonnée du point courant d'une courbe C. nous appe-

lons intégrale attachée à cette courbe toute intégrale de
la forme

$$\int F\left(x,\ y,\ \frac{dy}{dx},\ \frac{d^2y}{dx^2},\ \ldots\right) dx.$$

Si, sur l'ordonnée de chaque point M de cette
courbe on porte le segment MM' représentatif (mod. β)
de la fonction $\quad F\left(x,\ y,\ \dfrac{dy}{dx},\ \ldots\right),\quad$ la valeur de l'intégrale est donnée par l'aire (mod. $[\alpha\beta]$) balayée par
le segment d'ordonnée MM' entre les lignes de rappel correspondant aux limites choisies. Cette aire est
d'ailleurs donnée par la différence des ordonnées
(mod. γ) des points correspondants des intégrales
C_1 et C'_1 de la courbe C et de la courbe C' décrite par
M', ces deux intégrales partant d'un même point A_1
de la ligne de rappel initiale. On peut d'ailleurs obtenir ces différences d'ordonnées au moyen d'une seule
intégrale rapportée à une parallèle à Ox (n° 32).

La question revient, dans chaque cas particulier, à
construire point par point la courbe C', si possible
même, avec ses tangentes.

Nous pouvons citer comme exemple la détermination des moments pris par rapport à Oy. Le moment
d'ordre n étant donné par

$$M_n = \int x^n y\, dx,$$

la courbe C' peut être obtenue par l'application n fois
répétée de la transformation par l'abscisse (n° 19). On
obtient ensuite le moment M_n au moyen d'une seule

intégration au lieu des $n+1$, qui ont été indiquées au n° 24[1].

Proposons-nous, à titre d'autre exemple, de déter-

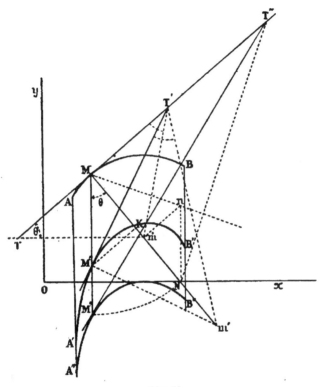

Fig. 59.

miner la longueur d'un arc de courbe AB (fig. 59), puis son moment par rapport à Ox supposé ici perpen-

[1] Ce procédé, proposé par M. Collignon, possède par rapport à celui qui a été indiqué au n° 24 l'avantage de n'exiger qu'une seule intégration quel que soit n; mais, en revanche, il exige que le tracé soit renouvelé lorsqu'on change l'axe (ici confondu avec Oy) par rapport auquel sont pris les moments, tandis que la construction du n° 24 reste la même lorsque cet axe varie en conservant sa direction.

diculaire à Oy [1]. On doit en outre nécessairement supposer égaux les modules α et β relatifs respectivement
aux abscisses et aux ordonnées, sans quoi le module
avec lequel devrait être mesuré chaque élément infiniment petit de l'arc dépendrait de l'inclinaison de celui-
ci sur Ox.

Si nous appelons θ l'angle de la tangente en M avec
Ox, ou, ce qui revient au même, l'angle de la normale MN avec l'ordonnée MM′, nous avons pour la
longueur de l'arc,

$$s = \int \frac{dx}{\cos \theta}.$$

Portons sur la normale MN une longueur MK égale
à une constante quelconque k (mod. α) et élevons en
K à MN la perpendiculaire KM′. Nous avons pour le
nombre y' qui mesure MM′ (mod. α)

$$y' = \frac{k}{\cos \theta}.$$

Donc
$$s = \frac{1}{k} \int y' dx.$$

Il suffit dès lors, pour obtenir directement le
nombre donnant la valeur de s, de mesurer l'ordonnée
finale, comprise entre les intégrales $\mathbf{C}_1$ et $\mathbf{C}'_1$ des
courbes AB et A′B′, avec une unité de longueur égale
à $k\gamma$ au lieu de γ.

Quant au moment μ de l'arc AB pris par rapport à
Ox, il est donné par

$$\mu = \int y ds = \int MN dx.$$

[1] COLLIGNON, pages 17 et 24.

On n'aura donc qu'à porter sur la ligne de rappel de M le segment MM″ égal à MN et à intégrer la zone entre les courbes AB et A″B″.

Remarquons que si y_1' est la différence des ordonnées des points terminaux B_1 et B_1' des intégrales C_1 et C_1', et de même y_1'' la différence des ordonnées de B_1 et B_1'', on a, pour l'ordonnée Y du centre de gravité de l'arc AB,

$$ Y = \frac{y_1''}{s} = \frac{y_1''}{y_1'} k, $$

expression facile à construire graphiquement. Ce centre de gravité sera donc complètement déterminé si on connaît la ligne de rappel sur laquelle il se trouve. Or, cette ligne de rappel est bien évidemment la même que celle du centre de gravité de l'aire AA′B′B, laquelle, d'après ce que nous avons déjà vu (n° 24), passe par le point de rencontre des tangentes en B_2 et B_2' aux intégrales secondes des arcs AB et A′B′.

A titre de complément, nous allons faire voir comment, lorsqu'on connaît le centre de courbure m de la courbe AB répondant au point M, on peut construire les tangentes en M′ et en M″ aux courbes A′B′ et A″B″, en déterminant les points T′ et T″ où elles rencontrent la tangente en M à AB (fig. 59).

Si m′ est le point où la normale en M′ à A′B′ coupe Mm, on a entre les différentielles d(M), d(M′), d(K) des arcs décrits simultanément par les points M, M′, K, et remarquant que, puisque MK est constant, le lieu de K, parallèle à celui de M, admet aussi pour centre de courbure le point m,

$$ \frac{d(\mathrm{M})}{d(\mathrm{M}')} = \frac{\mathrm{MT}'}{\mathrm{MT}}, \quad \frac{d(\mathrm{M}')}{d(\mathrm{K})} = \frac{\mathrm{M}'m'}{\mathrm{K}m}, \quad \frac{d(\mathrm{K})}{d(\mathrm{M})} = \frac{\mathrm{K}m}{\mathrm{M}m}, $$

d'où, en multipliant membre à membre,

$$\frac{MT' . M'm'}{M'T' . Mm} = 1,$$

ou

$$\frac{M'm'}{M'T'} = \frac{Mm}{MT'},$$

égalité qui revient à

$$\widehat{M'T'm'} = \widehat{MT'm};$$

mais, le quadrilatère T'MM'm' étant inscriptible, puisque les angles T'Mm' et T'M'm' sont droits, on a :

$$\widehat{M'T'm'} = \widehat{M'Mm'},$$

ou, en tirant mT parallèlement à Ox,

$$\widehat{M'T'm'} = \widehat{MTm}.$$

Donc

$$\widehat{MT'm} = \widehat{MTm},$$

ce qui montre que

$$MT' = MT,$$

d'où la construction du point T' *symétrique par rapport à* M *du point* T *où la tangente en* M *est coupée par la parallèle à* Ox *menée par le centre de courbure* m.

Quant à la détermination du point T'', elle résulte de ce que, MM'' étant de direction fixe, on a :

$$\frac{d(M)}{d . MM''} = \frac{MT''}{MM''} = \frac{MT''}{MN}.$$

Si, d'autre part, la normale à l'enveloppe de MN (perpendiculaire élevée en m à MN) coupe la perpendiculaire élevée en N à Ox au point n, on a :

$$\frac{d(M)}{d . MN} = \frac{Mm}{mn}.$$

Il en résulte que

$$\frac{MT''}{MN} = \frac{Mm}{mn}.$$

Les triangles rectangles MT''N et mMn, qui ont les côtés de l'angle droit deux à deux perpendiculaires, sont donc

semblables et ont, par suite, aussi leurs hypoténuses perpendiculaires. Autrement dit, *le point T″ est à la rencontre de la
tangente en M et de la perpendiculaire abaissée de N sur Mn.*

Cas particulier de l'arc de cercle. — Nous rappellerons ici
que, pour le cas particulier de l'arc de cercle, nous avons
donné une construction ap-
prochée [1] qui peut s'énoncer
ainsi (fig. 60) : *Si on prend
sur la corde AB le point M
tel que* $AM = \frac{2}{3} AB$, *et si
le rayon passant au point M
coupe l'arc AB au point L,
la corde AL est égale aux
$\frac{2}{3}$ de l'arc AB avec une
erreur relative qui reste inférieure à* 0,0001 *jusqu'au delà
de* 35°, *à* 0,001 *jusqu'au delà
de* 65°, *et qui n'atteint que*

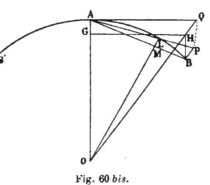

Fig. 60.

0,008 *pour un arc de* 90°. *Si donc on mène par B la parallèle
BP à ML, on a* AP = arc AB, au degré d'approximation
qui vient d'être indi-
qué.

Il est à remarquer
que cette construction
permet inversement de
porter sur le cercle, à
partir du point A, un
arc AB de longueur
donnée. Elle permet
aussi d'obtenir le centre
de gravité G d'un arc
BAB′ (fig. 60 *bis*), at-
tendu que, si sur la
tangente en A on re-

Fig. 60 *bis.*

porte le segment AQ égal à l'arc AB rectifié en AP, le centre

---

[1] *Nouvelles Annales de Mathématiques*, 1907, p. 1.

de gravité G est la projection sur OA du point de rencontre
H de OQ et de la parallèle à OA menée par l'extrémité B
de l'arc.

37. Intégrales déduites de plusieurs courbes. —

On peut aussi envisager des intégrales de la forme

$$\int F(x, y, y', \ldots)\, dx,$$

$y, y', \ldots$ étant les ordonnées des courbes **C, C',** ... correspondant à une même abscisse x. Si, à l'exemple de ce qui a
été fait au numéro précédent, on peut construire, de façon
simple, l'ordonnée Y définie par

$$Y = F(x, y, y', \ldots),$$

on est ramené au cas ordinaire. Mais il arrive aussi que l'on
puisse, pour chaque valeur de x, obtenir la direction correspondante de la tangente à l'intégrale sans avoir à déterminer
effectivement Y. En voici un exemple qui se rencontre dans
certaines applications :

Soit à effectuer l'inté-
grale

$$\int y y'\, dx,$$

y et y' étant les ordonnées des courbes **C** et **C'**
(fig. 61). Si P est le pôle
de l'intégration tel que
$OP = \delta$, nous aurions
l'intégrale de y en joignant les points tels que
μ, projection du point
courant M de **C** sur Oy,
au pôle P. Au lieu de
multiplier $O\mu$ par y' et de joindre l'extrémité du nouveau
segment obtenu sur Oy au pôle P pour avoir la direction de
la tangente à la nouvelle intégrale, nous pourrons tout
aussi bien, conservant $O\mu$, diviser OP par y' en prenant
$O\mu'' = \dfrac{\delta}{y'}$; la direction $\mu''\mu$ ainsi obtenue pour la tangente

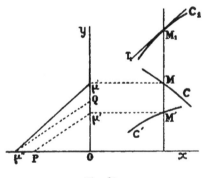

Fig. 61.

en M_1 sera la même. Or, pour déterminer le point μ'' tel que $O\mu'' = \dfrac{OP}{\gamma'}$, il suffit, ayant pris sur Oy le segment $OQ = \beta_2$ et projeté M' en μ' sur Oy, de tirer la parallèle $Q\mu''$ à $P\mu'$.

Il est essentiel de remarquer qu'on commettrait ici une erreur si, pour obtenir, au lieu de la direction d'une tangente, celle d'une corde comprise entre deux certaines lignes de rappel, on substituait dans la construction précédente, aux points M et M', les centres d'ordonnée moyenne des arcs des courbes C et C' compris entre ces lignes de rappel. Un tel tracé ne serait suffisamment approché que si on prenait des lignes de rappel assez resserrées pour que les tangentes aux extrémités de l'arc d'intégrale compris entre deux d'entre elles puissent être considérées comme se rencontrant sur la ligne de rappel équidistante de celles-ci. Alors que, en effet, si les ordonnées courantes s'ajoutent ou se retranchent, comme aux n°s 32 et 33, la relation entre les ordonnées moyennes est la même qu'entre les ordonnées courantes, il n'en est plus ainsi lorsque les ordonnées courantes se multiplient.

C. — Intégrales paraboliques.

38. Polygones intégrants. — On peut, dans les applications, avoir à intégrer des paraboles Π_n soit qu'elles résultent d'intégrations successives à partir de lignes droites, soit qu'elles aient été obtenues comme résultat d'interpolation graphique (n°s 20 et 21). La méthode fondée sur la considération des centres d'ordonnée moyenne donne, en ce cas, un tracé non pas seulement approché, mais rigoureux jusqu'aux paraboles Π_3; au delà, il redevient approché. Mais on peut, en ce cas, obtenir rigoureusement, quel que soit n, autant de points qu'on le veut de l'inté-

grale de la parabole $\mathbf{II}_n$ par la méthode suivante également
ment due à M. Massau[1].

Nous prendrons comme première ligne à intégrer
une droite parallèle à Ox, qui, pour la complète généralité de nos notations, sera dite une $\mathbf{II}_0$ et dont l'intégrale (droite dont l'inclinaison résulte de l'ordonnée
de $\mathbf{II}_0$) sera une $\mathbf{II}_1$.

Cela dit, nous définirons l'opération sur laquelle
repose la méthode de la manière suivante :

Soit $\mathbf{P}_i$ une ligne polygonale de i côtés dont les
$i + 1$ sommets désignés par A_i^0, A_i^1, ... A_i^i sont situés
sur des lignes de rappel *équidistantes* (dont on pourra
toujours supposer la première, sur laquelle se trouve
A_i^0, en coïncidence avec Oy). Projetons les sommets
A_i^1, ... A_i^i sur Oy et joignons-les au pôle P_i de l'intégration ; puis, ayant divisé l'intervalle entre les lignes de
rappel extrêmes *en $i + 1$ parties égales*, construisons, à
partir d'un point A_{i+1}^0 pris sur Oy, une nouvelle ligne
polygonale $A_{i+1}^0 A_{i+1}^1 ... A_{i+1}^{i+1}$ dont les sommets soient
sur les lignes de rappel successives tracées en dernier lieu
et dont les côtés $A_{i+1}^0 A_{i+1}^1$, $A_{i+1}^1 A_{i+1}^2$, ... $A_{i+1}^i A_{i+1}^{i+1}$
soient respectivement parallèles aux vecteurs $P_i A_i^0$,
$P_i a_i^1$, ... $P_i a_i^i$. Nous obtenons ainsi la ligne polygonale $\mathbf{P}_{i+1}$.

Si l'on effectue cette construction de proche en
proche, à partir d'une droite $\mathbf{P}_0$ parallèle à Ox (qui,
d'après la convention précédente, peut être dite aussi

---

[1] MASSAU, 1, n° 69. Si la ligne à intégrer est polygonale, cette
méthode est à recommander pour déterminer les points des intégrales successives situés sur les lignes de rappel des sommets,
où se raccordent les arcs de paraboles distinctes dont se composent ces intégrales.

une $\mathbf{II}_0$), les polygones $\mathbf{P}_i$ successivement obtenus sont dits les *intégrants* de cette $\mathbf{P}_0$ ou $\mathbf{II}_0$; on va, dans un instant, en voir la raison.

La figure 62 montre la construction des trois premiers intégrants d'une $\mathbf{II}_0$; pour rendre cette construc-

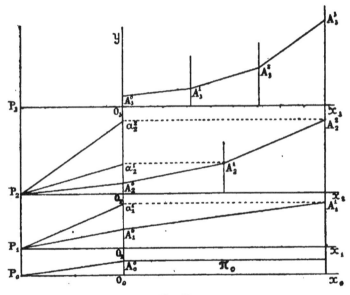

Fig. 62.

tion plus nettement saisissable, on a, pour le passage d'un polygone $\mathbf{P}_i$ au suivant, donné chaque fois à l'axe Ox une translation parallèle à Oy, propre à dégager complètement le nouveau tracé du précédent. On a, de plus, supposé que l'on conservait la même base d'intégration

$$(\mathbf{\delta} = O_0 P_0 = O_1 P_1 = O_2 P_2 = O_3 P_3)$$

alors que rien n'empêche d'en changer à chaque inté-

Calcul graphique. 4*

gration moyennant le changement correspondant du
module **γ**, ainsi qu'on l'a vu au n° 35.

Si, d'une manière générale, nous appelons y_i^k l'ordonnée du sommet A_i^k rapporté à l'axe $O_i x_i$ correspondant, de telle sorte que le tableau complet des ordonnées jusqu'à **P**$_n$ s'écrive :

$$
\begin{array}{cccccccc}
y_n^0 & y_n^1 & y_n^2 & \cdots & y_n^i & \cdots & y_n^{n-1} & y_n^n \\
y_{n-1}^0 & y_{n-1}^1 & y_{n-1}^2 & \cdots & y_{n-1}^i & \cdots & y_{n-1}^{n-1} & \\
\cdot\ \cdot\ \cdot & & & & & & & \\
y_i^0 & y_i^1 & y_i^2 & \cdots & y_i^i & & & \\
\cdot\ \cdot\ \cdot & & & & & & & \\
y_2^0 & y_2^1 & y_2^2 & & & & & \\
y_1^0 & \cdot\ y_1^1 & & & & & & \\
y_0^0 & & & & & & &
\end{array}
$$

proposons-nous de calculer y_n^i.

Les modules successifs étant toujours supposés satisfaire à la relation fondamentale (n° 8), la construction indiquée, lorsqu'on envisage les différences des
ordonnées d'une même ligne, se traduit, si x représente l'abscisse de la ligne de rappel extrême, par la
relation

$$
(\text{I}) \qquad \Delta y_n^i = \frac{x}{n}\, y_{n-1}^i,
$$

d'où, par un calcul de proche en proche immédiat,

$$
(\text{I } bis) \quad \Delta^k y_n^i = \frac{x^k}{n(n-1)\ldots(n-k+1)}\, y_{n-k}^i.
$$

Or, la relation fondamentale du calcul des différences, qui s'écrit symboliquement

$$
y_n^i = (\text{I} + \Delta)^i y_n^0,
$$

c'est-à-dire

$$y_n^i = y_n^0 + \frac{i}{1}\,\Delta y_n^0 + \frac{i(i-1)}{1\cdot 2}\,\Delta^2 y_n^0 + \dots$$

$$+ \frac{i\dots 1}{1\dots i}\cdot\Delta^i y_n^0,$$

donne, lorsqu'on tient compte de (1 *bis*),

$$(2)\quad y_n^i = y_n^0 + \frac{i}{1}\,\frac{y_{n-1}^0}{n}\,x + \frac{i(i-1)}{1\cdot 2}\,\frac{y_{n-2}^0}{n(n-1)}\,x^2$$

$$+ \dots \frac{i\dots 1}{1\dots i}\,\frac{y_{n-i}^0}{n\dots(n-i+1)}\,x^i,$$

et, en particulier,

$$(2\ bis)\quad y_n^n = y_n^0 + \frac{y_{n-1}^0}{1}\,x + \frac{y_{n-2}^0}{1\cdot 2}\,x^2 + \dots$$

$$+ \frac{y_0^0}{1\dots n}\,x^n.$$

Cette dernière formule, identique à la formule de Maclaurin appliquée à la fonction y (dont, pour $x = 0$, la valeur et celles de ses n dérivées sont y_n^0, y_{n-1}^0, $\dots y_0^0$), montre que *le point* A_n^n *appartient à la parabole* $\mathbf{II}_n$, $n^{\text{ième}}$ *intégrale de* $\mathbf{II}_0$, *lorsque les* n *constantes de l'intégration sont prises égales aux ordonnées des points* A_1^0, A_2^0, $\dots$, A_n^0.

On a ainsi le moyen de construire, et rigoureusement cette fois, le point de la $n^{\text{ième}}$ intégrale parabolique $\mathbf{II}_n$, situé sur une ligne de rappel quelconque. D'ailleurs, n étant quelconque, les points A_{n-1}^{n-1}, A_{n-2}^{n-2}, $\dots A_1^1$, décrivent en même temps les intégrales paraboliques $\mathbf{II}_{n-1}$, $\mathbf{II}_{n-2}$, $\dots$ $\mathbf{II}_1$.

Cette construction provoque immédiatement les remarques suivantes :

Remarque I. — Les points A_i^0 et A_i^i appartenant à la parabole Π_i, les côtés $A_{i+1}^0 A_{i+1}^1$ et $A_{i+1}^i A_{i+1}^{i+1}$, qui sont respectivement parallèles aux vecteurs $P_i A_i^0$ et $P_i a_i^i$, sont tangents à la parabole Π_{i+1}. En particulier, Π_n est tangente à $A_n^0 A_n^1$ et $A_n^{n-1} A_n^n$.

Remarque II. — Si, prenant pour ligne de rappel initiale celle du point A_n^n sur laquelle seraient marqués les points A_1^1, A_2^2, ... A_n^n, on cherche à obtenir le point A_n^0 sur Oy pris comme ligne de rappel terminale, les polygones intégrants sont les mêmes que ceux de la construction précédente, mais parcourus cette fois en sens inverse.

Remarque III. —. La formule (2 *bis*) montre que les éléments de la ligne supérieure du tableau (I) s'expriment linéairement au moyen des éléments de la colonne de gauche de ce tableau. Or ces derniers définissent complètement la parabole Π_n; il en est donc de même des premiers, et comme, d'ailleurs, les points A_n^0 et A_n^n peuvent être pris quelconques sur cette parabole, on peut dire qu'*une intégrale parabolique Π_n est complètement déterminée par le polygone intégrant de* n *côtés P_n tracé entre deux quelconques de ses points* où, d'après la *Remarque I*, elle est tangente aux côtés extrêmes de ce polygone. Pour cette raison, P_n sera dit l'*intégrant de Π_n dans* l'intervalle des lignes de rappel de A_n^0 et de A_n^n.

La même remarque pouvant s'appliquer, d'après la formule (2), aux $i+1$ premiers éléments de la ligne supérieure du tableau (I), rapprochés des $i+1$ premiers éléments, à partir du haut, de la première colonne de ce tableau, on en déduit que *les i premiers côtés de l'intégrant P_n définissent le contact de l'ordre i de la parabole Π_n au point A_n^0*. Autrement dit : *Si deux paraboles Π_n et Π_n' ont en A_n^0 un contact d'ordre i, et si on construit leurs intégrants P_n et P_n' dans un même intervalle à partir de la ligne de rappel de A_n^0, ces intégrants ont en commun leurs i premiers côtés à partir de A_n^0.*

Remarque IV. — Le critérium de contact d'ordre i, mis en évidence dans la précédente *Remarque*, peut s'étendre immédiatement à deux paraboles Π_n et $\Pi_{n'}$ d'ordres différents.

Soit, par exemple, $n' = n - \nu$. Il suffit de traiter la parabole $\mathbf{II}_{n'}$ comme une parabole $\mathbf{II}_n$ pour laquelle on aurait :

$$y_0^0 = y_1^0 = y_2^0 = \ldots = y_{\nu-1}^0 = 0,$$

puis, à partir de l'indice ν, $y_k^0 = y_{k-\nu}'^0$, ce qui revient, une fois construite la droite $\mathbf{II}_1'$, intégrale de $\mathbf{II}_0$, à appliquer la construction des intégrants successifs en partant des points de cette droite situés sur les lignes de rappel qui divisent l'intervalle considéré en $\nu + 1$ parties égales.

Remarque V. — La formule (I) donne immédiatement :

$$y_n^n - y_n^0 = \frac{x}{n} \cdot \sum_{i=0}^{i=n-1} y_{n-1}^i,$$

ou, si u_{n-1} est l'ordonnée du centre de gravité G_{n-1} des sommets de $\mathbf{P}_{n-1}$,

$$y_n^n - y_n^0 = x u_{n-1}.$$

Par suite, si ce centre de gravité se projette en g_{n-1} sur Oy, la droite $A_n^0 A_n^n$ est parallèle à $P_{n-1} g_{n-1}$, ce qui per-

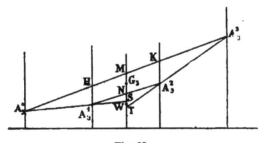

Fig. 63.

met, pour obtenir A_n^n, en partant de A_n^0, d'économiser le tracé de $\mathbf{P}_n$ si on connaît G_{n-1}.

Cherchons par exemple la construction du G_3 d'un $\mathbf{P}_3$ tel que $A_3^0 A_3^1 A_3^2 A_3^3$ (fig. 63). Ce centre de gravité G_3 est au

milieu du segment MN de ligne de rappel unissant le milieu M de $A_3^0 A_3^3$ au milieu N de $A_3^1 A_3^2$, et on a :

$$MG_3 = \frac{MN}{2} = \frac{HA_3^1 + KA_3^2}{4} = \frac{\frac{2}{3}(MS + MT)}{4}$$

$$= \frac{MS + MT}{6}.$$

ou, si W est le milieu de ST,

$$MG_3 = \frac{MW}{3}.$$

Or, d'après la *Remarque* I, les droites $A_3^0 S$ et $A_3^3 T$ sont
tangentes en A_3^0 et A_3^3 à la parabole $\mathbf{II}_3$. Nous retrouvons
donc ainsi la construction du centre d'ordonnée moyenne
d'un arc de $\mathbf{II}_3$, obtenue directement au n° 29.

39. **Génération d'une intégrale parabolique
par dilatation de son polygone intégrant.**
— Nous venons de voir (n° 38, *Remarque III*) qu'une
intégrale parabolique $\mathbf{II}_n$ est complètement déterminée
par le polygone intégrant AA'A'' ... A^n construit entre
deux quelconques de ses points A et A^n, et dont les
sommets intermédiaires se trouvent sur les lignes de
rappel divisant l'intervalle de A à A^n en n parties égales.
Il est donc évident *à priori* qu'en partant de ce polygone pris comme donnée initiale, on pourra construire
directement le point de $\mathbf{II}_n$ situé sur une ligne de rappel quelconque sans remonter à la n^{ième} dérivée $\mathbf{II}_0$
de $\mathbf{II}_n$.

Voyons d'abord, si nous donnons à l'intervalle x
qui sépare la ligne de rappel de A^n de celle de A,
l'accroissement Δx, ce que deviennent les ordonnées
des sommets du polygone intégrant allant de A en A^n,

ordonnées dont nous désignerons les nouvelles valeurs au moyen de la notation Y_n^i. Il suffit, d'ailleurs, pour obtenir Y_n^i, de remplacer dans l'expression (2) de y_n^i trouvée au numéro précédent, x par $x + \Delta x$, ce qui donne immédiatement :

$$Y_n^i = y_n^i + \frac{i}{1} \cdot \frac{y_{n-1}^{i-1}}{n} \Delta x$$

$$+ \frac{i(i-1)}{1 \cdot 2} \cdot \frac{y_{n-2}^{i-2}}{n(n-1)} \Delta x^2 + \cdots$$

$$+ \frac{i \ldots 1}{1 \ldots i} \frac{y_{n-i}^{0}}{n \ldots (n-i+1)} \Delta x^i,$$

ou, en tenant compte de la formule (1 *bis*) du numéro précédent, et posant $\dfrac{\Delta x}{x} = \rho$,

$$(1) \quad Y_n^i = y_n^i + \frac{i}{1} \rho \Delta y_n^{i-1} + \frac{i(i-1)}{1 \cdot 2} \rho^2 \Delta^2 y_n^{i-2}$$

$$+ \cdots + \frac{i \ldots 1}{1 \ldots i} \rho^i \Delta^i y_n^0.$$

On peut transformer cette expression au moyen de la formule bien connue qui s'écrit symboliquement (le trait qui surmonte y indiquant que les indices de puissance doivent, après développement, être pris pour des indices d'ordre)

$$\Delta^r y_n^{i-r} = y_n^{i-r} (\bar{y}_n - 1)^r.$$

Il vient alors :

$$(1 \ bis) \quad Y_n^i = (1 + \rho)^i y_n^i - \frac{i}{1} \rho (1 + \rho)^{i-1} y_n^{i-1}$$

$$+ \frac{i(i-1)}{1 \cdot 2} \rho^2 (1+\rho)^{i-2} y_n^{i-2} + \cdots + (-1)^i \frac{i \ldots 1}{1 \ldots i} \rho^i y_n^0$$

qu'on peut écrire symboliquement :

$$Y_n^i = [(1 + \rho) \bar{y}_n - \rho]^i$$

L'expression (1bis), linéaire par rapport à $y_n^0, y_n^1, \ldots y_n^i$, nous montre que Y_n^i pourra s'obtenir par un tracé n'utilisant que des droites. Afin de donner à l'énoncé de cette construction une forme aussi simple que possible, nous définirons d'abord l'opération graphique que nous proposons d'appeler *dilatation en intervalle d'une ligne polygonale*.

Soit d'abord un segment dirigé AA' (fig. 64). Si

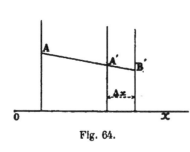

Fig. 64.

nous donnons à la ligne de rappel de son point terminal A' un déplacement Δx, pris avec son signe, nous amenons ce point terminal en B', en le faisant glisser le long de AA', et nous disons que le segment AB' résulte de AA' par une *dilatation* Δx *en intervalle*.

Cela posé, soit une ligne polygonale AA'A''...A^n, dont nous supposons les côtés successifs AA', A'A'', ... A^{n-1}A^n compris dans des intervalles égaux entre eux (fig. 65). Donnons à tous ces côtés une dilatation de $\dfrac{\Delta x}{n}$ en intervalle; nous obtenons ainsi les points B', B'', ...B^n; donnons encore aux segments B'B'', B''B''', ... B^{n-1}B^n une dilatation de $\dfrac{\Delta x}{n}$ en intervalle; et ainsi de suite, jusqu'à ce que nous arrivions à un dernier segment L^{n-1}L^n qui, dilaté de $\dfrac{\Delta x}{n}$ en intervalle, nous donnera enfin le point M^n. Le polygone

$AB'C'' \dots L^{n-1}M^n$ sera dit transformé de $AA'A'' \dots A^{n-1}A^n$ par la *dilatation* Δx *en intervalle*.

La figure 65 montre la construction dans le cas de $n = 4$.

Afin d'éviter une confusion de notation avec le

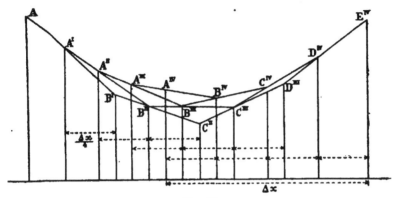

Fig. 65.

numéro précédent, désignons les ordonnées des points précédents placés dans l'ordre

$$
\begin{array}{cccccc}
A & A' & A'' & \dots & A^{n-1} & A^n \\
 & B' & B'' & \dots & B^{n-1} & B^n \\
 & & . & . & . & . \\
 & & & & L^{n-1} & L^n \\
 & & & & & M^n
\end{array}
$$

au moyen de la notation

$$
\begin{array}{cccccc}
u_0^0 & u_0^1 & u_0^2 & \dots & u_0^{n-1} & u_0^n \\
 & u_1^1 & u_1^2 & \dots & u_1^{n-1} & u_1^n \\
 & & . & . & . & . \\
 & & & & u_{n-1}^{n-1} & u_{n-1}^n \\
 & & & & & u_n^n
\end{array}
$$

et, en appelant toujours x l'intervalle compris entre A

et A'', posons comme ci-dessus $\dfrac{\Delta x}{x} = \rho$.

Dans ces conditions, les différences étant toujours prises entre éléments d'une même ligne, on voit que l'opération élémentaire à laquelle se réduit la dilatation s'exprime par

$$u_i^k = u_{i-1}^k + \dfrac{\dfrac{\Delta x}{n}}{\dfrac{x}{n}}\, \Delta u_{i-1}^{k-1} = u_{i-1}^k + \rho \Delta\, u_{i-1}^{k-1};$$

d'où, par un calcul immédiat de proche en proche,

$$u_i^k = u_0^k + \frac{i}{1}\, \rho \Delta u_0^{k-1} + \frac{i(i-1)}{1 \cdot 2}\, \rho^2 \Delta^2 u_0^{k-2},$$
$$+ \cdots + \frac{i \cdots 1}{1 \cdots i}\, \rho^i \Delta^i u_0^{k-i}$$

et, en particulier, pour $k = i$,

$$u_i^i = u_0^i + \frac{i}{1}\, \rho \Delta u_0^{i-1} + \frac{i(i-1)}{1 \cdot 2}\, \rho^2 \Delta^2 u_0^{i-2}$$
$$+ \cdots + \frac{i \cdots 1}{1 \cdots i}\, \rho^i \Delta^i u_0^0.$$

Il suffit de comparer cette expression à celle (1) de Y_n^i pour voir que si, pour $u_0^0, u_0^1, \ldots u_0^i, \ldots u_0^n$, on prend $y_n^0, y_n^1, \ldots y_n^i, \ldots y_n^n$, on a :

$$u_i^i = Y_n^i.$$

Donc, *si le polygone* $AA' \ldots A^n$ *est l'intégrant de la parabole* II_n *allant du point* A *au point* A^n *qui en est séparé de* x *en intervalle, le polygone* $AB' \ldots M^n$ *est l'intégrant de la même parabole allant du point* A *au point* M^n *qui en est séparé de* x + Δx *en intervalle.*

Autrement dit : *Si au polygone intégrant de* $\mathbf{II}_n$, *cons-truit entre deux points quelconques* A *et* A^n *de cette parabole, on donne, à partir de* A, *une dilatation quelconque en intervalle, l'extrémité* M^n *du polygone dilaté décrit* $\mathbf{II}_n$.

De plus, le polygone dilaté étant lui-même l'intégrant dans l'intervalle de A à M^n, *le côté* L^{n-1}M^n *est tangent en* M^n *à la parabole* $\mathbf{II}_n$, d'après la *Remarque I* du numéro précédent.

Remarque I. — La construction précédente permet de tracer une $\mathbf{II}_2$ dont on donne deux points A et A$''$ et la tangente en l'un de ces points, A par exemple. En effet, si cette tangente coupe la ligne de rappel équidistante de A et A$''$ en A$'$, A$'$A$''$ est la tangente en A$''$, et la ligne polygonale AA$'$A$''$ constitue l'intégrant de la $\mathbf{II}_2$ considérée de A en A$''$. La figure 66 montre la construction d'un point quelconque C$''$ de cette $\mathbf{II}_2$ avec la tangente B$'$B$''$ en ce

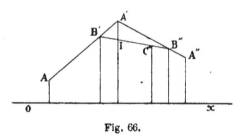

Fig. 66.

point[1], construction fondée sur l'égalité des intervalles entre A$'$ et B$'$, A$''$ et B$''$, B$''$ et C$''$.

De même pour le tracé d'une $\mathbf{II}_3$ dont on donne deux points A et A$'''$ et les tangentes en ces points. Si, en effet, les lignes de rappel divisant l'intervalle de A en A$'''$ en trois parties égales rencontrent ces tangentes respectivement en A$'$ et A$''$, l'intégrant de la $\mathbf{II}_3$ considérée, de A en A$'''$, est

---

[1] Il est très remarquable que la construction ainsi obtenue est précisément celle que nous avons indiquée jadis (*Génie civil*, t. IX, 1886, p. 90), pour le tracé des paraboles des moments fléchissants d'une poutre uniformément chargée. On voit, en effet, immédiatement sur la figure que B$''$C$''$ = IB$'$.

constitué par la ligne polygonale AA'A″A‴. La construction correspondante du point courant D‴ avec la tangente C″C″ en ce point est indiquée sur la figure 67.

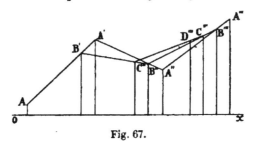

Fig. 67.

Remarque II. — D'après le tracé du polygone dilaté, les lignes de rappel des points B^n, ... L^n, M^n sont séparées de celle de A^n par les intervalles $\dfrac{\Delta x}{n}$, $2\,\dfrac{\Delta x}{n}$, ... $n\,\dfrac{\Delta x}{n}$;

elles sont donc équidistantes entre elles de $\dfrac{\Delta x}{n}$, et l'on voit que si, prenant le point A$_n$ comme origine, on dilate de x en intervalle le polygone M^{n}L^n ... B^{n}A^n, on retrouve M^{n}L^{n-1} ... B'A. Il résulte de là que M^{n}L^n ... B^{n}A^n n'est autre que l'intégrant de la même II_n de M^n en A^n.

Puisque, de l'intégrant entre A et A^n, nous avons ainsi déduit celui entre A^n et M^n, nous pourrons de même de ce dernier déduire celui entre M^n et un autre point quelconque de II_n. Autrement dit : *de l'intégrant entre deux points quelconques de II_n on peut déduire l'intégrant entre deux autres points quelconques de la même II_n.*

Remarque III. — Si, pour deux paraboles II_n ayant en commun le point A, on a tracé, à partir de ce point, les polygones intégrants correspondant à des intervalles différents, il suffit, pour leur appliquer le critérium de contact indiqué dans la *Remarque III* du numéro précédent, de dilater l'un de ces intégrants de façon à l'étendre à l'intervalle de l'autre; si, après dilatation, ses i premiers côtés se confondent avec les i premiers de celui-ci, c'est qu'entre les deux paraboles il y a, au point A, contact d'ordre i.

40. Construction de l'intégrant d'une parabole Π_n donnée par $n + 1$ points. — La construction de proche en proche indiquée au n° 38 montre que, de l'intégrant d'une Π_n quelconque, entre deux lignes de rappel quelconques, on peut déduire les intégrants des intégrales successives Π_{n+1}, Π_{n+2}, ... de cette Π_n entre les mêmes lignes de rappel. D'autre part, la connaissance de l'intégrant entre deux points quelconques d'une telle intégrale parabolique permettant, par le théorème du n° 39, de construire rigoureusement tous les points, et même toutes les tangentes, de cette parabole, on peut dire que la connaissance d'un intégrant quelconque pour une parabole Π_n entraîne la détermination rigoureuse de toutes les intégrales successives de cette parabole. Or il arrive, dans les applications, que la parabole Π_n à intégrer est définie par $n + 1$ de ses points. Le problème se pose dès lors, *connaissant* n + 1 *points d'une parabole* Π_n, *de construire un intégrant de cette parabole.*

On peut, en prenant pour origine l'un des $n + 1$ points donnés, et appliquant la transformation inverse par l'abscisse définie au n° 19, obtenir n points définissant une Π_{n-1} qui, par application de la transformation directe opposée à la précédente, reproduirait la Π_n donnée.

De cette Π_{n-1} on pourrait passer de même à une Π_{n-2} et ainsi de suite jusqu'à une Π_1, c'est-à-dire à une droite qui, entre deux quelconques de ses points, est à elle-même son propre intégrant.

Par suite, pour arriver, en partant de là, à obtenir l'intégrant de la Π_n considérée entre deux lignes de rappel quelconque, il suffit de savoir résoudre ce problème : *connaissant l'intégrant d'une parabole d'ordre* n — 1 *entre deux lignes de rappel quelconques, trouver, entre les mêmes lignes de rappel, celui de la parabole d'ordre* n *obtenue en transformant la première par l'abscisse à partir d'une origine d'ailleurs quelconque.*

Appelons y l'ordonnée courante de la Π_n obtenue (ce que nous représentons par Y_n^n au n° 39), y_0, y_1, y_2, ... y_n les ordonnées des sommets de son intégrant entre les lignes de rappel considérées (ce que nous représentons, au n° 38, par y_n^0, y_n^1, y_n^2, ... y_n^n).

La formule (1 *bis*) du n° 39, pour $i = n$, donne :

$$y = (1 + \rho)^n y_n - \frac{n}{1} \rho (1 + \rho)^{n-1} y_{n-1}$$

$$+ \frac{n(n-1)}{1 \cdot 2} \rho^2 (1 + \rho)^{n-2} y_{n-2} \cdots + (-1)^n \rho^n y_0.$$

On aura de même pour la transformée inverse par l'abscisse, en adoptant la lettre η pour les ordonnées qui s'y rapportent,

$$\eta = (1 + \rho)^{n-1} \eta_{n-1} - \frac{n-1}{1} \rho (1 + \rho)^{n-2} \eta_{n-2}$$

$$+ \frac{(n-1)(n-2)}{1 \cdot 2} \rho^2 (1 + \rho)^{n-3} \eta_{n-3} \cdots + (-1)^{n-1} \rho^{n-1} \eta_0.$$

Or, si u et v sont les abscisses des lignes de rappel U et V entre lesquelles est pris l'intégrant, on a, d'après la définition de la quantité ρ donnée au n° 39, pour l'abscisse correspondant aux ordonnées y et η_1,

$$u + (1 + \rho)(v - u) = (1 + \rho)v - \rho u.$$

Donc, la relation entre les ordonnées y et η_1 s'écrit :

$$y = [(1 + \rho)v - \rho u] \eta_1.$$

Remplaçant dans cette équation y et η par leurs valeurs ci-dessus et identifiant, pour toute valeur de ρ, on a :

$$ny_n = nv\eta_{n-1},$$
$$ny_{n-1} = u\eta_{n-1} + (n-1)v\eta_{n-2},$$
$$ny_{n-2} = 2u\eta_{n-2} + (n-2)v\eta_{n-3},$$

$$\cdots \cdots \cdots \cdots$$

$$ny_i = (n-i)u\eta_i + iv\eta_{i-1},$$

$$\cdots \cdots \cdots \cdots$$

$$ny_0 = nu\eta_0.$$

Le problème graphique à résoudre revient donc à ceci : si nous numérotons $1'$, $2'$, $3'$, ... $(n-2)'$ les lignes de rappel qui divisent en $n-1$ parties égales l'intervalle des

lignes de rappel d'abscisses u et v [numérotées o'et $(n-1)'$],
et 1, 2, 3, ... $(n-1)$
les lignes de rappel
qui divisent en n par-
ties égales l'intervalle
des mêmes lignes de
rappel (numérotées
cette fois o et n), il
s'agit, les diverses or-
données η_i étant portées sur les lignes de
rappel i', d'en déduire
graphiquement les or-

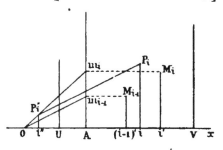

Fig. 68.

données y_i sur les lignes de rappel i (fig. 68).

La relation générale qui donne y_i peut s'écrire :

$$y_i = \frac{n-i}{n}\, u\eta_i + \left[\frac{i}{n}(v-u) + \frac{i}{n}u\right]\eta_{i-1}.$$

Or, si nous divisons aussi l'intervalle entre l'origine et la
première ligne de rappel de l'intégrant (abscisse u) en n parties égales au moyen de lignes de rappel numérotées
$1''$, $2''$, ... i'', ... à partir du point d'abscisse u numéroté $0''$,
on voit que les abscisses Oi'' et $i''i$ sont données par

$$Oi'' = \frac{n-i}{n}\, u,$$

$$i''i = \frac{i}{n}u + \frac{i}{n}(v-u),$$

et, par suite, que

$$y_i = Oi'' \cdot \eta_i + i''i \cdot \eta_{i-1}.$$

Si donc, sur la ligne de rappel dont l'abscisse OA est
égale au module a de l'axe des x, on projette en m_i et m_{i-1}
les extrémités M_i et M_{i-1} des ordonnées η_i et η_{i-1}, le principe énoncé au n° 9 montre que, pour avoir l'extrémité P_i
de l'ordonnée y_i sur la ligne de rappel i, il suffit de *mener
la parallèle* $P_i''P_i$ *à* Om_{i-1} *par le point* P_i'' *où la droite* Om_i
coupe la ligne de rappel i''.

Telle est la construction élémentaire qui, de proche en

proche, permettra de construire l'intégrant d'une $\mathbf{II}_n$ donnée
par $n + 1$ points quelconques. Cette construction se simplifie grandement lorsqu'on suppose $u = 0$, c'est-à-dire
lorsque le pôle de la transformation par l'abscisse se trouve
sur la première ligne de rappel de l'intégrant, parce qu'alors
tous les points tels que P''_i se confondant avec O, *le point* P_i
se trouve tout simplement à la rencontre de la ligne de rappel i
et de la droite Om_{i-1}.

Malheureusement, le choix de ce pôle n'est pas arbitraire.
Il doit, lorsqu'on suit la marche descendante, coïncider
chaque fois avec l'un des points du dernier système obtenu.

On peut toutefois, si on le préfère, dans la marche remon-
tante, prendre chaque fois pour première ligne de rappel
de l'intégrant à transformer celle qui passe par le pôle de la
transformation par l'abscisse correspondante; mais il y a
lieu alors, entre deux telles transformations consécutives, de
recourir à une dilatation de l'intégrant telle qu'elle est
définie au n° 39.

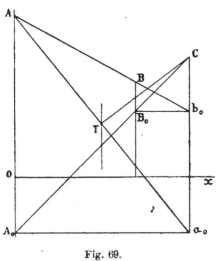

Fig. 69.

La figure 69 mon-
tre l'application de
la méthode à une
parabole $\mathbf{II}_2$ définie
par trois points A, B,
C. En prenant pour
origine le point A et
pour module l'abs-
cisse du point C, on
déduit du point B le
point B_0, d'où la
droite CB_0 comme
transformée de la pa-
rabole; cette droite
prolongée jusqu'en A_0
est à elle-même son
propre intégrant.
Pour transformer cet
intégrant suivant la
dernière construction
indiquée, il suffit, le point A_0 étant projeté en a_0, parallèle-

ment à Ox, sur la ligne de rappel Cb_0, de prendre le point de rencontre T de Aa_0 avec la ligne de rappel équidistante de AA_0 et Ca_0 : ATC est l'intégrant de la II_2 cherchée; autrement dit, TA et CT sont les tangentes en A et C à cette parabole. On peut remarquer que cette construction est précisément celle qui résulte du premier des trois cas particuliers examinés au n° 19 (fig. 31).

La théorie précédente permet, lorsque, dans un certain intervalle, on substitue à un arc de courbe quelconque l'arc de parabole II_n passant par $n + 1$ de ses points y compris ses extrémités, d'en effectuer l'intégration à l'aide du polygone intégrant.

D. — Équations différentielles du premier ordre.

41. **Courbes isoclines.** — Étant donnée une équation différentielle du premier ordre

$$F\left(x, y, \frac{dy}{dx}\right) = 0,$$

si l'on considère chaque couple de valeurs de x et y (reportées d'ailleurs à l'aide de modules différents α et β) comme définissant un point du plan, on voit que la valeur de $\dfrac{dy}{dx}$ tirée de l'équation précédente fait connaître la direction de la tangente à la courbe intégrale passant en ce point. A vrai dire, l'équation peut conduire à plusieurs déterminations de cette direction $\left(\text{si elle a plusieurs racines réelles en } \dfrac{dy}{dx}\right)$; mais nous admettons, — ce qui est le cas dans les applications pratiques, — que l'on a fait choix d'une de ces déterminations et que l'intégration est bornée à un domaine ne renfermant aucune singularité et à l'intérieur duquel, par conséquent, en partant d'une certaine détermination en un certain point, on connaît sans ambiguïté la direction de la tangente en tous les points subséquents.

Cela dit, si nous remplaçons, dans l'équation donnée, $\frac{dy}{dx}$ par diverses valeurs constantes k, et si nous considérons les courbes (k) correspondantes, dont l'équation est de la forme

$$F(x, y, k) = o,$$

nous voyons qu'en tous les points de la courbe (k) la direction de la tangente à la courbe intégrale a un coefficient angulaire égal à k, ce que nous exprimerons, chaque direction étant désignée par le coefficient angulaire correspondant, en disant que, dans le domaine considéré, *toutes les intégrales coupent la courbe* (k) *suivant la direction* k. Pour cette raison, M. Massau, qui a fondé l'intégration graphique des équations différentielles du premier ordre sur la considération de ces courbes, leur a donné le nom de *courbes isoclines*[1].

Pour définir les directions correspondantes, il se contente de tracer par un pôle quelconque des parallèles à ces directions en indiquant leur correspondance avec les isoclines au moyen d'un indice commun.

Afin de rendre cette correspondance plus strictement graphique et de permettre, le cas échéant, les interpolations, nous proposerons l'adoption d'un dispositif qui peut, à certain égard, être regardé comme une généralisation de celui qui a servi pour les simples

---

[1] Massau, **1**, liv. VI, chap. III.

quadratures. Il consiste, le pôle P ayant été pris, sur
la partie négative de Ox, à une distance OP égale au
module α, à porter les diverses valeurs de k (suivant
le module β) en Ok_1, Ok_2, Ok_3, ... sur Oy (fig. 70)

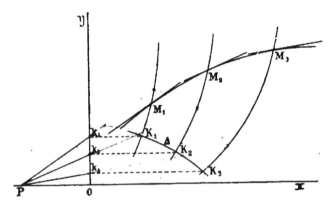

Fig. 70.

de façon que les directions correspondantes soient Pk_1,
Pk_2, Pk_3, ... puis à mener par les points k_1, k_2, k_3,
..., à Ox des parallèles qui coupent les isoclines correspondantes en K_1, K_2, K_3, ... Le lieu de ces points
est une ligne Δ que nous appellerons la *directrice de
l'intégration* et qu'il est facile de construire *à priori*,
son équation, en vertu même de sa construction,
n'étant autre que

$$F(x, y, y) = 0,$$

puisque chaque point K est à la rencontre de la courbe :

$$F(x, y, k) = 0,$$

et de la droite $\qquad y = k.$

La directrice Δ étant tracée, on voit que, *pour obte-*

nir la direction suivant laquelle une isocline est traversée par les intégrales, il suffit de projeter sur Oy, parallèlement à Ox, le point de rencontre de cette isocline et de la directrice et de tirer la droite qui joint cette projection au pôle P.

Remarque. — Par l'intermédiaire de l'axe Oy et de la directrice Δ, nous avons simplement établi un lien graphique entre les isoclines (k) et les rayons, de direction k, issus du pôle P. Mais pour cet office, nous aurions pu, tout aussi bien, faire intervenir une ligne quelconque Γ autre que Oy. Menant par les points de rencontre de cette ligne et des rayons k issus de P des parallèles à Ox jusqu'aux isoclines (k) correspondantes, nous obtiendrions une autre directrice Δ dont le rôle serait exactement le même que celui de la précédente.

En particulier, si on prenait pour Γ le lieu des points de rencontre des rayons k avec les isoclines (k), la ligne Δ se confondrait alors avec Γ.

42. Liaison des singularités des intégrales avec les isoclines.

— La détermination bien connue des singularités des intégrales d'une équation différentielle du premier ordre se lie à la considération de ses isoclines, qu'il peut être commode, à cet égard, d'envisager comme les projections des courbes de niveau de la surface obtenue en remplaçant $\frac{dy}{dx}$ par z dans l'équation donnée.

En premier lieu, si à chaque isocline (k) on mène une tangente parallèle à la direction k correspondante, qui la touche au point I, l'intégrale passant en ce point I (et qui, par suite, est tangente à l'isocline considérée) y présente un point d'inflexion. Cette propriété, qui s'établit par l'analyse, se vérifie graphique-

ment, ainsi que le montre la figure 71. Considérons
deux isoclines coupant respectivement la directrice **Δ**
en K et en K′, et menons à l'une d'elles la tangente
parallèle à la direction correspondante P*k*, qui la touche
en I. L'intégrale passant en I, qui touche en ce point

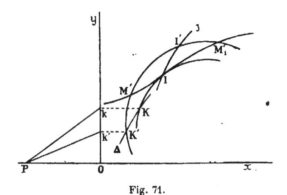

Fig. 71.

l'isocline IK, rencontre l'isocline voisine aux points M′
et M′₁, où les tangentes sont toutes deux parallèles à P*k*′ ;
ce qui entraîne, en général, l'existence d'un point d'inflexion en I.

Le lieu de ces points I, que nous désignerons par
la lettre **I,** sera dit, d'après cela, *courbe des inflexions*.
Son équation s'obtient par l'élimination de *k* entre

$$F(x, y, k) = 0, \quad \text{et} \quad \frac{\partial F}{\partial x} + k\frac{\partial F}{\partial y} = 0.$$

On voit, en outre, que si la courbe **I** est, en un de
ses points, tangente à l'isocline correspondante, celle-ci
présente elle-même en ce point une inflexion, et son
contact avec l'intégrale passant en ce point s'élève au
troisième ordre.

Il y a lieu de considérer aussi l'enveloppe des isoclines. touchant chacune d'elles en un point R. On sait, par
l'analyse. que ce point est en général, pour l'intégrale
qui y passe. un point de rebroussement. ainsi qu'on
le vérifie graphiquement sur la figure 72, où. la tangente

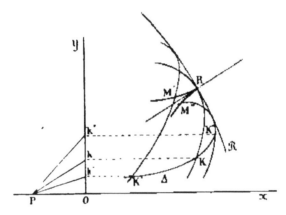

Fig. 72.

en R étant parallèle à Pk. les tangentes en M' et M"
sont respectivement parallèles à Pk' et Pk''. Pour cette
raison. la courbe lieu du point R, ici désignée par **R**.
dont l'équation s'obtiendrait par élimination de k entre

$$F(x,\ y,\ k)=0. \qquad \text{et} \qquad \frac{\partial F}{\partial k}=0.$$

est dite la *courbe des rebroussements.*

Si toutefois, pour une certaine isocline. le point R
coïncide avec le point I; autrement dit. si au point où
cette isocline touche son enveloppe, la tangente est
parallèle à la direction k correspondante, l'intégrale
passant en ce point R particulier y est tangente à la

courbe **R**, et l'on voit même qu'en général deux branches d'intégrales sont tangentes en ce point.

Lorsque cette circonstance se produit pour les points R de toutes les isoclines, les intégrales admettent une enveloppe ou, ce qui revient au même, l'équation différentielle proposée possède une *solution singulière*; en ce cas, les courbes **I** et **R** coïncident sur toute leur étendue, et c'est la courbe suivant laquelle elles sont confondues qui constitue elle-même la solution singulière [1].

43. Tracé approximatif des intégrales. — Si les isoclines ont été dessinées pour des valeurs suffisamment voisines de la direction, on peut tracer à vue une ligne coupant chacune d'elles suivant la direction voulue, obtenue par l'intermédiaire de la directrice. Ce genre de tracé est tout à fait analogue à celui de la trajectoire orthogonale d'un système de lignes tracées sur un plan lorsque l'on opère à vue. Ce que l'on détermine tout d'abord, de façon approchée, c'est, comme on voit, un polygone circonscrit à l'intégrale. En indiquant cette construction, M. Massau se borne à recommander [2] de prendre les sommets de ce polygone « plus ou moins au milieu des intervalles qui séparent les courbes isoclines ».

Pour donner un peu plus de précision à cette cons-

---

[1] Pour plus de détail sur cette question, voir Massau, **1**, nᵒˢ 717 à 733. Cet auteur étudie d'ailleurs à part le cas où les isoclines sont des droites et examine ce que deviennent alors les singularités des intégrales. Ici, notre but est surtout de faire connaître, pour le cas général, un tracé pratique des intégrales dans les régions ne contenant pas de singularités.

[2] Massau, **1**, nᵒ 717.

truction, on peut, par exemple, se proposer de constituer la ligne intégrale approchée au moyen d'arcs successifs de paraboles $\mathbf{II}_2$ (paraboles du deuxième ordre
ayant leur axe parallèle à Oy).

Soit, par exemple, A_1 le point initial de l'intégrale,
choisi sur une première isocline (fig. 73). En ce point,

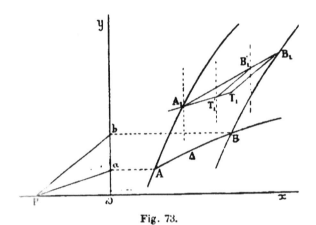

Fig. 73.

si le point de rencontre A de l'isocline et de la direc-
trice $\boldsymbol{\Delta}$ se projette en a sur Oy, la tangente A_1T_1 est
parallèle à Pa. Cherchons dès lors à obtenir, sur l'iso-
cline suivante, le point B_1 tel que l'arc de parabole $\mathbf{II}_2$
tangente en A_1 à A_1T_1 ait en B_1 une tangente B_1T_1
parallèle à Pb. Il faut pour cela que le point de rencontre T_1 des tangentes tombe sur la ligne de rappel
équidistante de celles des points A_1 et B_1. Dès lors, si
nous menons une parallèle quelconque $B_1'T_1'$ à B_1T_1, la
ligne de rappel de T_1' sera aussi équidistante de celles
de A_1 et de B_1', d'où la construction demandée ; *ayant
pris un point T_1' quelconque sur la tangente en A_1 on*

mène par ce point une parallèle à Pb, *sur laquelle on prend le point* B'_1 *tel que l'intervalle* [1] *entre ce point et* T''_1 *soit égal à celui entre* T'_1 *et* A'_1 ; *la droite* $A_1B'_1$ *coupe alors la seconde isocline au point* B_1 *cherché, et la tangente* B_1T_1 *en ce point est aussi parallèle à* Pb.

De la tangente en B_1 on déduira de même un point C_1 sur l'isocline suivante, de C_1 un point D_1 sur la suivante, et ainsi de suite. L'ensemble des arcs A_1B_1, B_1C_1, C_1D_1, ... fournit une image approchée de l'intégrale issue de A_1, image évidemment d'autant plus approchée que les isoclines effectivement tracées seront plus resserrées.

Pour corriger cette première image de façon à se rapprocher davantage de la forme exacte de l'intégrale, M. Runge a proposé le procédé suivant, qui peut être considéré comme la traduction graphique de la méthode d'approximations successives bien connue qui est due à M. Émile Picard.

Nous abstenant ici de tracer la directrice de façon à dégager la figure autant qu'il est possible, considérons les isoclines 1, 2, 3, 4, auxquelles correspondent les directions issues de P, désignées par la chiffraison correspondante de l'axe Oy (fig. 74), et soit ABCD une première intégrale approchée tracée comme il vient d'être dit et que nous supposons, pour le moment, telle que ses tangentes extrêmes, parallèles à P1 et P4, aient sensiblement des inclinaisons égales, mais de sens contraire, sur Ox.

Appelons y_1 l'ordonnée courante de cette première

---

[1] Rappelons que *intervalle* signifie ici différence des abscisses de deux lignes de rappel.

intégrale C_1 rapportée à Ox. Si, sur les lignes de rappel des points A, B, C, D nous prenons les points a, b, c, d de même ordonnée respectivement que les points 1, 2, 3, 4 de Oy, et que l'équation différentielle proposée soit écrite :

$$\frac{dy}{dx} = f(x, y),$$

les points a, b, c, d appartiendront à la ligne dont l'équation est :

$$y = f(x, y_1),$$

ligne que nous traçons sur la figure. Si, dès lors, à

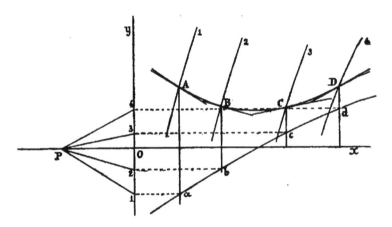

Fig. 74.

partir du point A. dont nous représentons les coordonnées par h et k, nous traçons, soit au moyen de l'intégraphe (n° 24), soit par la méthode du n° 30 (au besoin complétée comme il est dit au n° 31), l'intégrale de la ligne $abcd'$, nous obtenons une nouvelle ligne C_2 dont l'équation est :

$$y_2 = k + \int_h^x f(x, y_1)dx.$$

Cette ligne C_2 coupant à son tour les isoclines aux points B', C', D', nous en déduirons comme ci-dessus une nouvelle ligne $ab'c'd'$ qui, intégrée à son tour à partir du point A, donnera une ligne C_3 dont l'équation sera :

$$y_3 = k + \int_h^x f(x, y_2)dx,$$

et ainsi de suite. Lorsque la dernière ligne ainsi obtenue C_n coïncidera suffisamment avec la précédente C_{n-1}, on la prendra comme représentative de l'intégrale cherchée. Si, en effet, y était l'ordonnée courante de celle-ci rigoureusement tracée, on aurait :

$$y = k + \int_h^x f(x, y)dx,$$

et, par suite :

$$y - y_n = \int_h^x \frac{f(x, y) - f(x, y_{n-1})}{y - y_{n-1}} (y - y_{n-1})dx.$$

Si donc, dans le domaine considéré, la valeur absolue de $\dfrac{f(x, y) - f(x, y_{n-1})}{y - y_{n-1}}$ ne dépasse pas une certaine borne m, on a :

$$|y - y_n| \leq m |x - h| \frac{\int_h^x |y - y_{n-1}| dx}{|x - h|}.$$

---

[1] Il est essentiel de remarquer qu'ici les ordonnées des isoclines et des intégrales devant être mesurées avec le même module, il faut prendre $\beta = \gamma$ et, par suite, $\delta = \alpha$.

ou

$$| y - y_n | \leq m | x - h | \cdot \text{val. moy.} | y - y_{n-1} | ,$$

ce qui montre que tant que $m | x - h | < 1$, les erreurs correspondant aux approximations successives décroissent comme les termes d'une progression géométrique.

C'est en vue d'assurer cette condition sur le **plus large** intervalle possible qu'il est bon, comme nous l'avons fait, de supposer l'axe Ox dirigé sensiblement suivant la bissectrice des directions des tangentes extrêmes. S'il n'en est pas ainsi, il suffit, pour l'application de la méthode de M. Runge, de faire tourner l'axe des x autour du pôle P jusqu'à ce que la condition se réalise, sans toucher, bien entendu, pendant cette rotation, ni aux isoclines, ni aux vecteurs issus de P définissant les directions correspondantes [1].

---

[1] Pour le cas où les modules α et β ne seraient pas égaux, il faut se rappeler que si ces modules sont pris, en grandeur et direction, comme demi-axes d'une ellipse, le module relatif à toute autre direction du plan est donné par le demi-diamètre de cette ellipse parallèle à la direction considérée.

LIVRE II

NOMOGRAPHIE [1]

CHAPITRE III

REPRÉSENTATION NOMOGRAPHIQUE PAR LIGNES CONCOURANTES.

A. — Échelles fonctionnelles.

44. Échelle métrique appliquée à la re présentation d'une variable [2]. — Nous avons vu, au n° 7, comment on relève, sur une échelle métrique de module quelconque, les segments représentatifs de nombres donnés, en déterminant, au moyen d'une contre-échelle, les subdivisions du module.

---

[1] Pour l'historique, voir O., 7.
[2] Nous avons donné précédemment (O., **4**, p. 9) à une telle échelle le nom d'échelle *régulière* ; le terme d'échelle *métrique* nous a finalement paru plus expressif.

Pour représenter à la fois toutes les valeurs qu'une variable z est susceptible de prendre entre deux valeurs limites a et b, il faut tracer l'échelle métrique correspondante, entre a et b, avec toutes les divisions répondant au degré d'approximation que l'on recherche, eu égard, d'ailleurs, à ce que peut donner l'interpolation à vue. Grâce à l'emploi, de distance en distance, de traits allongés, on peut, au reste, ainsi que cela a lieu sur le double-décimètre des dessinateurs, se dispenser d'inscrire les cotes de tous les traits de division marqués.

Si le *module* (unité de longueur employée) est μ, et si l'*amplitude* de la variable représentée va de a à b, la *longueur* l de l'échelle est donnée par

$$(1) \qquad\qquad l = \mu(b - a).$$

Nous appelons *intervalle* i la distance de deux traits de division consécutifs marqués sur l'échelle, *échelon* e l'accroissement constant correspondant de la variable, et nous avons encore :

$$(2) \qquad\qquad i = \mu e,$$

les trois longueurs μ, e, i étant, bien entendu, exprimées au moyen de la même fraction du mètre.

Les données sont, en général, l'échelon e (répondant au degré d'approximation que l'on recherche) et l'amplitude $b - a$. Ayant fait choix de l'intervalle i (généralement fixé au millimètre ou au demi-millimètre, selon l'écart sur lequel on veut faire porter l'interpolation à vue), on tire le module μ de la formule (2) pour le porter dans la formule (1), qui fait alors connaître la longueur l.

Si, par exemple, nous voulons, *sans interpolation à vue*, représenter une variable croissant de o à 100 par échelons de o,5, nous pourrons faire correspondre à cet échelon un intervalle de $o^{mm},5$, ce qui revient à prendre $\mu = 1^{mm}$; dès lors la longueur de l'échelle sera $l = 100^{mm}$, et sur cette longueur seront figurés tous les demi-millimètres exactement comme sur le double-décimètre des dessinateurs. Seulement la chiffraison 1, 2, 3, ..., 10 de ce double-décimètre sera remplacée par 10, 20, 30, ..., 100 (fig. 75). En face du point M, par exemple, on lirait 46,5.

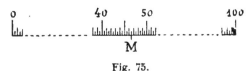

Fig. 75.

Supposons maintenant qu'en admettant que nous puissions opérer à vue une interpolation au $\dfrac{1}{5}$ dans le millimètre, nous voulions représenter une variable croissant de 5 à 20 par échelons de o,01. Nous ferons correspondre cet échelon à l'intervalle de $o^{mm},2$; dès lors, en vertu de (2), le module nous sera donné par $\mu = 20^{mm}$, et, en vertu de (1), la longueur par $l = (20-5)20^{mm} = 300^{mm}$. Sur cette longueur de 30^{cm} nous marquerons d'abord tous les doubles centimètres avec la chiffraison 5, 6, 7, ... 19, 20. A l'intérieur de chacun de ces doubles décimètres seront marqués les doubles millimètres, divisés à leur tour par un trait plus court correspondant aux o,5, les o,1 se lisant par interpolation à vue. Par exemple, sur la figure 76, en face du point M on lirait 15, 84.

Fig. 76.

45. Représentation d'une équation à deux variables. Échelles cartésiennes. — Nous conviendrons, d'une manière générale, de représenter les diverses variables intervenant dans une question par z_1, z_2, z_3, ... et de désigner une fonction d'un certain nombre de ces variables par une lettre affectée des indices des variables correspondantes; autrement dit, au lieu d'écrire $f(z_1)$, $f(z_1, z_2)$, ... nous écrirons f_1, f_{12}, ... En vertu de cette convention, l'équation à deux variables la plus générale s'écrira :

$$f_{12} = 0.$$

Pour la représenter, nous construisons la courbe **C** que cette équation définit en coordonnées cartésiennes, en adoptant respectivement les modules μ_1 et μ_2 pour les abscisses et les ordonnées, c'est-à-dire en posant

$$x = \mu_1 z_1, \quad y = \mu_2 z_2.$$

On porte d'ailleurs les échelles (z_1) et (z_2) ainsi défi- nies sur Ox et sur Oy (ou sur des parallèles à ces axes), ainsi qu'il a été dit au numéro précédent, en donnant à chacune d'elles l'amplitude que comportent les besoins de l'application que l'on a en vue, et traçant par les

points de division ainsi marqués sur chaque axe coordonné des parallèles à l'autre axe (fig. 77).

En entendant par axes du quadrillage ainsi constitué
soit ceux qui sont ainsi effectivement tracés, soit ceux
que l'on peut, par la pensée, intercaler entre ceux-ci,

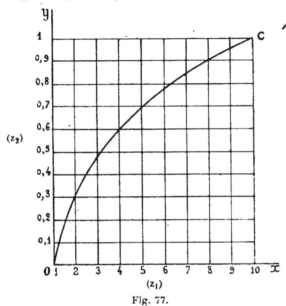

Fig. 77.

au degré d'approximation que comporte l'interpolation
à vue, on voit que le mode de représentation ici envisagé peut être énoncé comme suit : *les axes du quadrillage cotés z_1 et z_2 se coupent sur la courbe* C.

Il est loisible de prendre, parmi les variables z_1 et z_2,
l'une comme indépendante, l'autre comme fonction;
ce qui revient à supposer l'équation donnée mise
sous la forme

$$z_2 = f_1.$$

Dans ces conditions, la valeur de la fonction z_2 de z_1, correspondant à une valeur donnée de z_1, s'obtient en lisant sur Oy la cote de la parallèle à Ox passant par le point de rencontre de la courbe **C** et de la ligne de rappel issue du point de Ox coté z_1. On peut donc dire que le tableau ainsi dressé fournit sur Oy les valeurs de la fonction f_1 entre les limites considérées ; nous lui donnerons alors le nom d'*échelle cartésienne* de la fonction f_1, l'axe (ici Oy) sur lequel est déterminée la valeur de la fonction étant dit le *support* de cette échelle.

La figure 77 représente ainsi l'échelle de la fonction $z_2 = \log z_1$ (log désignant ici et, dans toute la suite. un logarithme vulgaire, de base 10), de $z_1 = 1$ à $z_1 = 10$. avec $\mu_1 = 5^{mm}$ et $\mu_2 = 50^{mm}$.

Il va sans dire qu'il suffit de considérer. à son tour. l'autre axe coordonné comme support d'échelle, pour avoir l'échelle de la fonction inverse de la précédente. Si, par exemple, sur la figure 77, c'est Ox qui est considéré comme le support, cette figure constitue l'échelle cartésienne de $z_1 = 10^{z_2}$.

46. **Échelles fonctionnelles.** — Si, ce qui est

constamment le cas en nomographie, on désire avoir, sur le support de l'échelle, des segments proportionnels aux valeurs que prend la fonction pour certaines valeurs de la variable, sans avoir besoin de connaître l'expression numérique de ces valeurs de la fonction, on peut se contenter d'écrire, à côté de chaque point du support de la fonction. la valeur correspondante de la variable.

Après avoir, par exemple, divisé en deux les intervalles de l'échelle Oy de la figure 77, allons prendre, par la construction qu'indique la figure 78, chaque valeur correspondante de la variable lue sur Ox, pour l'inscrire à côté de chaque point de Oy[1]. Nous obte-

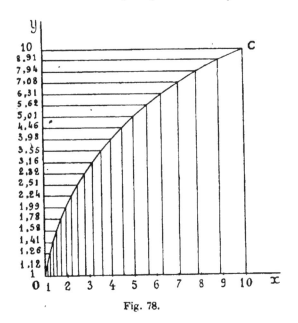

Fig. 78.

nons ainsi, sur cet axe Oy, pris pour support, l'échelle de la fonction f_1 (ici $\log z_1$); et cette échelle est dite *isograde* parce que tous ses intervalles sont égaux.

---

[1] Nous indiquons ici le mode de génération graphique des échelles parce que c'est le plus expressif; mais il est clair que, si on possède une table de la fonction f_1, il suffit, pour construire l'échelle, de porter, à partir de l'origine (si a_1 est la limite inférieure de la variable z_1) des segments égaux à $\mu_1\,[f_1(z_1) - f_1(a_1)]$. On relèvera donc dans la table les valeurs de $f_1(z_1)$ se succédant par échelons égaux et on inscrira, à côté de chaque point, la valeur correspondante de z_1. Par exemple, les nombres inscrits sur Oy (fig. 78) sont ceux dont les logarithmes sont égaux à 0,05, à 0,1, à 0,15, à 0,20, ...

Une telle échelle, détachée de la construction qui a servi à l'obtenir, c'est-à-dire réduite à son support avec sa graduation, est d'un emploi peu avantageux. parce qu'elle ne se prête pas commodément à l'interpolation à vue[1].

Pour que cette interpolation se pratique aisément, il faut prendre, sur le support de l'échelle de la fonction, des points correspondant à des *échelons égaux de la variable*, à partir d'une valeur ronde prise comme limite inférieure. On obtient ainsi une échelle *normale* de la fonction, sur laquelle, cette fois, les intervalles sont inégaux.

La figure 79 montre la détermination de l'échelle normale de la fonction log z_1, pour une amplitude allant de $z_1 = 1$ à $z_1 = 10$, successivement avec les échelons de 0,2 (de 1 à 7) et de 0,5 (de 7 à 10)[2]. Ce changement d'échelon rendu nécessaire lorsque l'intervalle correspondant devient trop petit peut être appelé une *césure*. Dans l'exemple de la figure 79, il y a donc césure au point 7.

Le module doit, en pratique, être choisi de telle façon que le plus petit des échelons correspondant aux portions successives de l'échelle (prises entre deux césures consécutives) réponde au degré d'approximation dont on a besoin, en faisant d'ailleurs intervenir la considération de l'interpolation à vue.

---

[1] De fait, nous n'avons rencontré d'échelle isograde que sur le seul abaque de l'équation des portées lumineuses des phares de M. E. Allard (O., **4**, p. 65).

[2] L'échelle logarithmique, imaginée en 1624 par Gunter, et que Wingate appliquait la même année à la construction de la règle à calcul (O., **7**, p. 113), est sans doute le premier exemple connu d'une échelle fonctionnelle.

Il va sans dire que ce qui constitue l'échelle proprement dite, c'est le support (ici Oy) avec sa graduation. Le reste de la figure n'a pas d'autre but que de faire apparaître la détermination graphique de cette échelle.

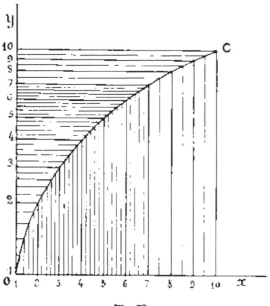

Fig. 79.

Remarque I. — Toute échelle d'une fonction connue est, graphiquement, entièrement déterminée par deux de ses points munis de leurs cotes.

Remarque II. — Toute équation entre deux variables, supposée mise sous la forme

$$f_1 = f_2,$$

peut être représentée par simple accolement des échelles des fonctions f_1 et f_2, construites avec le même module.

47. Construction géométrique des échelles. Changement de module. — On pourra construire

géométriquement l'échelle d'une fonction toutes les
fois qu'on saura déterminer point par point la courbe
C qui nous a servi pour sa définition.

Ce sera le cas, par exemple, pour les échelles *paraboliques*, c'est-à-dire pour celles des fonctions z^2, z^3. ...,
z^n, ... Les courbes **C** correspondantes s'obtiennent, en
effet, au moyen de 1. de 2, ... de $n-1$, ... transformations par l'abscisse (n° 19) appliquées à la droite

$$y = x.$$

La construction des échelles paraboliques du $2^{\text{ième}}$
et du $3^{\text{ième}}$ degré est ainsi indiquée sur la figure 80,
où (les modules suivant Ox et Oy ayant été choisis
tous deux égaux à 38^{mm}) on a pris pour support de
l'échelle z^2 l'axe Oy, et pour support de l'échelle z^3 la
ligne de rappel $x = 1$.

Pour changer le module d'une échelle, il suffit, ayant
joint tous les points de cette échelle à un centre quelconque de projection par des rayons qui constituent le
faisceau projetant de la fonction, de couper ce faisceau
par une parallèle au support primitif, sur laquelle les
rayons aboutissant aux extrémités du module découpent
un segment égal au nouveau module que l'on veut
adopter.

Les échelles ainsi déterminées sur deux parallèles
quelconques AB et CD ou AB et EF aux supports primitifs sont dites *conjuguées*[1]. La seconde fait connaître
(suivant le module CD ou EF) les valeurs de la fonc-

---

[1] Cette notion des échelles conjuguées a été utilisée par M. F. Boulad dans la construction des paraboles d'ordre supérieur dont il
sera question plus loin (n° 75).

tion correspondant à celles de la variable représentées sur la première (suivant le module AB).

Remarquons d'ailleurs que, lorsqu'il s'agit simplement de relever sur ces échelles les segments représen-

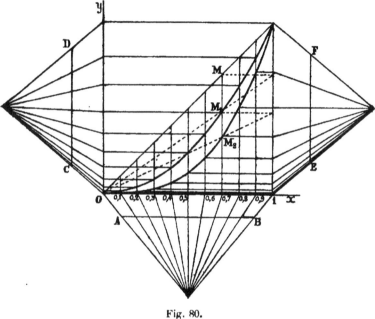

Fig. 80.

tatifs des valeurs correspondantes de la variable et de la fonction, on peut se contenter d'indiquer, d'une échelle à l'autre, la correspondance des points au moyen d'une chiffraison de repérage absolument quelconque.

48. **Échelles dérivées et transformées. Échelles projectives.** — L'échelle de $\varphi(z)$ est dite *dérivée* de celle de $f(z)$ si on peut écrire :

$$\varphi(z) = f[g(z)],$$

g étant une fonction quelconque; par exemple, l'échelle

de $f\!\left(\dfrac{mz+n}{pz+q}\right)$ est dérivée de celle de $f(z)$. Si, sur

le bord d'une règle (au besoin constituée par une
feuille de papier fort), on a porté l'échelle de $f(z)$, il
suffit, ayant calculé les diverses valeurs de $g(z)$ pour
celles de z choisies, de les reporter en les lisant sur le
bord de cette règle, appliqué le long du support tracé,
exactement comme on reporte des longueurs sur une
droite au moyen du double-décimètre.

L'échelle de $\varphi(z)$ est dite *transformée* de celle de
$f(z)$ si on peut écrire ;

$$\varphi(z) = g\left[f(z)\right],$$

g étant une fonction quelconque; par exemple, l'échelle

de $\dfrac{mf(z)+n}{pf(z)+q}$ est transformée de celle de $f(z)$.

Lorsque la fonction g est rationnelle, on peut toujours, dans ce second cas, déduire géométriquement
l'échelle de $\varphi(z)$ de celle de $f(z)$.

En particulier, l'échelle de $\dfrac{mf(z)+n}{pf(z)+q}$ s'obtient

par projection de celle de $f(z)$ à partir d'un centre convenablement choisi. On dit, en conséquence, qu'elle
est *projective* de celle de $f(z)$.

Pour s'assurer de cette projectivité, il suffit de vérifier que le rapport anharmonique des points correspondant à quatre valeurs quelconques z, z', z'', z''' de la
variable est le même sur les deux échelles, c'est-à-dire,
si l'on pose :

$$\frac{mf(z)+n}{pf(z)+q} = \mathrm{F}(z),$$

que l'on a :

$$\frac{F(z) - F(z'')}{F(z) - F(z''')} \cdot \frac{F(z') - F(z''')}{F(z') - F(z'')}$$

$$= \frac{f(z) - f(z'')}{f(z) - f(z''')} \cdot \frac{f(z') - f(z''')}{f(z') - f(z'')},$$

égalité qui se vérifie, en effet, immédiatement.

Il suit de là que si l'on a marqué sur son support trois des points de l'échelle de $F(z)$ cotés z', z'', z''', il suffit de reporter ce support sur le faisceau projetant de $f(z)$ de façon que ces trois points tombent respectivement sur les rayons de même cote du faisceau ; les intersections des autres rayons avec le support ainsi disposé fournissent l'échelle de $F(z)$ demandée.

Pour reporter le support de $F(z)$ sur le faisceau projetant de $f(z)$ de façon que les points a, b, c de ce support, correspondant aux cotes z', z'', z''', tombent sur les rayons SA, SB SC de ce faisceau, correspondant à ces mêmes cotes, on peut (et, pratiquement, c'est ce que l'on fera le plus souvent) opérer par tâtonnement; mais on peut aussi avoir recours à la construction rigoureuse que voici (fig. 81) : faire passer d'abord le support par le centre S, de façon que le point c coïncide avec ce centre, les points a et b prenant alors les positions α et β, et mener, par α et β, à SC, les parallèles $\alpha a'$ et $\beta b'$ qui coupent SA et SB en a' et b' ;

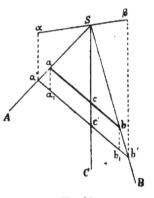

Fig. 81.

porter ensuite les segments ca et cb en $c'a_1$ et $c'b_1$ sur $a'b'$, et mener, par a_1 et b_1, à SC, les parallèles $a_1 a$ et $b_1 b$ qui coupent SA et SB aux points a et b cherchés. La démonstration est évidente.

Au lieu de reporter le support de $F(z)$ sur le faisceau projetant de $f(z)$, on peut, pour les besoins de la construction, tracer (provisoirement, de façon à l'effacer ensuite) ce faisceau projetant en le rattachant à ce support ainsi qu'il va être dit : par l'un des trois points de cote connue, a par exemple (fig. 82), de l'échelle de $F(z)$, on tire une droite quelconque sur laquelle, avec un module quelconque, on porte l'échelle de $f(z)$ de façon qu'au point a elle ait même cote que celle de $F(z)$.

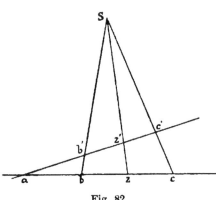

Fig. 82.

Si, sur cette échelle auxiliaire, b' et c' sont les points de même cote respectivement que les points b et c marqués sur l'échelle à construire, on tire les rayons bb' et cc' qui se coupent en S, centre d'où il suffit de projeter l'échelle auxiliaire, portée sur ab', pour avoir sur ab l'échelle demandée.

Si on prend la fonction $f(z)$ tout simplement égale à z, son échelle est l'échelle métrique dont les échelles projectives $\dfrac{mz+n}{pz+q}$ sont dites aussi *homographiques*[1].

Remarque. — Toute échelle projective de celle d'une

---

[1] Nous avons aussi appelé (O., **4**, p. 14) une telle échelle *linéaire;* mais ce terme prête à confusion.

fonction connue est, graphiquement, entièrement déterminée par trois de ses points munis de leurs cotes.

Si l'échelle est semblable à celle que l'on projette, c'est
que sur l'une et sur l'autre les points correspondant à la
valeur infinie de la fonction sont les mêmes ; dès lors, il suffit de connaître deux seulement des autres points ainsi qu'il
est dit dans la *Remarque* I du n° 46.

49. Étalons de graduation. — Pour construire,
sur une certaine droite prise pour support, une échelle
soit dérivée, soit transformée de celle de $f(z)$, il faut
avoir d'abord construit cette dernière. Si la fonction $f(z)$
est d'un usage constant, on sera ainsi amené à marquer, d'une manière permanente, son échelle sur le
bord d'une règle biseautée dont on se servira comme
du double-décimètre ; on aura ainsi ce qu'on peut appeler un *étalon de graduation.*

L'*étalon métrique* sera précisément constitué par la
graduation du double-décimètre.

Après lui, celui qui sera — et de beaucoup — de
l'usage le plus courant sera l'*étalon logarithmique ;*
mais alors que le premier permet, tel quel, de reporter des échelles dont le module est dans un rapport
simple avec celui qui a servi pour sa construction, il
n'en va pas de même du second (et d'ailleurs de tout
étalon non métrique) qui exige, en pareil cas, que l'on
ait recours à une échelle projetante (n° 47). Aussi est-il
bon, en vue des applications pratiques, d'avoir sous la
main plusieurs types d'un tel étalon construits avec des
modules différents.

C'est ainsi que, sur notre conseil, la maison Tavernier-Gravet a établi un modèle de règle à double biseau
portant quatre étalons logarithmiques s'étendant cha-

cun de 1 à 10 (chaque section de 10^n à 10^{n+1} étant d'ailleurs semblable à celle-ci moyennant la multiplication de la chiffraison par 10^n) avec les modules suivants :

1° 50^m (échelons de 0.005. de 0,01 et de 0,02, avec césures aux points 2 et 5);

2° 25^m (échelons de 0.01. de 0.02 et de 0.05, avec césures aux points 2 et 4);

3° $12^m.5$ (échelons de 0.02. de 0.05 et de 0.1, avec césures aux points 2 et 5)[1];

4° $6^m.25$ (échelons de 0,05, de 0,1 et de 0,2, avec césures aux points 3 et 6); cette dernière répétée deux fois consécutivement.

Il est essentiel de remarquer que, alors que, sur une échelle métrique. à un même écart correspond une même erreur absolue sur le nombre lu, sur une échelle logarithmique. à un tel même écart correspond une même erreur relative; ce qui, dans bien des cas de la pratique. répond mieux aux besoins réels.

On voit ainsi que sur les trois sections successives de chacun des quatre étalons ci-dessus définis, la précision relative varie comme suit :

1° De $\frac{1}{500}$ à $\frac{1}{400}$;　de $\frac{1}{200}$ à $\frac{1}{500}$;　de $\frac{1}{250}$ à $\frac{1}{500}$:

2° De $\frac{1}{100}$ à $\frac{1}{200}$;　de $\frac{1}{100}$ à $\frac{1}{200}$;　de $\frac{1}{80}$ à $\frac{1}{100}$:

[1] C'est la graduation de la règle à calcul du type le plus courant.

3° De $\frac{1}{50}$ à $\frac{1}{100}$; de $\frac{1}{40}$ à $\frac{1}{100}$; de $\frac{1}{50}$ à $\frac{1}{200}$;

4° De $\frac{1}{20}$ à $\frac{1}{60}$; de $\frac{1}{30}$ à $\frac{1}{60}$; de $\frac{1}{30}$ à $\frac{1}{50}$.

Suivant donc la précision relative requise par telle ou telle application, on voit. d'après cela, à quel étalon il convient de recourir [1].

En dehors de l'étalon métrique et de l'étalon logarithmique, ceux qu'il peut être utile de posséder, lorsqu'il s'agit des applications trigonométriques de la nomographie (de celles notamment qui touchent aux calculs nautiques), sont ceux des fonctions sin z, tang z et de leurs logarithmes ; ces derniers, lorsqu'on possède une table de sinus et tangentes naturels, s'établissent rapidement comme dérivés (n° 48) de l'étalon logarithmique.

Quant aux étalons du sinus et de la tangente, ils peuvent être obtenus par projection d'une division du cercle en parties égales faite. d'une part, orthogonalement sur un diamètre; de l'autre, à partir du centre sur une tangente.

---

[1] Les types ci-dessus suffisent très généralement pour les applications techniques courantes ; toutefois la maison Tavernier-Gravet construit aussi un étalon à module de 1 mètre offrant des échelons de 0,002, de 0,005 et de 0,01 avec césures aux points 2 et 5, ce qui comporte une précision relative variant de $\frac{1}{500}$ à $\frac{1}{1\,000}$ sur la première et la troisième sections, et de $\frac{1}{400}$ à $\frac{1}{1\,000}$ sur la seconde.

B. — **Abaques cartésiens. Anamorphose.**

5o. Représentation d'une équation à trois variables. Abaques cartésiens. — Pour représenter l'équation à trois variables z_1, z_2, z_3, qui s'écrit

$$f_{123} = o,$$

on peut donner successivement à l'une des variables, z_3 par exemple, diverses valeurs fixes croissant, à partir d'une certaine valeur ronde, par échelons égaux. Chacune des valeurs choisies, portée dans l'équation donnée, la transforme en une équation à deux variables, z_1 et z_2, représentable suivant le mode indiqué au n° 45, la courbe **C** étant cotée au moyen de la valeur correspondante de z_3 et pouvant, dès lors, être désignée comme courbe (z_3).

Le tableau graphique coté ainsi constitué se composera donc des axes cotés (z_1) et (z_2) du quadrillage formé comme il a été dit au n° 45 et des courbes (z_3) tracées à travers ce quadrillage et limitées d'ailleurs à son cadre (fig. 83). En raison de son aspect de damier

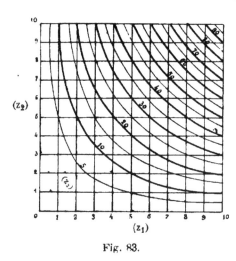

Fig. 83.

(en grec : ἄβαξ), on donne à un tel tableau le nom d'*abaque cartésien*[1].

On peut remarquer avec Terquem[2] que si, dans l'équation donnée, on regarde z_1, z_2, z_3 comme des coordonnées cartésiennes x, y, z, cette équation définit une surface dont les courbes (z_3) de l'abaque sont les lignes de niveau projetées sur le plan des xy.

Une fois l'abaque construit, son mode d'emploi, pour obtenir la valeur de z_3 répondant à un couple donné de valeurs de z_1 et z_2, se résume en ceci : *lire la cote de la ligne (z_3) passant par le point de rencontre des axes du quadrillage cotés au moyen des valeurs données· de* z_1 *et* z_2[3].

Cet énoncé vise, bien entendu, non seulement les lignes effectivement tracées sur l'abaque, mais encore celles que l'interpolation à vue permet d'intercaler entre elles.

Il va sans dire, d'ailleurs, que le même abaque per-

[1] Nous avons, en dépit de cette étymologie très particulière, étendu dans notre *Traité* (O., 4) le terme d'abaque à toute espèce de diagramme coté servant à la représentation d'une équation, alors parfois que certains de ces diagrammes n'ont plus rien de la disposition d'un damier. Cela nous a conduit, sur une observation de M. F. Schilling, auteur d'un résumé allemand de notre Traité (SCHILLING), à adopter le terme beaucoup plus général de *nomogramme*. Mais nombre de personnes continuent à préférer le terme plus court d'abaque en dépit de son impropriété étymologique. Le lecteur qui voudrait s'en tenir à cet ancien usage n'aurait, dans la suite, qu'à remplacer partout où il se rencontre, le terme de nomogramme par celui d'abaque, que, pour notre part, nous réservons ici aux nomogrammes à quadrillage rappelant, par conséquent, la disposition d'un damier.

[2] TERQUEM.

[3] Le premier essai systématique de calcul au moyen de tels abaques semble dû à Pouchet (POUCHET), bien que d'autres, avant lui, aient pu y avoir recours en vue de certains problèmes particuliers. Voir à ce sujet l'avant-propos (p. XVII). La figure 83 n'est autre que l'abaque construit par Pouchet pour la multiplication exprimée par l'équation $z_1 z_2 = z_3$.

met tout aussi bien d'obtenir la valeur d'une des variables z_1 ou z_2, lorsqu'on se donne la valeur de l'autre, z_2 ou z_1, et celle de z_3, et que, pour que l'énoncé du mode d'emploi convienne à tous les cas, il suffit de le mettre sous cette forme symétrique : *les lignes* (z_1), (z_2), (z_3) *dont les cotes satisfont à l'équation donnée, concourent en un même point.*

Toutefois, pour constituer un abaque du genre indiqué, on choisira de préférence pour les variables z_1 et z_2, auxquelles on fera correspondre les axes du quadrillage, celles qui seront le plus ordinairement prises comme données, les valeurs limites de ces données fixant, sous forme d'un rectangle, le cadre de la partie utile de l'abaque.

Si, en effet, c'était z_2 et z_3 que l'on prît comme variables indépendantes, et z_1 comme fonction, le cadre de la partie utile serait constitué par les deux axes du quadrillage correspondant aux valeurs limites de z_2 et les deux courbes correspondant aux valeurs limites de z_3. Les divers éléments géométriques intervenant sur l'abaque seraient donc bien les mêmes que dans le cas précédent, mais limités à un cadre différent.

Ce sont là des particularités qu'il convient de ne pas négliger quand on se place au point de vue pratique. *Théoriquement*, la représentation géométrique d'une équation à trois variables serait constituée au moyen de trois systèmes *continus* de lignes *indéfinies; pratiquement,* elle l'est au moyen de trois systèmes *discontinus* (cette discontinuité étant fixée par l'échelon adopté) de lignes *bornées à un cadre* que déterminent les valeurs limites attribuées à celles des deux variables qui sont prises comme indépendantes.

Remarque I. — Les lignes (z_3) de l'abaque seront droites si l'équation donnée est de la forme

$$g_3 z_1 + h_3 z_2 + f_3 = 0.$$

Ce sera le cas, par exemple, de toute équation trinôme

$$z_1^m + p z^n + q = 0,$$

pour laquelle on pourra prendre $z_1 = p$, $z_2 = q$, $z_3 = z$.

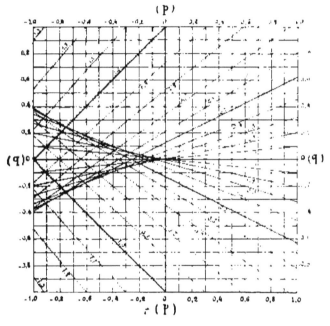

Fig. 84.

La figure 84 montre l'abaque ainsi construit par Lalanne pour l'équation trinôme du 3ième degré[1],

$$z^3 + pz + q = 0.$$

Remarque II. — Si deux quantités z_3 et z_4 se déterminent,

[1] LALANNE, **2.**

Calcul graphique. 6

en fonction des mêmes variables z_1 et z_2, par des équations telles que

$$f_{123} = 0, \quad f_{124} = 0,$$

on pourra, adoptant pour l'une et pour l'autre le même quadrillage (z_1, z_2), tracer à la fois sur ce quadrillage les lignes (z_3) et les lignes (z_4), ce qui revient à superposer les deux abaques répondant à ces équations [1]. Mais on ne pourra généralement pas superposer plus de deux tels abaques.

51. **Fractionnement des abaques. Superposition des graduations.** — L'approximation demandée entraîne, ainsi qu'il a été vu au n° 44, la fixation du module pour chacune des variables indépendantes z_1 et z_2 (supposées comptées le long de Ox et de Oy), d'où (l'amplitude étant, en outre, donnée pour chacune d'elles) on conclut les dimensions utiles de l'abaque. Si celles-ci dépassent les limites pratiquement admissibles, il faut, pour s'y tenir, sans rien sacrifier de la précision, recourir à un fractionnement. Ayant fractionné l'échelle (z_1) en fragments successifs que nous désignerons par $\mathbf{A}_1$, $\mathbf{B}_1$, $\mathbf{C}_1$,... et de même (z_2) en $\mathbf{A}_2$, $\mathbf{B}_2$, $\mathbf{C}_2$,... on construit séparément les abaques dont les limites respectives résultent des associations de fragments $(\mathbf{A}_1\mathbf{A}_2)$, $(\mathbf{A}_1\mathbf{B}_2)$, $(\mathbf{A}_1\mathbf{C}_2)$,..., $(\mathbf{B}_1\mathbf{A}_2)$,... $(\mathbf{C}_1\mathbf{A}_2)$.... Ceci montre que si l'une des échelles a été fractionnée en n_1 parties, l'autre en n_2,

---

[1] Comme exemples de telles superpositions, nous citerons les abaques Davaine (O., **4**, n° 105) et Lalanne (O., **4**, n° 108) pour le calcul des profils de terrassements, le premier d'entre eux constituant d'ailleurs, à notre connaissance, le plus ancien exemple d'une telle double représentation. Nous citerons aussi l'abaque du point à la mer de MM. Favé et Rollet de l'Isle (O., **4**, n° 100), et signalerons même à ce propos une faute à corriger à l'endroit cité ; il faut partout, dans le texte, permuter les coordonnées x et y, et, par suite, sur la figure 108, permuter les lettres α_1 et α_2 à côté des graduations portées par les bords du cadre.

il faudra, à l'abaque unique, substituer $n_1 n_2$ abaques partiels.

Ces abaques partiels devront être généralement établis sur des feuilles distinctes. En certains cas, cependant, les lignes dont ils se composent pourront être exactement superposables, leur chiffraison variant seule de l'un à l'autre.

Un premier exemple bien simple est fourni par l'abaque de la multiplication mise sous la forme

$$z_3 = z_1 z_2.$$

On voit, en effet, que si, aux chiffraisons d'abord adoptées pour z_1 et z_2, on substitue celles qui s'en déduisent respectivement par l'introduction des facteurs λ_1 et λ_2 (ceux-ci ayant des valeurs assez simples, comme des puissances de 10 par exemple, pour que le produit puisse aisément s'en faire de tête), les lignes z_3 resteront les mêmes, leur chiffraison étant simplement multipliée par $\lambda_1 \lambda_2$. Cela résulte de l'identité

$$\lambda_1 \lambda_2 z_3 = \lambda_1 z_1 . \lambda_2 z_2.$$

Un autre exemple est donné par l'abaque de l'équation trinôme

$$z^m + p z^n + q = 0$$

où on prend respectivement p, q et z pour z_1, z_2 et z_3.

Si, en effet, une certaine valeur de z satisfait, pour des valeurs données de p et q, à cette équation, on a identiquement :

$$(\lambda z)^m + \lambda^{m-n} p \, (\lambda z)^n + \lambda^m q = 0,$$

ce qui montre que si aux graduations p et q on substitue les graduations $\lambda^{m-n} p$ et $\lambda^m q$, les lignes (z), qui sont des droites, resteront géométriquement les mêmes, la

chiffraison de chacune d'elles étant simplement multipliée par λ.

On peut, en ce cas, considérer l'abaque construit
comme équivalant à une infinité d'autres dont les graduations se superposeraient à la sienne, ces graduations se déduisant d'ailleurs de celle-ci par des opérations assez simples pour qu'on puisse les effectuer mentalement[1].

52. **Principe de l'anamorphose**. — Il est évidemment tout naturel, pour la représentation cartésienne de l'équation $f_{123} = 0$, de faire d'abord correspondre aux variables z_1 et z_2 des échelles métriques le
long de Ox et de Oy; c'était donc par là qu'on devait
commencer. Mais il n'y a à cela aucune nécessité. On
peut très bien imaginer, une fois l'abaque cartésien
construit comme il a été dit au n° 50, qu'on le
transforme en faisant correspondre respectivement aux
variables z_1 et z_2, le long de Ox et de Oy, les échelles
fonctionnelles (n° 46)

$$x = \mu_1 f_1$$
$$y = \mu_2 f_2$$

Si l'on conserve d'ailleurs pour chacune de ces variables le même échelon que précédemment, on voit
qu'au quadrillage régulier correspondant aux échelles
métriques d'abord construites va être substitué un quadrillage irrégulier sur lequel les lignes (z_3) seront dé-
formées.

---

[1] Nous avons donné (O., **4**, n° 21) des types très généraux d'équation comportant la superposition des graduations et dont les
deux exemples ici mentionnés sont des cas particuliers. M. Kœnigs
a, d'ailleurs, fait voir (O., **4**, n° 155) que les deux types auxquels
nous étions parvenu étaient, chacun en son genre, le plus général.

Pour avoir la nouvelle équation de ces lignes (z_3), il suffit d'éliminer z_1 et z_2 entre les deux équations précédentes et l'équation donnée. Le cas le plus intéressant est celui où cette équation est de la forme

$$(\mathbf{1}) \qquad f_1 g_3 + f_2 h_3 + f_3 = 0,$$

parce qu'il vient alors pour l'équation des lignes (z_3);

$$\mu_2 g_3 x + \mu_1 h_3 y + \mu_1 \mu_2 f_3 = 0,$$

qui définit des droites.

C'est à une telle transformation, imaginée par lui [1], que Lalanne a donné le nom d'*anamorphose*.

Il ne l'avait d'ailleurs envisagée d'abord que pour le cas particulier où les fonctions g_3 et h_3 sont remplacées par des constantes, c'est-à-dire où l'équation donnée prend la forme

$$(\mathbf{1}\ bis) \qquad f_1 + f_2 + f_3 = 0.$$

L'intérêt d'une telle anamorphose consiste en ce qu'au lieu des courbes qui figuraient sur le pur abaque cartésien, et qui ne pouvaient être déterminées chacune que par un assez grand nombre de points, elle permet de ne tracer que des droites, déterminées chacune par deux points seulement.

Théoriquement, il n'est pas toujours facile de reconnaître qu'une équation $f_{123} = 0$ donnée est susceptible de revêtir la forme $(\mathbf{1})$ ci-dessus. On ne voit pas immédiatement par exemple que l'équation [2]

$$\varphi_1 \varphi_2 + \sqrt{1 + \varphi_1^2}\ \sqrt{1 + \varphi_2^2} = \varphi_3,$$

[1] LALANNE, **1** et **2**.
[2] O., **4**, p. 421.

peut revêtir la forme (1 *bis*), lorsqu'on pose :

$$f_1 = \log\left(q_1 + \sqrt{1 + q_1^2}\right),$$

$$f_2 = \log\left(q_2 + \sqrt{1 + q_2^2}\right),$$

$$f_3 = -\log\left(q_3 + \sqrt{q_3^2 - 1}\right).$$

Les caractères différentiels auxquels on reconnaît qu'une telle transformation est possible ont été obtenus pour le cas particulier de la forme (1 *bis*), par le comte P. de Saint-Robert; pour le cas général de la forme (1), par MM. Massau et Lecornu[1]. Ils présentent un indéniable intérêt théorique; mais, en pratique, on n'y a guère recours, les équations qu'on rencontre dans les applications s'offrant presque toujours d'emblée sous la forme (1) ou (1 *bis*) (qui, au point de vue qui nous occupe, peut être dite *canonique*), ou s'y ramenant par des transformations évidentes.

C'est ainsi, par exemple, que la forme très fréquente

$$q_1 q_2 q_3 = 1$$

se ramène à (1) et donne lieu à un abaque du type indiqué par la figure 85 lorsqu'on pose :

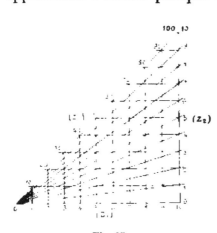

Fig. 85.

$$f_1 = \frac{-1}{q_1}, \quad g_3 = 1, \quad f_2 = q_2. \quad h_3 = q_3, \quad f_3 = 0,$$

[1] O., **4**, nᵒˢ 152 et 153.

et à (1 *bis*) lorsqu'on pose :

$$f_1 = \log \varphi_1, \quad f_2 = \log \varphi_2, \quad f_3 = \log \varphi_3.$$

C'est d'ailleurs sous cette dernière forme de l'ana-morphose logarithmique que le principe s'est d'abord offert à Lalanne, dont le premier abaque (fig. 86) tra-

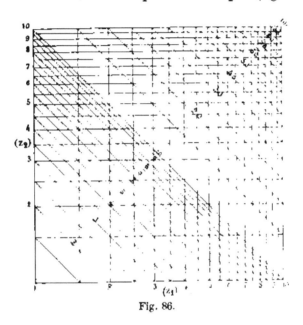

Fig. 86.

duisait l'équation de la multiplication mise préalablement sous la forme

$$\log z_1 + \log z_2 - \log z_3 = 0.$$

Remarque I. — Cet exemple nous conduit, en outre, à faire ressortir une distinction dont l'importance est loin d'être négligeable quand on passe aux applications : une équation, composée au moyen de certaines fonctions des variables prises isolément (φ_1, φ_2 et φ_3 dans l'exemple ci-dessus) peut être réduite à la forme canonique par substitution, aux fonctions composantes qui s'y présentent tout d'abord, d'autres fonctions qui sont avec elles soit en simple relation de projectivité (comme $-\dfrac{1}{\varphi_1}$ avec φ_1), soit en relation plus complexe, voire en relation transcendante (comme $\log \varphi_1$ avec φ_1). Comme, d'après ce qui a été vu plus haut (n° 48), la possession de l'échelle d'une fonction quelconque permet, à la fois, le report de toutes celles qui en sont projectives, on conçoit qu'il y ait lieu d'examiner à part les cas où la réduction à la forme canonique peut avoir lieu projectivement.

Remarque II. — L'échelle fonctionnelle, portée le long d'un axe, en vue de la construction d'un abaque anamorphosé, sera généralement prise sous la forme normale (n° 46); mais on peut, si on le juge à propos, lui donner la forme cartésienne (n° 45). Ce sera notamment le cas s'il s'agit d'une fonction définie empiriquement et qui aura été interpolée au moyen d'une certaine courbe [1].

53. Généralisation de l'anamorphose. — Le

principe de l'anamorphose, tel qu'il vient d'être exposé, introduit d'utiles simplifications dans la construction des abaques; mais il ne modifie pas leur mode d'emploi qui reste toujours compris dans cet énoncé : *les lignes cotées au moyen des valeurs correspondantes de z_1, z_2 et z_3 concourent en un même point.*

Ces lignes ont été jusqu'ici, pour z_1 et z_2, des droites appartenant respectivement à deux faisceaux parallèles, les droites de chaque faisceau étant menées par les points d'une échelle (métrique ou non suivant que l'abaque n'est pas ou est anamorphosé).

Mais on peut tout aussi bien constituer un nomo-

---

[1] Comme exemples d'emploi de telles échelles cartésiennes, voir O., **4**, p. 47 et 59.

gramme à lignes concourantes[1] en faisant correspondre
aux variables z_1 et z_2 des lignes absolument quelconques
définies respectivement par les équations

$$f_1(x,y,z_1) = 0, \qquad f_2(x,y,z_2) = 0,$$

les lignes (z_3) étant définies à leur tour par l'équation

$$f_3(x,y,z_3) = 0,$$

résultant de l'élimination de z_1 et z_2 entre les deux
équations précédentes et l'équation $f_{123} = 0$. L'opération qui consiste à former ainsi les équations des trois
systèmes (z_1), (z_2) et (z_3) porte le nom de *disjonction
des variables*.

On peut encore présenter ce principe de l'anamorphose généralisée comme résultant de la substitution
aux coordonnées cartésiennes de coordonnées curvilignes quelconques[2] définies par le réseau des lignes
$f_1 = 0$ et $f_2 = 0$.

Une telle anamorphose ne présentera évidemment
d'intérêt que si elle conduit à des tracés plus simples
que ceux qui résulteraient de l'anamorphose ordinaire.
Pour reconnaître les cas où une telle simplification peut

---

[1] Nous étions parvenu de notre côté à cette généralisation
lorsque M. P. Terrier nous a fait connaître le travail de M. Massau, où elle est très explicitement donnée (MASSAU, **1**, n° 181).
C'est donc sans conteste au savant ingénieur belge qu'en revient
la priorité.

[2] Si dans l'équation $f_{123} = 0$, les variables z_1 et z_2 sont considérées comme des coordonnées courantes autres que des coordonnées cartésiennes, le nomogramme obtenu peut donc être
considéré comme anamorphosé par rapport au pur abaque cartésien. C'est ainsi que si z_1 et z_2 sont prises comme coordonnées
polaires ρ et ω, auquel cas on tombe sur les *abaques polaires*
de M. G. Pesci (O., **4**, n° 55), on peut voir en ceux-ci des abaques
anamorphosés généraux dans lesquels les lignes (z_1) et (z_2) sont
respectivement des cercles de centre O et des droites issues
de O.

exister, il faut, en quelque sorte, prendre la question
à rebours : se donner *a priori* les équations des lignes
(z_1), (z_2) et (z_3) et former l'équation $f_{123} = 0$ correspondante, par élimination de x et y entre les trois
équations données.

Le cas évidemment le plus intéressant, en vue duquel, du reste, M. Massau a songé à cette généralisation, est celui où toutes les lignes intervenant sur le
nomogramme sont droites, c'est-à-dire où les équations
des lignes (z_1), (z_2), (z_3) sont respectivement de la
forme

$$xf_1 + yg_1 + h_1 = 0,$$
$$xf_2 + yg_2 + h_2 = 0,$$
$$xf_3 + yg_3 + h_3 = 0,$$

auquel cas l'équation représentée peut s'écrire :

$$(1) \qquad \begin{vmatrix} f_1 & g_1 & h_1 \\ f_2 & g_2 & h_2 \\ f_3 & g_3 & h_3 \end{vmatrix} = 0 ;$$

ou, sous une forme plus condensée qui s'explique
d'elle-même.

$$| f_i \, g_i \, h_i | = 0.$$

Nous ne nous attarderons pas ici à cette forme très
importante d'équation que nous aurons à étudier plus
loin en détail à propos de la méthode des points alignés.

Nous ajouterons seulement qu'en dehors du cas où
les lignes cotées du nomogramme sont toutes des
droites, on peut envisager aussi celui où ce sont des
cercles[1].

---

1 Je crois avoir, le premier, envisagé ce type de nomogramme
dans toute sa généralité (O., **4**, nos 52 et 53).

54. **Anamorphose par systèmes de cercles.**

— Dans ce cas, les équations des lignes (z_1), (z_2), (z_3) peuvent s'écrire, si l'on suppose *les axes rectangulaires et les modules adoptés pour* x *et* y *égaux,*

$$t_1(x^2+y^2)+xf_1+yg_1+h_1=0.$$
$$t_2(x^2+y^2)+xf_2+yg_2+h_2=0,$$
$$t_3(x^2+y^2)+xf_3+yg_3+h_3=0.$$

Pour former l'équation $f_{123}=0$ correspondante, on peut procéder comme suit :

L'élimination de x^2+y^2 entre ces équations prises deux à deux donne

$$(f_it_j-f_jt_i)x+(g_it_j-g_jt_i)y+(h_it_j-h_jt_i)=0,$$

(i,j) représentant les diverses combinaisons $(1,2)$, $(2,3)$, $(3,1)$.

Si l'on additionne les trois équations ainsi obtenues après les avoir multipliées respectivement d'abord par g_1, g_2, g_3, puis par f_1, f_2, f_3, on obtient (en se servant de la notation ci-dessus définie) les deux suivantes :

$$|\,f_i\,g_i\,t_i\,|\,x-|\,t_i\,g_i\,h_i\,|=0,$$
$$|\,f_i\,g_i\,t_i\,|\,y-|\,f_i\,t_i\,h_i\,|=0.$$

D'ailleurs, si on multiplie les trois équations données respectivement par $f_2g_3-f_3g_2$, $f_3g_1-f_1g_3$, et $f_1g_2-f_2g_1$, et qu'on en fasse la somme, on a :

$$|\,f_i\,g_i\,t_i\,|\,(x^2+y^2)+|\,f_i\,g_i\,h_i\,|=0.$$

L'élimination de x et y entre les trois dernières équations écrites donne la résultante cherchée :

$$|\,t_i\,g_i\,h_i\,|^2+|\,f_i\,t_i\,h_i\,|^2+|\,f_i\,g_i\,t_i\,|\cdot|\,f_i\,g_i\,h_i\,|=0.$$

Si l'on convient de représenter par D le déterminant

$| f_i g_i h_i |$ et par D_f, D_g, D_h, ce qu'il devient lorsqu'on y remplace soit les f_i, soit les g_i, soit les h_i, par les t_i, on peut mettre cette équation sous la forme condensée

$$(2) \qquad D_f^2 + D_g^2 + D_h D = 0.$$

On obtient d'ailleurs des types d'équation plus simples, rentrant dans celui-ci, en faisant diverses hypothèses particulières sur les trois systèmes (z_1), (z_2), (z_3). Si, par exemple, l'un d'eux (z_i) se réduit à un système de droites, il suffit de faire $t_i = 0$; si d'ailleurs il n'en est pas ainsi, on peut toujours, sans nuire à la généralité, prendre $t_i = 1$.

Supposons, par exemple, les systèmes (z_1) et (z_2) rectilignes, d'où $t_1 = t_2 = 0$, et le faisceau (z_1) passant par l'origine, d'où $h_1 = 0$; puis, le système (z_3) composé de cercles passant par l'origine et ayant leurs centres sur O.x, d'où $g_3 = h_3 = 0$. Substituant ces valeurs particulières dans (2) et développant, nous obtenons ainsi le type plus particulier

$$(2\,bis) \qquad h_2 (f_1^2 + g_1^2) + f_3 g_1 (f_1 g_2 - f_2 g_1) = 0,$$

représentable par les trois systèmes :

$$f_1 x + g_1 y = 0,$$
$$f_2 x + g_2 y + h_2 = 0,$$
$$x^2 + y^2 + f_3 x = 0.$$

Exemple. — Soit l'équation [1]

$$k^2 (1 + \operatorname{tg}^2 \varphi) + p \left(k \operatorname{tg} \varphi - \frac{1}{3} \right) = 0,$$

où k représente le rapport de la base à la hauteur de la sec-

[1] Empruntée à la *Résistance des matériaux* de COLLIGNON, 3e éd., p. 669.

tion rectangulaire d'un mur soutenant une terre profilée suivant son angle naturel φ, *p* étant le rapport du poids spécifique de cette terre à celui de la maçonnerie.

Cette équation est identique à (2 *bis*) lorsqu'on prend :

$$f_1 = \operatorname{tg} \varphi, \quad g_1 = -1, \quad f_2 = -\frac{1}{3}, \quad g_2 = k,$$

$$h_2 = k^2, \quad f_3 = -p,$$

d'où les trois systèmes :

(φ) $$\qquad\qquad y = \operatorname{tg} \varphi . x,$$

(droite par l'origine, inclinée de φ sur o*x*),

• (*k*) $$\qquad\qquad -\frac{x}{3} + ky + k^2 = 0,$$

[droite joignant les points $(x = 0, \quad y = -k)$

et $\qquad\qquad (x = 3k, \quad y = 1 - k)]$;

(*p*) $$\qquad\qquad x^2 + y^2 - px = 0,$$

(cercle de centre $\left(x = \dfrac{p}{2}, \quad y = 0\right)$ passant par l'origine).

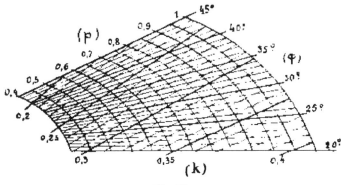

Fig. 87.

La partie utile du nomogramme, lorsqu'on fait varier les données φ, de 20° à 45°, et *p*, de 0,4 à 1, est représentée par la figure 87.

55. Représentation des équations quadratiques par des systèmes de cercles.

— Le principal intérêt des nomogrammes à systèmes circulaires est qu'ils s'appliquent à toute une catégorie d'équations se rencontrant dans les applications et non susceptibles de réduction à la forme (1) du numéro précédent; par suite, non représentables par trois systèmes rectilignes.

Ces équations sont celles qui peuvent s'écrire :

$$\Sigma A_i f_i^2 + \Sigma 2 B_i f_j f_k + \Sigma 2 C_i f_i + D = 0,$$

i, j, k, désignant les diverses permutations circulaires de 1, 2, 3, et les A, B, C, D des coefficients numériques. Ainsi que nous l'avons remarqué naguère pour la première fois[1], *on peut, en effet, toujours représenter une telle équation par deux faisceaux de droites parallèles et un système de cercles bitangents à une conique, à la condition que l'une des quantités* $A_i A_j - B_k^2$ *soit positive.*

Supposons, par exemple, $A_1 A_2 - B_3^2 > 0$.

Posons, en prenant le long de Ox et de Oy les modules u_1 et u_2,

$$x = u_1 f_1,$$
$$y = u_2 f_2.$$

Si ces équations déterminent les systèmes (z_1) et (z_2), il vient pour le système (z_3) :

$$\frac{A_1}{u_1^2} x^2 + \frac{A_2}{u_2^2} y^2 + 2 \frac{B_3}{u_1 u_2} xy + 2 \frac{B_2 f_3 + C_1}{u_1} x$$
$$+ 2 \frac{B_1 f_3 + C_2}{u_2} y + A_3 f_3^2 + 2 C_3 f_3 + D = 0,$$

équation qui représentera un cercle si les modules u_1 et u_2 et l'angle θ des axes sont tels que

$$\frac{u_1^2}{A_1} = \frac{u_2^2}{A_2} = \frac{u_1 u_2 \cos \theta}{B_3},$$

---

[1] *Bull. de la Soc. math. de France*, t. XXIV, 1896, p. 81, et O., **4**, chap. VI, § 2, C. La démonstration ici donnée de ce théorème est celle que M. Soreau a substituée à la nôtre (SOREAU, **1**, p. 221), et dont la simplification tient au choix particulier des axes obliques employés à la place des axes rectangulaires dont nous nous étions servi.

d'où l'on tire :

$$\frac{\mathbf{u}_1}{\mathbf{u}_2} = \sqrt{\frac{A_1}{A_2}} \quad \text{et} \quad \cos\theta = \frac{B_3}{\sqrt{A_1 A_2}},$$

égalités qui, d'après l'hypothèse faite, donnent des valeurs réelles pour $\dfrac{\mathbf{u}_1}{\mathbf{u}_2}$ et pour θ, car celle-ci exige que A_1 et A_2 soient de même signe et, en outre, que :

$$\frac{B_3}{\sqrt{A_1 A_2}} < 1.$$

Posant :

$$\frac{\mathbf{u}_1}{\sqrt{A_1}} = \frac{\mathbf{u}_2}{\sqrt{A_2}} = \mathbf{u},$$

nous voyons que l'équation des cercles (z_3) devient :

$$x^2 + y^2 + \frac{2B_3}{\sqrt{A_1 A_2}}\, xy + 2\, \frac{B_2 f_3 + C_1}{\sqrt{A_1}}\, \mathbf{u}x$$

$$+ 2\, \frac{B_1 f_3 + C_2}{\sqrt{A_2}}\, \mathbf{u}y + \mathbf{u}^2 (A_3 f_3^2 + 2C_3 f_3 + D) = 0.$$

L'équation de l'enveloppe de ces cercles qui s'obtient en exprimant que la précédente a une racine double en f_3, est :

$$\left(\frac{B_2}{\sqrt{A_1}}\, \mathbf{u}x + \frac{B_1}{\sqrt{A_2}}\, \mathbf{u}y + \mathbf{u}^2 C_3 \right)^2$$

$$- A_3 \left(x^2 + y^2 + \frac{2B_3}{\sqrt{A_1 A_2}}\, xy + \frac{2C_1}{\sqrt{A_1}}\, \mathbf{u}x + \frac{2C_2}{\sqrt{A_2}}\, \mathbf{u}y \right.$$

$$\left. + \mathbf{u}^2 D \right)^2 = 0.$$

Cette enveloppe est donc une conique. De plus, le lieu des centres de ces cercles, qui résulte de l'élimination de f_3 entre les équations

$$x + \frac{B_3}{\sqrt{A_1 A_2}}\, y + \frac{B_2 f_3 + C_1}{\sqrt{A_1}}\, \mathbf{u} = 0,$$

$$y + \frac{B_3}{\sqrt{A_1 A_2}}\, x + \frac{B_1 f_3 + C_2}{\sqrt{A_2}}\, \mathbf{u} = 0,$$

est une droite. Ces cercles sont donc bitangents à leur enveloppe dont cette droite est un axe.

Exemple. — Soit la formule de M. Boussinesq :

$$l = \pi \left[\frac{3}{2} (a + b) - \sqrt{ab} \right],$$

qui fait connaître approximativement la longueur l d'une ellipse de demi-axes a et b. Elle peut s'écrire :

$$a^2 + b^2 + 2 \frac{7}{9} ab - 2 \frac{2}{3\pi} (a + b)l + \frac{4}{9\pi^2} l^2 = 0.$$

Sous cette forme, on voit qu'elle pourra être représentée par rapport à des axes Ox et Oy faisant entre eux l'angle θ donné par

$$\cos \theta = \frac{7}{9},$$

au moyen des trois faisceaux [1] :

(a) $\qquad\qquad\qquad x = \mathbf{u}a,$

(b) $\qquad\qquad\qquad y = \mathbf{u}b,$

(l) $\quad x^2 + y^2 + 2 \frac{7}{9} xy - 2 \cdot \frac{2\mathbf{u}}{3\pi} l(x + y) + \frac{4\mathbf{u}^2}{9\pi^2} l^2 = 0.$

Ici, l'enveloppe des cercles (l) se réduit à :

$$xy = 0,$$

c'est-à-dire au système des axes Ox et Oy et, par conséquent, le lieu de leurs centres à la bissectrice Ot de l'angle de ces axes. Au reste, les coordonnées orthogonales (n° 1) d'un de ces centres (abscisse et ordonnée des points de contact avec Ox et Oy) sont données par

$$\xi = \eta = \frac{2\mathbf{u}}{3\pi} l.$$

---

[1] On peut évidemment, puisqu'ici les échelles portées sur Ox et sur Oy sont métriques, dire qu'*avec ce choix d'axes* il n'y a pas d'anamorphose. C'est par rapport à l'abaque qui serait construit en coordonnées rectangulaires qu'il y a anamorphose, et cette anamorphose se traduit précisément par le choix de l'angle θ des nouveaux axes.

Ces centres forment donc sur Ot une échelle métrique définie par

$$t = \frac{2\mathbf{u}}{3\pi} \cdot \frac{l}{\cos\frac{\theta}{2}} = \frac{\mathbf{u}}{\pi\sqrt{2}}\, l.$$

L'abaque correspondant[1], construit avec $\mathbf{u} = 5^{mm}$, est représenté par la figure 88. Pour $a = 9$, $b = 3$, par exemple, il donne $l = 4$o. Comme d'ailleurs, par définition, $b < a$, il suffit de limiter l'abaque à la partie comprise entre l'axe Ox et la bissectrice Ot de l'angle xOy.

On peut aussi remarquer, comme l'a fait M. Soreau, que, par tout point du plan, passent deux cercles (l). Cela tient à ce que l'équation développée que l'on a représentée reste la même si, dans l'expression de l, on change le signe de $\sqrt{ab}$. Mais il est facile de discerner quel est celui des deux cercles qui convient[2]. Puisque, en effet, $\sqrt{ab}$ doit être précédé du signe —, la valeur qui convient est la plus petite des deux qui se liraient au point (a, b), c'est-à-dire celle qui correspond à celui des deux cercles dont, en ce point (a, b), la concavité est tournée vers l'origine O.

Il suffit donc, comme on le voit sur la figure 88, de réduire chacun des cercles (l) à son arc, compris entre Ox et Ot, dont la concavité est tournée vers O.

Nous ajouterons la nouvelle remarque que voici : pour une valeur donnée de l, la plus grande valeur correspondante de b est celle que donne la parallèle à Ox passant par le point de rencontre de Ot et du cercle (l) (réduit, comme on vient de le dire, à sa partie utile); cette valeur est celle du rayon r du cercle de circonférence l[3]. Si, à partir de cette

---

[1] Soreau, **1**, p. 228.

[2] Cette remarque est importante. Elle se renouvelle dans nombre d'abaques; la difficulté qu'elle signale se lève toujours par des moyens analogues. Le premier exemple d'une discussion de ce genre se rencontre, à notre connaissance, dans notre *Abaque général de la Trigonométrie sphérique* (*Bulletin astronomique*, t. XI, 1894, p. 5, et O., **4**, nº 124).

[3] Cette remarque peut être utilisée pour la construction du cercle (l) puisqu'elle permet, au moyen de l'échelle (b) ou (a), de marquer le point de rencontre T de ce cercle et de Ot. Il suffit

valeur, on fait décroître b, a doit croître depuis r jusqu'à $\dfrac{l}{4}$, qui est sa valeur lorsque l'ellipse est infiniment
aplatie. Or, si l'on se rend compte des variations de a sur
l'abaque, on reconnaît, en suivant le cercle (l), que a croît
bien jusqu'au point de contact de ce cercle et de sa tangente
parallèle à Oy, mais que, au delà de ce point, a décroît;
l'usage de l'abaque, et par suite, celui de la formule qu'il
représente (auquel correspond une approximation d'autant

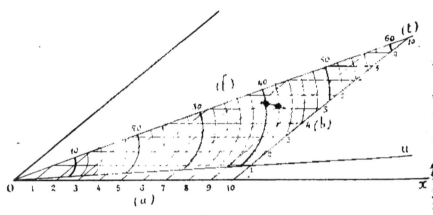

Fig. 88.

moins grande qu'on s'éloigne de la condition $a = b$ pour
laquelle il est rigoureux), devient donc certainement erroné
à partir de là. On doit, par suite, borner l'abaque à la ligne
qui constitue le lieu des points de contact des cercles (l) et
de leurs tangentes parallèles à Oy, ligne dont il est bien facile
de former l'équation qui est : $9y - x = 0$. C'est la droite
Ou de la figure 88. Il suit de là que la formule de M. Boussinesq ne saurait certainement être valable pour $a > 9b$.

ensuite de connaître le point de contact X de ce cercle et de Ox.
Or, il est bien facile de voir que l'angle TXx est égal à $\dfrac{\pi}{4} + \dfrac{\theta}{4}$,
c'est-à-dire que la droite TX est parallèle à la bissectrice de
l'angle fait avec Ox par la perpendiculaire élevée en O à OT.

On a ainsi le curieux exemple d'un abaque relatif à une formule approximative et qui détermine, en quelque sorte, de lui-même une borne au delà de laquelle son emploi cesserait d'être licite.

56. **Échelles binaires. Systèmes condensés**.

— Nous n'avons, jusqu'ici, envisagé la représentation que d'équations à 3 variables au plus. Nous allons voir maintenant comment on peut arriver à des représentations nomographiques planes pour des équations à un plus grand nombre de variables.

Une première idée naît, à cet égard, de la considération des échelles cartésiennes utilisées pour introduire dans des abaques anamorphosés, suivant la *Remarque II* du n° 52, des systèmes de droites parallèles répondant à des équations telles que

$$x = f_1.$$

Si on considère un abaque cartésien (n° 50) comme déterminant la variable z_1, qui a servi à graduer l'axe des x, en fonction des deux autres z_2 et z_3 auxquelles elles serait liée par une équation telle que

$$z_1 = f_{23},$$

on voit que, sur cet abaque, la parallèle à l'axe des y passant par le point de rencontre des lignes (z_2) et (z_3) peut être considérée comme définie par l'équation

$$x = f_{23}.$$

Envisagé à ce point de vue, l'abaque permet donc de définir un faisceau de parallèles Δ dépendant de deux variables, de même que les échelles cartésiennes simples permettaient de définir un faisceau de parallèles dépendant d'une seule variable. A cet égard, on peut donc dire qu'il constitue une *échelle binaire* dont les parallèles Δ seront dites les *directrices*.

Il suffit dès lors, aux axes Ox et Oy d'un abaque cartésien, d'accoler, au lieu de simples échelles cartésiennes, des échelles binaires (dont les directrices prolongées formeront le quadrillage de cet abaque) pour

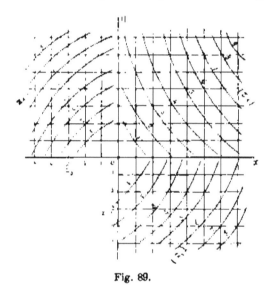

Fig. 89.

introduire deux nouvelles variables dans l'équation qu'il représente.

La figure 89 montre ainsi schématiquement la représentation d'une équation à 5 variables de la forme

$$F(f_{12}, f_{34}, z_5) = 0,$$

au moyen des échelles binaires des fonctions f_{12} et f_{34} accolées respectivement à Ox et à Oy.

L'emploi de telles échelles binaires a, comme on devait s'y attendre, été réalisé, à propos d'exemples particuliers, par divers auteurs, sans qu'il soit possible d'en préciser le premier inventeur. Il semble bien toutefois que ce soit M. E. Prévot qui, le premier, à l'occasion des abaques hexagonaux, dont il sera question plus loin, en ait proposé un emploi systématique.

Ayant fait ainsi dépendre les axes du quadrillage d'un abaque de deux variables au lieu d'une, on peut se proposer de faire aussi en sorte que les lignes tracées sur ce quadrillage dépendent à leur tour de deux variables.

D'une manière générale, on ne saurait figurer sur un plan des lignes appartenant à un système doublement infini tel que

$$F(x, y, z_1, z_2) = 0.$$

En effet, à chaque valeur de z_2 par exemple, correspond un système (z_1), et ces divers systèmes (z_1) ne sauraient, en général, coexister sur le même plan sans produire un enchevêtrement inextricable. Il n'en sera ainsi que dans le cas où ce système doublement infini se réduira géométriquement à un système simplement infini, ce qui aura lieu lorsque l'équation précédente prendra la forme

(1) $$F(x, y, f_{12}) = 0.$$

On voit, en effet, en posant

(2) $$f_{12} = t,$$

qu'en ce cas, tous les couples de valeurs de z_1 et z_2, répondant, en vertu de cette relation, à une même valeur de t, donneront une même ligne du système simplement infini défini par l'équation

(3) $$F(x, y, t) = 0.$$

Toutes les lignes répondant à ces divers couples de valeurs de z_1 et z_2 sont, en quelque sorte, *condensées* en cette seule ligne (t).

D'ailleurs pour déterminer graphiquement les couples de valeurs de z_1 et z_2 répondant à chacune des lignes du faisceau (3), il suffit de représenter l'équation (2) par un nomogramme sur lequel, à la variable t, corresponde précisément le système (3). Cela est toujours possible, comme on l'a vu au n° 53; il suffit, en choisissant arbitrairement le faisceau de lignes correspondant à l'une des variables. par exemple

$$\varphi_1(x, y, z_1) = o,$$

de porter dans (2) les valeurs de z_1 et de t, tirées de cette dernière équation, et de (3), pour avoir l'équation

$$\varphi_2(x, y, z_2) = o$$

du faisceau des lignes (z_2) correspondantes.

On a dès lors la ligne (z_1, z_2) en prenant la ligne (t) passant par le point de rencontre des lignes (z_1) et (z_2). A cet égard, le réseau formé par l'ensemble des faisceaux (z_1) et (z_2) peut être dit le *réseau de cotes* du système condensé (t) (fig. 90)[1].

Il suffit de remplacer les trois systèmes à une variable (z_1), (z_2), (z_3) intervenant dans l'exposé du principe de l'anamorphose généralisée (n° 53) par trois systèmes condensés (z_1, z_4), (z_2, z_5), (z_3, z_6) pour avoir

---

[1] Puisque le choix d'un des faisceaux (z_1) et (z_2) est arbitraire, on pourra toujours le fixer de telle sorte que le réseau de cotes du système condensé (t) soit complètement extérieur à la partie utile de l'abaque dans lequel intervient ce système condensé, ainsi qu'on le voit sur la figure 90, où l'on a indiqué le cadre de cette partie utile.

la représentation d'une équation à 6 variables de la forme

$$F(f_{14}, f_{25}, f_{36}) = 0.$$

Deux de ces systèmes pouvant d'ailleurs être choisis arbitrairement, il sera loisible, en particulier, de les

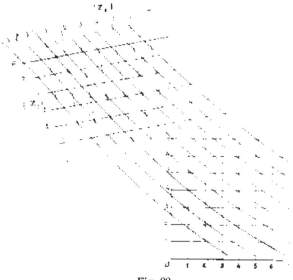

Fig. 90.

constituer au moyen de parallèles à l'un des axes de coordonnées, ce qui redonnera alors les échelles binaires envisagées en premier lieu.

Remarque. — On peut ramener la détermination des cotes d'un système condensé à l'emploi d'une échelle binaire par le procédé que voici : les abscisses des points de rencontre du système condensé (1) avec l'axe Ox sont données par l'équation

$$F(x, o, f_{12}) = o,$$

d'où l'on tire :

$$x = \varphi_{12},$$

qui détermine une certaine échelle binaire. On peut alors dire que la directrice de cette échelle binaire et la courbe du système condensé, qui répondent à un même couple de valeurs de z_1 et z_2, coupent l'axe Ox au même point[1].

57. Systèmes ramifiés. Nomogrammes à lignes concourantes les plus généraux. —

Un système condensé, nous venons de le voir, est défini au moyen d'un certain réseau de côtes, constitué par deux faisceaux cotés. Rien n'empêche évidemment de considérer ces faisceaux eux-mêmes comme condensés en munissant chacun d'eux d'un certain réseau de cotes, et ainsi de suite. On peut, de cette façon, par des ramifications successives de systèmes condensés, arriver à la notion d'un système coté au moyen des valeurs de n variables distinctes[2].

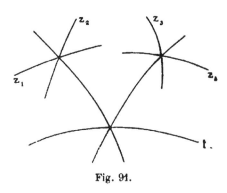

Fig. 91.

Par exemple, chacune des lignes tracées étant supposée distraite d'un faisceau, la figure 91 montre, sous forme schématique, une courbe t dépendant de 4 variables z_1, z_2, z_3, z_4, par une équation de la forme

$$F\left[x, y, f(f_{12}, f_{34})\right] = 0.$$

De là le moyen, par le concours de trois lignes dé-

---

[1] Exemple de système condensé ainsi défini dans un remarquable abaque dû à M. l'ingénieur des Ponts et Chaussées Crépin (*Ann. des Ponts et Chaussées*, 1er sem. 1881, p. 138, et O., **4**, p. 56).

[2] MASSAU, **1**, no 187.

pendant chacune, par l'intermédiaire de systèmes rami-
fiés, d'un certain nombre de variables, de représenter
sur un plan certaines équations à un nombre quelconque
de variables.

La figure 92 montre ainsi schématiquement trois
lignes concourant en un point A et dépendant chacune

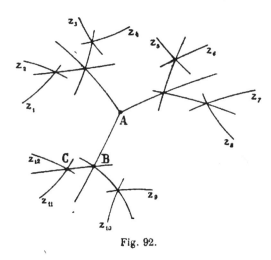

Fig. 92.

de 4 variables, donnant, par suite, la représentation
d'une équation à 12 variables.

Remarquons d'ailleurs qu'un tel nomogramme peut
être envisagé de diverses façons; on peut, par exemple,
dans le cas de la figure 92, considérer que la représentation est réalisée par le concours au point C des lignes
(z_{11}), (z_{12}) et de la ligne CB qui, par ramifications successives, peut être considérée comme dépendant des
10 autres variables de z_1 à z_{10}.

En particulier, si l'on se reporte à la figure 89, on
peut, par application de cette remarque, regarder le

mode de représentation qu'elle réalise comme défini par le concours en un même point des lignes (z_1), (z_2) et des parallèles à Oy considérées comme des droites (z_3, z_4, z_5).

Il suit de là que *le nomogramme le plus général constitué par concours de lignes peut être ramené au type dans lequel deux de ces lignes appartiennent à des faisceaux dépendant d'une seule variable, et la troisième à un système ramifié dépendant d'un nombre quelconque de variables.*

Analytiquement, ainsi qu'on vient de le voir, un tel système dépend des variables qui le définissent par un enchaînement de fonctions de deux variables. Autrement dit : *pour former l'équation la plus générale représentable par lignes concourantes, il faut, dans une équation quelconque à trois variables, remplacer chacune d'elles par une fonction quelconque de deux autres variables, puis chacune de celles-ci, à son tour, par une fonction de deux variables, et ainsi de suite.*

Grâce à l'introduction de variables auxiliaires, l'équation ainsi formée apparaît comme le résultat d'éliminations successives entre équations ne contenant pas chacune plus de trois variables. Chacune de ces équations à trois variables peut être représentée par un nomogramme à trois faisceaux de lignes, deux de ces nomogrammes ayant en commun le faisceau correspondant à la variable qu'on élimine entre les équations qu'ils représentent. L'ensemble des nomogrammes partiels ainsi reliés deux à deux constitue le nomogramme de l'équation résultante. Si celle-ci renferme n variables, on voit, en suivant le mode de formation de son nomogramme, que celui-ci comprend n faisceaux cotés et

$n - 3$ faisceaux de liaison, soit en tout $2n - 3$ sur lesquels $n - 1$ peuvent être choisis arbitrairement à la condition qu'il n'y en ait pas parmi ceux-ci plus de deux appartenant à un même nomogramme partiel [1].

Par exemple, une équation à quatre variables sera représentée par quatre systèmes cotés et un de liaison,

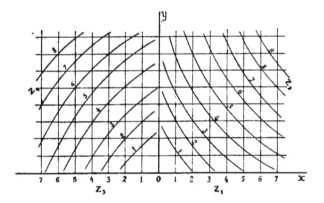

Fig. 93.

deux des systèmes cotés pouvant être constitués par des parallèles à Oy, et le système de liaison par des parallèles à Ox. Le nomogramme pourra dès lors être considéré comme résultant du simple accolement de deux échelles binaires le long de Oy (fig. 93)[2], ce

---

[1] Ce sont les nomogrammes ainsi formés que M. Hilbert a visés dans la communication que nous rappelons plus loin (note 1 de la page 274).

[2] D'un résultat obtenu par M. Goursat (*Bull. de la Soc. math. de France*, t. XXVII, p. 27), on déduit sans peine que la condition nécessaire et suffisante pour que l'équation $F_{1234} = 0$ puisse se

qui suppose que l'équation peut se mettre sous la
forme $f_{12} = f_{34}$.

C. — Emploi de transparents mobiles.
Abaques hexagonaux.

58. Transparent à deux index. — Revenons
au cas, pratiquement plus important, d'une équation à
trois variables seulement, représentée par un abaque
cartésien ordinaire (n° 5o) ou anamorphosé (n° 52).
Dans un cas comme dans l'autre, l'abaque est constitué
par deux faisceaux de droites parallèles, les unes (z_1)
à Oy, les autres (z_2) à Ox, et d'un faisceau de lignes
quelconques (z_3), un système de valeurs de z_1, z_2, z_3
satisfaisant à l'équation représentée étant tel que les
trois lignes cotées correspondantes soient concourantes.

Ce mode de représentation nomographique par concours de lignes possède cet avantage, qui mérite assurément d'être pris en considération, qu'une fois l'abaque
construit, il peut, sans inconvénient, subir n'importe
quelle déformation, attendu que les lignes passant pri-
mitivement par un même point continueront à passer
par un même point, et que le mode d'emploi de l'abaque

---

mettre sous cette forme est que l'on ait identiquement (en **tenant**
compte, au besoin, de l'équation elle-même) :

$$\frac{dF}{dz_4}\,\frac{D\left(F, \dfrac{dF}{dz_3}\right)}{D(z_1,\, z_2)} - \frac{dF}{dz_3}\,\frac{D\left(F, \dfrac{dF}{dz_4}\right)}{D(z_1,\, z_2)} = 0,$$

$\dfrac{D(F, \Phi)}{D(z_1,\, z_2)}$ désignant, suivant l'habitude, le jacobien $\begin{vmatrix} \dfrac{dF}{dz_1} & \dfrac{d\Phi}{dz_1} \\ \dfrac{dF}{dz_2} & \dfrac{d\Phi}{dz_2} \end{vmatrix}.$

est uniquement fondé sur cette propriété[1]. Ce caractère, remarquons-le tout de suite, ne se retrouvera pas
dans les modes de représentation utilisant des éléments
sans liaison permanente les uns avec les autres, reliés
seulement, au moment de la lecture, au moyen de
certains éléments mobiles, et dont les déformations
pourront altérer les relations de position supposées rigoureusement réalisées au moment de la construction
par l'intermédiaire de ces éléments mobiles.

A la vérité, ces altérations (produites par déformation de la feuille sur laquelle le dessin a été tracé, sous
l'influence des variations de la température, de l'état
hygrométrique, ...) tomberont en général au-dessous
des erreurs pratiquement admissibles. Il n'y aura guère
lieu de s'en préoccuper que dans le cas d'abaques de
grandes dimensions s'appliquant à des calculs exigeant
une particulière précision. A côté de cet avantage, il y
a lieu d'envisager, dans les abaques précédemment
décrits, certains inconvénients :

1° Il faut, pour la lecture, suivre chacune des lignes
concourantes sur tout le parcours qui sépare le point
où se fait le concours de celui à côté duquel est inscrite
la cote de la ligne, et, outre qu'à la longue il en
résulte une certaine fatigue pour la vue, on risque
parfois, lorsque (en vue d'une plus grande précision)
les lignes de chaque faisceau sont assez serrées, de passer de celle que l'on doit suivre à la voisine ;

2° L'interpolation à vue. qui consiste à intercaler

---

[1] De cette remarque découle la possibilité de faire subir à de
tels nomogrammes des anamorphoses purement graphiques,
n'obéissant même à aucune loi mathématique. Voir à ce sujet :
LALANNE, **2**, p. 374, et O., **4**, n°s 39 et 40.

mentalement, entre les lignes effectivement tracées d'un certain faisceau, celles qui correspondraient à des cotes intermédiaires, est sensiblement plus délicate et exige une attention bien plus soutenue que celle qui ne porte que sur la graduation d'une échelle ;

3° Dans le cas où il est utile de recourir à un fractionnement (n° 51), il est, en général, nécessaire de figurer les abaques partiels sur autant de feuilles distinctes ;

4° Enfin la représentation par lignes concourantes ne s'applique, pour plus de trois variables, qu'aux équations engendrées par de simples substitutions successives de fonctions de deux variables (n° 57).

Parmi les *desiderata* que font naître ces diverses remarques, le dernier seul se lie intimement à la nature mathématique de la méthode employée et exigera une réforme profonde de celle-ci. Les trois précédents peuvent, au moins en certains cas, recevoir satisfaction grâce à divers artifices ne modifiant pas le caractère essentiel de la représentation.

Pour ce qui est des deux premiers inconvénients signalés, on arrive aisément à les faire disparaître en ce qui concerne les faisceaux (z_1) et (z_2),

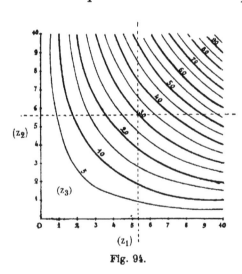

Fig. 94.

respectivement parallèles à Oy et à Ox, par le moyen que voici : effaçons les droites figurées de chacun de ces faisceaux en ne conservant que leurs graduations respectives portées l'une sur Ox, l'autre sur Oy (fig. 94), et posons sur l'abaque un transparent portant deux droites respectivement parallèles à Ox et à Oy, qui seront dites ses *index* et dont le point de rencontre sera dit le *centre*. Si nous déplaçons ce transparent sur l'abaque, en maintenant son *orientation fixe*[1], nous voyons que lorsque ses index passeront par les points des échelles (z_1) et (z_2) ayant pour cotes les valeurs données de ces variables, son centre tombera sur la ligne (z_3) ayant pour cote la valeur correspondante de cette troisième variable.

Les inconvénients 1° et 2° ne subsisteront dès lors que pour la seule lecture de z_3.

59. Transparent à trois index. Abaques hexagonaux.

— Pour que le même bénéfice puisse être étendu à la variable z_3, il faut que les lignes cotées correspondantes forment elles-mêmes un faisceau parallèle. Il suffira, dès lors, par le centre du transparent, de faire passer un troisième index parallèle à la direction de ce faisceau.

En ce cas, l'équation représentée est nécessairement de la forme

$$(1) \qquad f_1 + f_2 + f_3 = 0,$$

---

[1] La fixité de cette orientation peut être obtenue, comme l'a proposé M. Lallemand, par le tracé d'une série de parallèles équidistantes, de même direction que l'un des index, dont le parallélisme à ces droites directrices s'apprécie avec une suffisante rigueur. On peut aussi découper le transparent dans une matière rigide limitée à des bords exactement parallèles à la direction des index et que l'on peut faire glisser le long d'une règle comme on le fait pour une équerre.

et si l'on adopte un même module μ, le long de Ox et de Oy supposés rectangulaires, on voit que les lignes (z_3), dont l'équation est :

$$x + y + \mu f_3 = o,$$

déterminent sur la bissectrice Ot de l'angle xOy, perpendiculaire à leur direction, une échelle définie par

$$t = -\frac{\mu f_3}{\sqrt{2}},$$

c'est-à-dire celle de la fonction f_3 portée sur Ot avec le module $\dfrac{\mu}{\sqrt{2}}$[1], le sens positif de Ot étant celui qui est extérieur à xOy. Ceci peut être considéré comme une application de la formule (2) du n° 1, qui nous apprend en outre que. pour que l'échelle de f_3 ait à être portée avec le même module que celles de f_1 et de f_2, il faut adopter des coordonnées orthogonales avec des axes à 120°. Autrement dit : les directions des index I_1, I_2, I_3 continuant à être perpendiculaires aux échelles de f_1, de f_2 et de f_3, celles-ci doivent être portées avec le même module sur trois axes Ox, Oy, Ot dont les directions positives fassent deux à deux entre elles des angles de 120° (fig. 95).

Dans ce cas, les trois index apparaissent comme les diagonales d'un hexagone régulier, d'où le nom d'*abaques hexagonaux* donné par M. Lallemand[2] à cette variante, imaginée par lui, des abaques cartésiens

---

[1] Un tel artifice a été appliqué naguère aux abaques de Lalanne pour le calcul des profils de terrassements par M. Blum (*Ann. des Ponts et Chaussées*, 1er sem. 1881, p. 455).

[2] LALLEMAND, 1 et 2.

sur lesquels les lignes (z_3) [comme les lignes (z_1) et (z_2)] forment un faisceau parallèle.

Remarquons d'ailleurs qu'il est inutile de porter les trois échelles (z_1), (z_2) et (z_3) sur les axes Ox, Oy et Ot eux-mêmes. Les lectures sur ces trois échelles resteront les mêmes si, par des déplacements respectivement parallèles aux index correspondants, elles sont reportées sur les supports O_1x_1, O_2x_2, O_3x_3, parallèles à Ox, Oy, Ot et formant, par suite, un triangle équilatéral.

On peut se donner arbitrairement ce triangle équilatéral à la condition : 1° que les origines O_1, O_2, O_3 (ou les points relatifs à un système quelconque de valeurs correspondantes de z_1, z_2, z_3) soient simultanément sous les index du transparent, ou, ce qui revient au même, que les perpendiculaires aux trois supports, menées par ces points, soient concourantes ; 2° que les sens positifs sur O_1x_1, O_2x_2, O_3x_3 soient ceux déterminés par le déplacement d'un point parcourant d'un mouvement continu le contour du triangle formé par ces trois droites, ce mouvement ayant lieu d'ailleurs dans un sens ou dans l'autre.

Cette seconde condition se réalise pratiquement, en quelque sorte d'elle-même, car elle laisse libre le choix du sens positif de deux des axes, O_1x_1 et

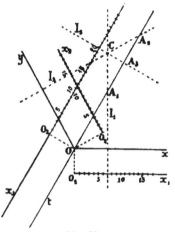

Fig. 95.

$O_2 x_2$ par exemple, et lorsque ceux-ci ont été gradués suivant les fonctions f_1 et f_2, la graduation de f_3 en résulte nécessairement ; il suffit, par exemple, ayant reconnu deux systèmes de valeurs z'_1, z'_2, z'_3 et z''_1, z''_2, z''_3 satisfaisant à l'équation (1), de faire passer les axes I_1 et I_2. d'une part, par les points z'_1 et z'_2, de l'autre par les points z''_1 et z''_2 ; dans ces deux positions, la rencontre de I_3 avec $O_3 x_3$ donne les points z'_3 et z''_3 qui déterminent entièrement l'échelle (z_3).

Remarque. — Le principe des abaques hexagonaux peut se donner sous une forme tout élémentaire ainsi qu'il suit :

Si les index I_1, I_2, I_3 coupent la bissectrice Ot aux points A_1, A_2, A_3, le point A_3 est le milieu de $A_1 A_2$; on a donc :
$$2OA_3 = OA_1 + OA_2.$$

Mais si, avec la convention que nous avons faite sur les signes, nous appelons x, y, t les segments déterminés sur les axes Ox, Oy, Ot par les trois index, nous avons, puisque les angles que OA_3 fait avec Ox et Oy sont de 60°,
$$OA_1 = 2x, \quad OA_2 = 2y.$$
D'autre part, $\qquad OA_3 = -t.$
Il vient donc bien :
$$x + y + t = 0.$$

60. **Propriétés spéciales des abaques hexagonaux.** — En outre des inconvénients signalés sous le 1° et le 2° du n° 58, que faisait disparaître le transparent à deux index utilisable dans le cas général, le transparent à trois index, tel qu'on s'en sert dans le cas des abaques hexagonaux, supprime encore celui que vise le 3° ; autrement dit, de tels abaques sont susceptibles de fractionnement sur une seule et même feuille. Cela est évident *à priori*, puisque les divers systèmes de lignes, dont la superposition doit être évi-

tée dans le cas général, n'existent plus dans ce cas particulier, où ils sont remplacés par les index du transparent, et que les échelles destinées à fixer la position de ces index peuvent être disposées les unes à côté des autres.

Supposons, par exemple, qu'un des abaques partiels s'étende pour z_1 de la valeur z_1' à la valeur z_1'', et pour z_2 de la valeur z_2' à la valeur z_2'' ; O' et O'' étant les positions extrêmes correspondantes du centre du transparent (fig. 96), z_3' et z_3'' les valeurs de z_3 pour les couples de valeurs z_1', z_2' et z_1'', z_2'' de z_1 et z_2, on en déduit, comme il a été dit à la fin du numéro précédent, le fragment correspondant de l'échelle (z_3) que nous désignerons par $A_1 A_2$, si A_1 et A_2 servent à désigner les fragments considérés des échelles (z_1) et (z_2).

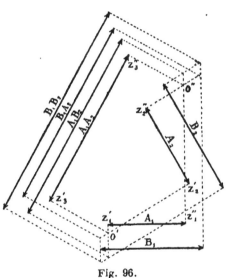

Fig. 96.

Associant deux à deux de cette façon les fragments A_1, B_1, ... de l'échelle (z_1), disposés sur des parallèles à Ox, et ceux A_2, B_2, ... de l'échelle (z_2), disposés sur des parallèles à Oy, on obtient sur des parallèles au troisième axe Ot, les fragments correspondants $A_1 A_2$, $A_2 B_2$, $B_1 A_2$, $B_1 B_2$, ... de l'échelle (z_3).

Il va sans dire qu'en remplaçant les échelles simples de l'abaque par des échelles binaires [1] (n° 56), on obtient la représentation d'une équation de la forme

$$f_{12} + f_{34} + f_{56} = 0.$$

La figure 97 donne le schéma d'un tel abaque. Supposons, pour fixer les idées, que, se donnant les valeurs des cinq premières variables, on veuille obtenir celle de la sixième. Le transparent étant convenablement orienté, on fera passer les deux premiers index respectivement par les points (z_1, z_2) et (z_3, z_4) des échelles binaires correspondantes. Le troisième index rencontrera la ligne (z_5) de la troisième échelle binaire en un point par lequel passera la ligne (z_6) dont la cote sera la valeur demandée.

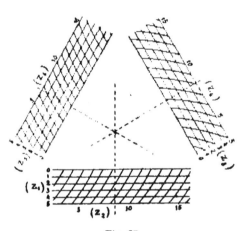

Fig. 97.

Enfin, grâce à la symétrie des trois axes auxquels on les rapporte, les abaques hexagonaux permettent,

---

[1] Nous rappelons que c'est à cette occasion que M. E. Prévot a proposé l'emploi systématique de telles échelles. M. Lallemand a même employé des échelles à plus de trois variables rentrant dans le type général défini au n° 56. On rencontre notamment des échelles ternaires dans son remarquable abaque de la déviation du compas (O., **4**, n° 132).

r de simples déplacements du transparent, parallèles
x directions de deux de ses index, de multiplier indé-
niment le nombre des entrées et de représenter des
équations de la forme

$$(1) \qquad f_1 + f_2 + f_3 + \cdots + f_n = 0,$$

ou

$$(1 \; bis) \quad f_{12} + f_{34} + f_{56} + \cdots f_{2n-1,\,2n} = 0,$$

lorsqu'on fait intervenir des échelles binaires.

Pour s'en rendre compte, il suffit d'introduire les
variables auxiliaires φ_3, φ_4, φ_5, ... définies par les égalités
$$f_1 + f_2 + \varphi_3 = 0,$$
$$\varphi_4 - f_3 + \varphi_3 = 0,$$
$$\varphi_4 + f_4 + \varphi_5 = 0,$$
$$\varphi_6 - f_5 + \varphi_5 = 0,$$
$$. \quad . \quad . \quad . \quad . \quad .$$

dont l'élimination (lorsqu'on fait la somme de toutes
ces égalités après avoir multiplié celles de rang pair
par — 1) redonne bien l'équation (1) ci-dessus. Or,
pour la représentation de ces équations successives par
des abaques hexagonaux, une même échelle (φ) peut
intervenir dans deux consécutifs de ces abaques. On
pourra prendre, par exemple, la même échelle (φ_3)
pour les deux premiers, la même échelle (φ_4) pour
les deux suivants, et ainsi de suite.

On pourra ainsi disposer les échelles (z_2), (z_3), (z_4),
(z_5). ... de f_2, $-f_3$, f_4, $-f_5$, ... parallèlement à Ox
(fig. 98), celle (z_1) de f_1, ainsi que celles de φ_4, φ_6, ...
parallèlement à Oy, celles de φ_3, φ_5, ... parallèlement
à Ot. La dernière équation écrite sera :

$$-f_{2p} - f_{2p-1} + \varphi_{2p-1} = 0,$$

Calcul graphique.   7

ou
$$\varphi_{2p} + f_{2p} + f_{2p+1} = o,$$
suivant que n sera pair $(n = 2p)$,

ou impair $\qquad (n = 2p + 1)$.

Dans le premier cas, on voit que l'échelle (z_{2p}) sera portée parallèlement à Oy [et, par suite, à l'échelle (z_1)] ; dans le second, que l'échelle (z_{2p+1}) sera portée parallèlement à Ot.

Cela fait, si, en entrant dans le premier abaque par les valeurs de z_1 et z_2 prises sous les indéx I_1 et I_2, on

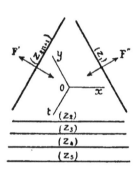

Fig. 98.

suppose marquée l'échelle φ_3, on lira sous l'index I_3 la valeur de cette variable auxiliaire ; mais il n'y a à cela aucune utilité, cette valeur devant servir d'entrée dans le second abaque, il faudra, pour aller prendre sur celui-ci la valeur de z_3 sous l'index I_2, faire simplement glisser l'index I_3 sur lui-même, c'est-à-dire déplacer le transparent parallèlement à la flèche F' ; de même, pour passer du second au troisième abaque, il suffit de faire glisser le transparent parallèlement à la flèche F'', et ainsi de suite. On voit ainsi qu'il est tout à fait superflu de tracer les échelles de φ_3, φ_4, φ_5, ... l'élimination de ces variables auxiliaires étant réalisée simplement par les déplacements successifs du transparent, parallèles alternativement aux flèches F' et F''.

En résumé, les diverses échelles (z_1), (z_2), (z_3), ... (z_n) [ou les échelles binaires correspondantes s'il s'agit d'une équation de la forme (1 *bis*)] ayant été disposées comme il vient d'être dit, le mode d'emploi de l'abaque se réduira à ceci :

Faire passer les index I_1 *et* I_2 *du transparent convenablement orienté respectivement par les points cotés* z_1 *et* z_2, *puis, en donnant à ce transparent des déplacements alternativement parallèles aux flèches* F' *et* F'', *amener l'index* I_2 *à passer successivement par les points cotés* z_3, z_4, ... z_{n-1}. *Quand on en est arrivé là, l'index* I_1 *ou* I_3 (*suivant que* n *est pair ou impair*) *passe par le point* z_n *dont la cote est la valeur cherchée.*

Remarquons que le mode de représentation ici envisagé pour certain type, assez particulier d'ailleurs, d'équation à *n* variables rentre dans le type général étudié au n° 57 [1]. L'abaque obtenu peut, en effet, être considéré comme résultant de l'accolement d'abaques relatifs à un certain nombre d'équations à trois variables, les unes figurant dans l'équation donnée, les autres introduites à titre auxiliaire, ces abaques ayant deux à deux un faisceau de lignes commun par lequel s'effectue l'élimination graphique de l'une des variables auxiliaires. A ces faisceaux éliminatoires (qui, pour le dernier type d'abaque envisagé, se réduiraient à des faisceaux de droites parallèles à deux directions fixes, celles des flèches F' et F'') sont substituées, en ce cas, des déplacements du transparent suivant ces deux directions.

Ce n'est que par la méthode étudiée au chapitre suivant que nous allons être conduits pour la première

---

[1] Il convient d'ajouter qu'il a été imaginé par M. Lallemand, indépendamment de la théorie générale à laquelle nous le rattachons ici.

fois à des types de nomogramme satisfaisant au quatrième des *desiderata* formulés au n° 57, c'est-à-dire
applicables à des équations contenant plus de trois
variables et qui ne proviendront pas simplement de
l'accolement de nomogrammes à trois variables entre
lesquels sont effectuées des éliminations graphiques.

CHAPITRE IV

A. — Généralités.

61. Transformation dualistique des nomogrammes à droites concourantes. Rappelons les *desiderata* résultant des inconvénients signalés au n° 58 pour les nomogrammes à lignes concourantes :

1° N'avoir pas à suivre une ligne tracée sur un nomogramme pour connaître la cote correspondante ;

2° Réduire les interpolations à vue à l'opération qu'elles comportent sur de simples échelles ;

3° Rendre possible le fractionnement d'un nomogramme en un nombre quelconque de parties sur une feuille unique ;

4° Atteindre à la représentation d'équations à plus de trois variables ne rentrant pas simplement dans le type défini au n° 57.

Les trois premiers de ces *desiderata* ont été satisfaits, mais seulement pour les équations de la forme

$$f_1 + f_2 + f_3 = 0$$

par les abaques hexagonaux (n°ˢ 59 et 60).

---

[1] O., **1** ; O., **3**, chap. IV et VI ; O., **4**, chap. III et V.

Ils vont l'être, par la méthode que nous allons maintenant étudier, pour les équations beaucoup plus générales de la forme

$$
\begin{vmatrix}
f_1 & g_1 & h_1 \\
f_2 & g_2 & h_2 \\
f_3 & g_3 & h_3
\end{vmatrix} = 0,
$$

ou, suivant la convention posée plus haut (p. 190),

$$
| f_i \quad g_i \quad h_i | = 0.
$$

En outre, cette méthode donnera, pour la première fois, satisfaction au quatrième desideratum ci-dessus[1].

D'après ce qui a été vu au n° 53, une équation de la forme ci-dessus est représentable par un nomogramme formé de trois faisceaux de droites, (z_1), (z_2) et (z_3), et lorsque trois droites, prises respectivement dans ces faisceaux, ont pour cotes un système de valeurs de z_1, z_2, z_3 satisfaisant à l'équation donnée, ces trois droites sont concourantes.

Effectuons une transformation dualistique de la figure (n° 2) en appliquant à chaque point ainsi obtenu la cote de la droite dont il est le corrélatif. Dès lors, aux trois précédents systèmes de droites seront substitués trois systèmes de points (fig. 99), constituant trois échelles à support rectiligne ou curviligne (suivant que les faisceaux corrélatifs sont convergents ou tangentiels), et lorsque trois points, pris respectivement sur ces

---

[1] Une confusion entre l'ordre logique et l'ordre historique a pu faire croire que la méthode des points alignés est venue après celle des abaques hexagonaux. C'est là une erreur que nous avons déjà eu l'occasion de rectifier. Voir O., 7, note 1, en bas de la page 151. Le principe de la méthode des points alignés a été publié en 1884 (O., 1), celui des abaques hexagonaux en 1886 (LALLEMAND, 2).

échelles, auront pour cotes un système de valeurs de z_1, z_2, z_3 satisfaisant à l'équation donnée, ces trois points seront *alignés* sur une même droite[1], puisque les droites corrélatives concouraient en un même point.

Au reste, d'après ce qui a été vu (n° 2), il suffit, pour effectuer une telle transformation, de remplacer, dans les équations définissant les droites du premier nomogramme, les coordonnées ponctuelles x et y par des coordonnées tangentielles u et v, et, particulièrement par des coordonnées parallèles (n° 4).

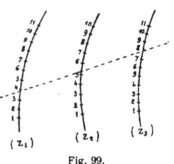

Fig. 99.

L'emploi de ces coordonnées spéciales sera évidemment avantageux chaque fois que le nomogramme à construire sera corrélatif d'un abaque cartésien, anamorphosé ou non, parce que les échelles fonctionnelles qui auraient à être construites sur les axes Ox et Oy n'auront qu'à être portées telles quelles sur les axes Au et Bv du nomogramme corrélatif.

Cette simple remarque permet même, lorsqu'un abaque cartésien est donné, de construire le nomogramme à points alignés corrélatif sans qu'il soit besoin de connaître l'expression analytique de l'équation représentée. Soit, en effet, D une droite quelconque du premier abaque (fig. 100). Prenons sur cette droite un

---

[1] Pour constater un tel alignement, on peut se servir soit d'un transparent sur lequel est tracé un seul index rectiligne, soit d'un fil fin que l'on tend sur le nomogramme.

point M quelconque, dont les coordonnées cartésiennes sont OH et OK ; la droite H′K′ corrélative de M sera celle dont les coordonnées parallèles seront AH′ = OH et BK′ = OK. En prenant ainsi les droites corrélatives de deux points quelconques de D, on aura, par leur rencontre, le point P corrélatif de D. On pourra, en particulier, prendre les droites BX′ et AY′ corrélatives

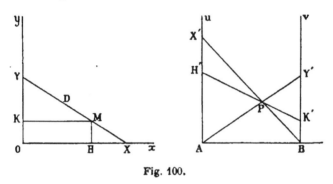

Fig. 100.

respectivement des points X et Y où la droite D rencontre les axes Ox et Oy, c'est-à dire telles que AX′ = OX et BY′ = OY [1].

On voit que c'est ici le report *direct* des coordonnées relevées sur la première figure qui donne la seconde, au lieu que l'emploi des coordonnées plückériennes exigerait la détermination des inverses de ces coordonnées, ce qui compliquerait sensiblement l'opération.

62. **Principe général des points alignés.**
— Pour représenter en points alignés une équation telle que [2]

---

[1] On trouvera un exemple remarquable d'une telle transformation dans O., 4, p. 130 et 131, fig. 54 et 54 *bis*.

[2] Nous tenons à énoncer d'abord le principe de la méthode

(1) $| f_i \quad g_i \quad h_i | = 0.$

(dont nous dirons que les fonctions, f_i, g_i, h_i, sont les *fonctions composantes*) nous considérerons donc les trois systèmes de points

(z_i) $f_i + u g_i + v h_i = 0$ $(i = 1, 2, 3)$

où u et v sont des coordonnées parallèles.

Les coordonnées cartésiennes d'un tel point, rapporté aux axes Ox et Oy définis au n° 4, lorsqu'on prend comme module le long de Ox le segment OB (représenté au n° 4 par δ), le module μ le long de Oy étant quelconque, sont données par

$$(2) \quad x = \delta\, \frac{h_i - g_i}{h_i + g_i}, \qquad y = -\frac{\mu\, f_i}{h_i + g_i}.$$

On pourra calculer les valeurs de ces coordonnées pour des valeurs de z_i croissant par échelons égaux à partir d'une certaine valeur ronde, et on aura ainsi l'*échelle* de z_i, ce terme étant pris ici dans une acception plus générale qu'au n° 46, puisque le support de cette échelle peut être curviligne. Nous reviendrons plus loin sur cette notion générale des échelles (n° 64), et nous verrons qu'on peut, dans la plupart des cas, les construire géométriquement au moyen des étalons usuels de graduation (n° 49). Si l'on recherche la plus grande précision possible, le mieux est de calculer les valeurs successives de x et y, au moyen des formules (2), pour reporter ensuite les points correspondants sur le

---

dans toute sa généralité; mais pour les cas particuliers qui se présentent le plus fréquemment dans les applications, ce principe peut être établi directement d'une façon tout élémentaire, comme nous ne manquerons pas de le montrer. A ce propos voir notamment le n° 66.

dessin[1]. Mais, dans la grande majorité des cas de la pratique, la précision que comportent les ordinaires constructions géométriques suffit. Aussi est-il intéressant d'examiner à part les cas où, sur le nomogramme, figurent une ou plusieurs échelles rectilignes, pour lesquelles de telles constructions atteignent leur maximum de simplicité.

Il est clair que les points (z_i) seront distribués sur une droite si les fonctions f_i, g_i, h_i sont *linéairement dépendantes*, ou, ce qui revient au même, peuvent s'exprimer linéairement au moyen d'une même fonction φ_i par des formules telles que

$$f_i = A_i \varphi_i + A'_i, \qquad y_i = B_i \varphi_i + B'_i, \qquad h_i = C_i \varphi_i + C'_i,$$

les A, B, C étant des constantes, parce qu'en effet, l'équation du point (z_i) peut s'écrire :

$$(A_i + B_i u + C_i v)\, \varphi_i + A'_i + B'_i u + C'_i v = o,$$

équation qui définit sur la droite unissant les points

$$A_i + B_i u + C_i v = o,$$
$$A'_i + B'_i u + C'_i v = o,$$

une échelle projective de celle de la fonction φ_i.

Nous représenterons par la notation $\mathbf{N}_p$ un nomogramme à points alignés comportant p échelles curvilignes et, par suite, $3 - p$ échelles rectilignes, et nous dirons qu'il est de *genre p*[2].

---

[1] On peut, pour effectuer ce report, avoir recours au *coordinatographe* de Coradi ou à celui de Bamberg, avec lesquels on peut compter sur une précision moyenne de $0^{mm},05$.

[2] C'est sur cette considération du nombre des échelles rectilignes que nous avons, en fait, fondé la classification des nomogrammes de ce type dans notre grand Traité (O., **4**, ch. iii), mais sans préciser la notion de genre ici définie, ce que nous avons été amené à faire plus tard (O., **12**) à la suite de l'introduction par M. Soreau de la notion d'*ordre nomographique* (n° 63).

Les caractères différentiels auxquels on peut reconnaître *a priori* qu'une équation à 3 variables donnée

$$f_{123} = 0$$

peut être mise sous la forme (1) restent encore à découvrir[1]. Il existe toutefois des types généraux d'équation, se rencontrant très fréquemment dans la pratique, pour lesquels on sait effectuer cette transformation, c'est-à-dire disjoindre les variables (p. 189) au moyen de trois équations linéaires en u et v. Nous en donnerons par la suite divers exemples de haute importance (n°s 68 et 72).

Nous ferons remarquer seulement ici que, *lorsqu'une équation est susceptible de revêtir la forme* (1), *elle l'est d'une infinité de manières, les divers nomogrammes correspondants étant transformés homographiques les uns des autres*[2].

C'est là une application immédiate de ce qui a été dit au n° 6. Tous les nomogrammes correspondant à une même équation sont donnés par les équations

$$f_i' + ug_i' + vh_i' = 0$$

où

$$f_i' = lf_i + mg_i + nh_i,$$

$$g_i' = l'f_i + m'g_i + n'h_i,$$

$$h_i' = l''f_i + m''g_i + n''h_i,$$

---

[1] Certaines conditions suffisantes, mais non nécessaires, ont été données par E. Duporcq (O., **4**, n° 154).

[2] L'idée de recourir à l'homographie pour améliorer la disposition des échelles d'un nomogramme, émise pour la première fois dans O., **3** (p. 59), a été pleinement développée dans O., **4** (n°s 61 et 62). Il semble que jusque-là l'homographie la plus générale n'avait été employée qu'en vue de fins purement spéculatives.

les paramètres l, m, n, ... n'' étant quelconques. tels pourtant que le déterminant

$$\begin{vmatrix} l & m & n \\ l' & m' & n' \\ l'' & m'' & n'' \end{vmatrix}$$

soit différent de zéro.

En vertu de la *Remarque* qui termine le n° 6, nous pouvons, d'après cela, *disposer arbitrairement de 4 points du nomogramme*. Nous choisirons évidemment ceux qui correspondent aux valeurs limites a_1 et b_1, a_2 et b_2, de celles des trois variables, z_1 et z_2, qui sont considérées comme indépendantes. En plaçant ces quatre points aux sommets d'un rectangle, nous obtiendrons, dans tous les cas, une bonne disposition pour le nomogramme[1].

Remarque I. — Lorsque l'équation donnée se présente sous la forme

$$f_1 \cdot f_{23} + g_1 \cdot g_{23} + h_1 \cdot h_{23} = 0,$$

il est tout naturel, pour effectuer la disjonction des variables, de poser :

$$u = \mathfrak{u}\,\frac{g_{23}}{f_{23}}, \quad v = \mathfrak{u}'\,\frac{h_{23}}{f_{23}},$$

et d'éliminer successivement z_2 et z_3 entre ces deux dernières équations. Si les équations résultantes sont linéaires en u et v, la disjonction est effectuée sous la forme requise

---

[1] Nous ne saurions, à cet égard, citer de meilleur exemple que celui que nous avons donné dans O., 4 (n° 84), où la disjonction telle qu'elle s'offre de prime abord conduit à un nomogramme sur lequel une des échelles est rencontrée par l'index sous un angle si petit, qu'il rendrait l'emploi de ce nomogramme illusoire sans l'intervention de l'homographie qui permet de l'amener à une excellente disposition.

pour la construction d'un nomogramme à points alignés. Si non, comme l'a établi en toute rigueur M. Clark [1], l'équation ne peut pas être ramenée à la forme voulue, à moins peut-être d'une anamorphose non projective [2].

Remarque II. — L'équation (1) ci-dessus peut aussi, si l'on veut, être regardée comme exprimant l'alignement des points définis en coordonnées cartésiennes par

$$x = \bar{o}\,\frac{f_i}{h_i}, \quad y = \mu\,\frac{g_i}{h_i}.$$

On peut donc tout aussi bien énoncer le principe général en se plaçant au point de vue ponctuel qu'au point de vue tangentiel. Le nomogramme défini par les dernières valeurs écrites pour x et y est d'ailleurs le même que celui donné en coordonnées parallèles par

$$- 2f_i + (h_i - g_i)u + (h_i + g_i)v = o,$$

qui rentre dans le type général ci-dessus moyennant un choix convenable des paramètres l, m, n, ... Nous avons

---

[1] CLARK, n° 39. C'est, dès le début de nos recherches sur les points alignés, par ce moyen que nous avons effectué la disjonction des variables. Mais la conséquence — ci-dessus énoncée — à tirer du fait qu'il ne réussit pas [conséquence que nous avions prévue à propos d'un (exemple particulier (O., **3**, p. 28] n'a été rigoureusement établie que par les travaux de M. Clark.

[2] Soit, par exemple, l'équation

$$\varphi_1\varphi_2 + \sqrt{1 + \varphi_1^2}\,\sqrt{1 + \varphi_2^2} = \varphi_3,$$

envisagée au n° 52. Si nous posons :

$$u = \mu\,\frac{\varphi_2}{\varphi_3}, \quad v = \mu\,\frac{\sqrt{1 + \varphi_2^2}}{\varphi_3},$$

nous obtenons :

$$\sqrt{1 + \varphi_2^2}\,.\,u - \varphi_2 v = 0,$$

et

$$(u^2 - v^2)\varphi_3^2 + \mu^2 = 0.$$

L'équation n'est donc pas représentable telle quelle en points alignés. Mais on la réduit à une forme susceptible de ce mode de représentation par l'anamorphose transcendante indiquée au n° 52.

déjà fait cette remarque [1], sur laquelle est fondé le mode d'exposition adopté par M. Soreau [2]. Si nous nous en tenons, pour notre part, à l'emploi des coordonnées parallèles, c'est d'abord parce qu'il établit plus de symétrie entre les équations correspondant soit au cas des droites concourantes, soit à celui des points alignés, et aussi, et surtout, parce que pour le cas, de beaucoup le plus fréquent, où le nomogramme peut se construire avec deux échelles rectilignes (que l'on peut par homographie rendre toujours parallèles), c'est-à-dire lorsque ce nomogramme est du type N_0 ou N_1, cet emploi des coordonnées parallèles fournit le moyen le plus direct et le plus naturel d'opérer la disjonction adéquate des variables (voir n°° 66, 67 et 71).

Remarque III. — Si on a identiquement :

$$g_i + h_i = 0,$$

tous les points (z_i), ainsi qu'on l'a vu à la fin de la *Remarque* du n° 4, sont rejetés à l'infini, chacun d'eux dans une direction déterminée par le coefficient angulaire $\dfrac{uf_i}{2\delta g_i}$.

Dans ce cas, il faut donc marquer toutes les directions (z_i) ainsi déterminées sur un transparent mobile dont les axes $O'x'$, $O'y'$ soient maintenus parallèles aux axes Ox et Oy de la partie fixe du nomogramme portant les échelles (z_j) et (z_k), et le mode d'emploi du nomogramme résulte de ce que *les points* (z_j) *et* (z_k) *doivent être simultanément sur la direction* (z_i) *du transparent.*

63. Ordre nomographique des équations représentables en points alignés. — Nous disons que l'équation

tion $f_{12\ldots m} = 0$

est *nomographiquement rationnelle* si elle peut s'écrire :

$$\Sigma f_1 f_2 \ldots f_m = 0,$$

et qu'elle est *ordonnée nomographiquement* par rapport à la variable z_1 si elle est mise sous la forme

$$\Sigma f_1 \cdot f_{23\ldots m} = 0,$$

[1] O., **4**, n° 61.
[2] Soreau, **1**, n° 38.

les fonctions f_1 étant linéairement indépendantes. Si cette équation ainsi ordonnée comprend $n_1 + 1$ termes, elle est dite d'*ordre nomographique* n_1 par rapport à z_1. Et si elle est, de cette façon, d'ordre n_i par rapport à chaque variable z_i, son *ordre nomographique total* est $n = \Sigma n_i$.

On voit qu'une équation représentable en points alignés, lorsqu'elle est mise sous la forme (1) du n° 62, sera généralement d'ordre 6. Si toutefois, comme on vient de le voir, l'échelle (z_i) est rectiligne, c'est que les fonctions f_i, g_i, h_i sont linéairement dépendantes, et, dans ce cas, en vertu de la définition ci-dessus, l'ordre nomographique par rapport à z_i tombe de 2 à 1, et l'ordre total diminue d'une unité. Il résulte de là qu'à *un nomogramme* $\mathbf{N}_p$ (p. 226) *correspond en général une équation d'ordre nomographique* $p + 3$.

En particulier, un nomogramme $\mathbf{N}_0$ sera représentatif d'une équation d'ordre nomographique 3.

Il se peut toutefois qu'une équation d'ordre nomographique n soit représentée par un $\mathbf{N}_p$ de genre p supérieur à $n - 3$. Supposons, en effet, que, sur ce nomogramme, deux des échelles, (z_2) et (z_3), par exemple, aient même support S (en ce cas, nécessairement curviligne), sans que ces échelles soient identiques, c'est-à-dire en admettant qu'en chaque point de S, z_2 et z_3 aient des valeurs distinctes. Ces valeurs seront nécessairement liées par une relation telle que

$$\varphi_2 = \varphi_3,$$

et l'on voit que, par alignement pris sur le nomogramme, on pourra associer :

1° Soit un système de z_1, z_2, z_3 satisfaisant à l'équation représentée, dans lequel les valeurs de z_2 et z_3 correspondront à deux points distincts du support S;

2° Soit des valeurs de z_2 et z_3 correspondant à un même point de S avec une valeur quelconque de z_1.

Ceci montre que le nomogramme s'applique en réalité à une équation qui peut s'écrire :

$$f_{123}(\varphi_2 - \varphi_3) = 0.$$

Suivant que l'on associe les valeurs de z_1, z_2 et z_3 d'une manière ou de l'autre, elles satisfont à l'un ou à l'autre des deux facteurs, c'est-à-dire à l'équation

$$f_{123} = 0,$$

ou au *facteur parasite*

$$\varphi_2 - \varphi_3 = 0.$$

On peut donc dire que, dans ce cas, le nomogramme représente l'équation considérée à la condition de n'associer ensemble que des valeurs de z_2 et z_3 appartenant à des points *distincts* du support S ou, à la limite, si ces points coïncident, en prenant comme alignement correspondant la tangente à S en ce point.

Même observation si les trois supports coïncident en un seul : auquel cas, le nomogramme représente, outre une équation $f_{123} = 0$, trois facteurs parasites $\varphi_2 - \varphi_3$, $\psi_3 - \psi_1$, $\chi_1 - \chi_2$, tels que chacun d'eux égalé à zéro soit le résultat de l'élimination entre les deux autres, égalés aussi à zéro, de la variable qui leur est commune.

64. **Construction des échelles curvilignes**.

— Nous avons déjà vu (p. 226) que si l'équation du système (z_i) est linéaire en f_i et s'écrit :

$$U + f_i V = 0,$$

U et V étant des fonctions linéaires en u et v, l'échelle correspondante, qui a pour support la droite unissant les points $U = 0$ et $V = 0$, est projective de l'échelle de la fonction f_i. Lors donc que trois points d'une telle échelle ont été marqués, on sait la construire ainsi qu'il a été vu au n° 48.

La remarque qui termine le n° 5 montre que, si l'équation du système (z_i) est algébrique et entière en f_i, on pourra, de proche en proche, ramener sa construction à des projections successives en partant encore de l'échelle de la fonction f_i. Le cas le plus intéressant, à cause de sa fréquence relative, est celui d'une échelle conique, définie par une équation telle que

$$U + f_i V + f_i^2 W = o.$$

Le support de cette échelle est, en effet, donné, en coordonnées parallèles, par l'équation

$$V^2 - 4UW = o,$$

qui définit une conique passant par les points $U = o$, $W = o$, où ses tangentes sont les droites unissant ces points au point $V = o$.

D'après ce qui a été vu au n° 5, *le faisceau projetant cette échelle à partir de l'un quelconque de ses points est aussi projetant de la fonction* f_i.

On peut, par suite, construire l'échelle au moyen de deux tels faisceaux projetants.

Soient a, b, c, d quatre valeurs quelconques de la variable z_i et A, B, C, D les points correspondants marqués sur le nomogramme. Considérons, par exemple, le faisceau projetant de sommet A ; les rayons AB, AC, AD de ce faisceau devant correspondre aux valeurs b, c, d de la variable, nous saurons, par la construction indiquée au n° 48 (fig. 81), construire ce faisceau. De même, pour le faisceau projetant de sommet B dans lequel les rayons BA, BC, BD doivent correspondre aux valeurs a, c, d de la variable. Les points de rencontre des rayons homologues de ces deux faisceaux, c'est-à-dire de ceux qui correspondent à une même valeur de z_i, font connaître les points de l'échelle conique demandée, cotés au moyen de ces valeurs de z_i.

Ici se place une remarque importante : géométriquement, la connaissance d'un point et de la tangente en ce point équivaut à celle de deux points (ici infini-

ment voisins); la connaissance des points A et B de
l'échelle et des tangentes AT et BT en ces points
(fig. 101) pourrait donc sembler, *a priori*, équivaloir
à celle de quatre points tels que A, B, C, D ; mais
il n'en est pas ainsi lorsque intervient la considération
des cotes. En effet, dans le faisceau projetant de sommet A, par exemple, en dehors du rayon AB correspondant à $z_i = b$, on ne connaît que le rayon correspondant à $z_i = a$ qui se confond avec la tangente

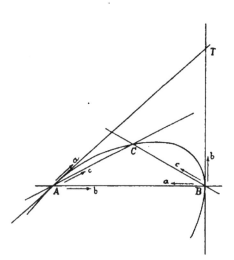

Fig. 101.

AT. Ces deux rayons
ne suffisent pas à dé-
terminer le faisceau
projetant de sommet
A pour la fonction f_i;
il en faut un troisième ;
de même pour le fais-
ceau projetant de som-
met B. On devra donc,
outre les points A et
B (cotés a et b) et les
tangentes AT et BT
en ces points au sup-
port conique, déter-
miner un autre point
quelconque C (coté c)
de l'échelle.

Le faisceau projetant de sommet A est alors défini
par les rayons AT, AB, AC respectivement cotés a,
b, c, et le faisceau projetant de sommet B, par les
rayons BA, BT, BC, également cotés a, b, c.

Si, en particulier, on prend pour points A et B ceux
dont les équations sont respectivement U = o et

$W = o$, le point T est, ainsi qu'on vient de le rappeler, celui qui a pour équation $V = o$. Il suffit alors de leur adjoindre comme point C celui qui correspond à une valeur quelconque de z_i, à celle, par exemple, pour laquelle $f_i = 1$, point dont l'équation est

$$U + V + W = o.$$

Remarque I. — Si la fonction f_i se réduit à z_i, l'échelle, que nous appelons alors *quadratique,* s'obtient au moyen de deux projections d'échelle métrique. On peut, dans tous les cas, construire une échelle conique en prenant d'abord pour paramètre f_i, ce qui permet d'effectuer la construction au moyen d'une échelle métrique. Ayant déterminé, en outre, les valeurs de z_i correspondant aux valeurs de f_i, on substitue celles-là à celles-ci pour la graduation.

Remarque II. — Nous avons vu (p. 228) que, par application de l'homographie la plus générale, on peut se donner arbitrairement quatre points cotés quelconques d'un nomogramme à points alignés; d'autre part, nous venons de voir que toute échelle conique est entièrement déterminée par quatre de ses points cotés; il suit de là, ainsi que l'a remarqué M. Clark [1], que, lorsqu'une échelle conique figure sur un nomogramme à points alignés, on peut toujours, grâce à l'homographie, disposer de cette échelle d'une façon purement arbitraire. On peut, en particulier, faire en sorte que les points A, B, C, D, cotés a, b, c, d, soient les sommets d'un rectangle arbitrairement choisi. Suivant la disposition de ces points, la nature du support conique variera.

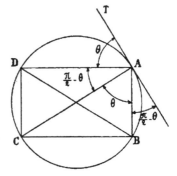

Fig. 102.

[1] CLARK, n° 27.

M. Clark a remarqué qu'on peut toujours faire en sorte que cette conique soit un cercle. Si α, β, γ, δ sont les valeurs de la fonction $f_i(z)$ aux points A, B, C, D et si AT est la tangente en A à la conique support (fig. 102), on a pour le rapport anharmonique ρ du faisceau A(TBCD),

$$\rho = \frac{\delta - \alpha}{\delta - \gamma} \times \frac{\beta - \gamma}{\beta - \alpha}.$$

Or, ce rapport est aussi donné par

$$\rho = \frac{\sin(D, A) \cdot \sin(B, C)}{\sin(D, C) \cdot \sin(B, A)}.$$

Si le support est un cercle, on a :

$$(D, A) = (B, C) = \theta, \quad (D, C) = (B, A) = -\left(\frac{\pi}{2} - \theta\right).$$

Il en résulte que

$$\operatorname{tg}^2 \theta = \rho,$$

et il suffit de donner à θ la valeur tirée de là, ρ ayant la valeur ci-dessus, pour que l'échelle soit circulaire.

65. **Échelles à plusieurs variables. Points condensés. Réseaux de points.** — Nous avons

étendu le principe des nomogrammes à lignes concourantes, et particulièrement les abaques cartésiens, à des équations à plus de trois variables par l'introduction des systèmes condensés (p. 201) définis par des équations telles que

$$F(x, y, t) = 0$$

où t est une fonction de deux variables z_1 et z_2, définie par

$$t = \varphi_{12}.$$

Évidemment, nous pourrons de même envisager des

points condensés[1] définis, en coordonnées parallèles, par une équation telle que

$$f(t) + ug(t) + vh(t) = 0,$$

où t sera encore défini comme ci-dessus. Les coordonnées d'un tel point étant données par

$$x = \delta \frac{h(t) - g(t)}{h(t) + g(t)}, \quad y = -\frac{\mu f(t)}{h(t) + g(t)}.$$

l'une ou l'autre de ces formules définit une échelle binaire (n° 56) qui, par son intersection avec le support C des points (t), (dont l'équation serait donnée par l'élimination de t entre les expressions de x et y) fera connaître les points condensés (z_1, z_2) (fig. 103).

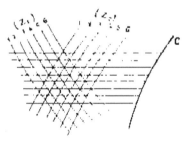

Fig. 103.

Si l'on introduit de tels points condensés dans un nomogramme à points alignés, on obtient la représentation corrélative d'une équation qui pourrait être également représentée par des systèmes condensés de droites concourantes; si donc le mode de représentation varie, le type d'équation auquel il s'applique ne peut pas, au point de vue nomographique, être considéré comme nouveau.

Mais ce qui permet à la méthode des points alignés d'atteindre à de tels nouveaux types, c'est que, alors que des lignes dépendant de deux variables ne peuvent

[1] O., **4**, p. 296.

être figurées d'une manière permanente sur un nomogramme qu'autant qu'elles sont condensées, il n'en va
pas de même pour les points qui, s'ils sont liés de
façon indépendante à deux variables, peuvent être représentés au moyen d'un *réseau* dont les deux systèmes
constituants correspondent chacun à l'une des deux variables. Le point (z_1, z_2) n'est autre, alors, que celui qui
se trouve à la rencontre des lignes cotées z_1 et z_2 dans
l'un et l'autre faisceau dont est formé le réseau.

L'équation générale en u et v d'un point à deux
cotes z_1 et z_2 sera de la forme

$$f_{12} + g_{12}u + h_{12}v = 0,$$

et ses coordonnées s'exprimeront par

$$x = \delta\,\frac{h_{12} - g_{12}}{h_{12} + g_{12}}, \quad y = -\,\frac{\mu.f_{12}}{h_{12} + g_{12}}$$

Pour avoir les équations des systèmes (z_1) et (z_2)
constituant le réseau (z_1, z_2), il suffit d'éliminer successivement z_2 et z_1 entre ces expressions de x et y[1].

L'équation la plus générale représentable au moyen
de points à deux cotes sera donc de la forme

$$\begin{vmatrix} f_{12} & g_{12} & h_{12} \\ f_{34} & g_{34} & h_{34} \\ f_{56} & g_{56} & h_{56} \end{vmatrix} = 0.$$

Le nomogramme correspondant est représenté schématiquement par la figure 104, la position de l'index,

---

[1] Exceptionnellement, il peut se faire que les courbes (z_1)
et (z_2) soient géométriquement les mêmes et donnent naissance
au réseau en se recoupant elles-mêmes. Un exemple remarquable
de cette particularité se rencontre dans notre nomogramme général de la Trigonométrie sphérique (*Bull. astr.*, t. XI, 1894, p. 5,
et O., 4, n° 124).

marquée en pointillé sur la figure, répondant à l'exemple

$$z_1 = 3, \; z_2 = 2, \; z_3 = 3, \; z_4 = 4, \; z_5 = 5,$$

pour lequel on lirait $z_6 = 4$.

Le cas pratiquement le plus important est celui où la substitution du réseau ne porte que sur une seule

Fig. 104.

échelle curviligne, ce qui conduit à une équation de la forme

$$\begin{vmatrix} f_1 & g_1 & h_1 \\ f_2 & g_2 & h_2 \\ f_{34} & g_{34} & h_{34} \end{vmatrix} = 0,$$

et l'on a ainsi le premier exemple d'une équation à quatre variables *directement* représentée, sans que le nomogramme correspondant provienne simplement de l'accolement, par un faisceau commun, de deux nomogrammes séparément applicables à une équation à trois variables seulement (savoir deux de celles qui figurent dans l'équation donnée et une variable auxiliaire correspondant au faisceau commun et dont l'élimination graphique résulte précisément de l'existence, entre les deux nomogrammes partiels, de ce faisceau commun).

B. — **Nomogrammes à simple alignement
de genre 0 et 1 (N₀ et N₁).**

66. Nomogrammes N'_0 à trois échelles paral-
lèles. — Si les trois échelles rectilignes d'un nomogramme $\mathbf{N}_0$ sont concourantes, — auquel cas nous désignerons ce nomogramme par la notation $\mathbf{N}'_0$, — on
peut toujours, par une transformation homographique
appropriée, rejeter leur point de concours à l'infini,
c'est-à-dire les rendre parallèles[1].

La forme canonique correspondante est

(1) $f_1 + f_2 + f_3 = 0,$

qui rentre dans le type général du n° 62 lorsqu'on
l'écrit :

$$\begin{vmatrix} f_1 & -1 & 0 \\ f_2 & 0 & -1 \\ f_3 & 1 & 1 \end{vmatrix} = 0.$$

Mais cette façon de l'écrire ne saute pas immédiatement aux yeux, tandis qu'on opère tout naturellement
la disjonction conduisant directement au type de nomogramme visé en posant :

(z_1) $u = \mu_1 f_1,$

(z_2) $v = \mu_2 f_2,$

μ_1 et μ_2 étant les modules quelconques adoptés respectivement le long de Au et de Bv. Tirant de là f_1
et f_2 pour les porter dans l'équation (1), on a :

(z_3) $\mu_2 u + \mu_1 v + \mu_1 \mu_2 f_3 = 0.$

---

[1] A moins, ce qui est exceptionnel, que les parties utiles des
graduations s'étendent jusqu'à ce point de concours.

D'après ce qui a été vu au n° 4, ce point est situé sur la parallèle aux axes Au et Bv dont les distances δ_1 et δ_2 à ces axes, prises avec leurs signes, sont telles que

$$(2) \qquad \frac{\delta_1}{\delta_2} = -\frac{\mu_1}{\mu_2},$$

et l'ordonnée de ce point, comptée à partir de AB, qui est confondu avec Ox, est donnée par

$$(3) \qquad y = \frac{-\mu_1\mu_2 f_3}{\mu_1 + \mu_2},$$

ou

$$y = -\mu_3 f_3,$$

si nous posons

$$\mu_3 = \frac{\mu_1\mu_2}{\mu_1 + \mu_2},$$

c'est-à-dire

$$(4) \qquad \frac{1}{\mu_3} = \frac{1}{\mu_1} + \frac{1}{\mu_2}.$$

Appelons, pour plus de symétrie, O_1 et O_2 les origines des échelles de f_1 et de f_2 (confondues respectivement avec A et B), u_1 et u_2 les segments (précédemment appelés u et v) portés respectivement sur Au et Bv, O_3 l'origine de l'échelle de f_3 (à la rencontre de son support avec O_1O_2), u_3 les segments portés sur ce support [c'est-à-dire y de la formule (3)]. La construction du nomogramme $\mathbf{N}'_0$ représentatif de l'équation (1) ci-dessus, qu'il sera généralement plus commode pour les applications d'écrire :

$$(1 \; bis) \qquad f_1 + f_2 = \varphi_3,$$

se réduira à ce qui suit :

Ayant pris arbitrairement les axes $O_1 u_1$ *et* $O_2 u_2$ *et choisi les modules correspondant* μ_1 *et* μ_2, *on partage l'intervalle* $O_1 O_2$ *par le point* O_3 *dans le rapport*

$$\frac{O_1 O_3}{O_3 O_2} = \frac{\mu_1}{\mu_2},$$

et on mène, par ce point, l'axe $O_3 u_3$ *parallèle à* $O_1 u_1$ *et* $O_2 u_2$ *sur lequel* (*le sens positif étant le même que sur les deux autres axes*) *le module sera* μ_3 *déterminé par la formule* (4). *Le nomogramme de l'équation* (1 bis) *est dès lors constitué par les échelles des fonctions* f_1, f_2 *et* f_3 *respectivement portées avec les modules* μ_1, μ_2 *et* μ_3 *sur les axes* $O_1 u_1$, $O_2 u_2$ *et* $O_3 u_3$ [1].

Au reste, en pratique, les origines O_1, O_2, O_3 n'auront généralement pas à intervenir. Si, par exemple, a_1 et b_1 d'une part, a_2 et b_2 de l'autre, sont les valeurs limites respectives de z_1 et de z_2, on construira les échelles correspondantes entre ces limites (traits gras de la fig. 105) sans se soucier des points O_1 et O_2 correspondants (qui pourront même, très souvent, être rejetés en dehors des limites du cadre qu'on s'est fixé).

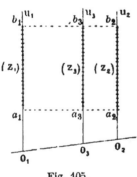

Fig. 105.

Pour déterminer ensuite l'échelle (z_3) (dont, ainsi

---

[1] Il convenait ici, en vue d'une bonne ordonnance didactique, de rattacher le principe de ce type particulier de nomogramme au principe général du n° 62; mais il est de toute évidence que ce principe peut être considéré comme une conséquence immédiate du théorème de géométrie élémentaire visé par la **Remarque** qui termine le n° 4, ce qui permet, si l'on veut, de l'exposer sous une forme purement élémentaire.

qu'on vient de le voir, le support divise l'intervalle entre a_1b_1 et a_2b_2 dans le rapport des modules), il suffira d'en connaître deux points d'après la *Remarque I* du n° 46. Or, on peut toujours trouver deux couples de valeurs rondes de z_1 et z_2 pour lesquelles le calcul de la valeur correspondante de z_3 est immédiat et peut même se faire de tête : le plus souvent d'ailleurs ces couples de valeurs seront précisément ceux des valeurs limites a_1 et a_2 d'une part, b_1 et b_2 de l'autre, auxquels correspondent aussi les valeurs limites a_3 et b_3 de z_3.

Parmi les équations se ramenant au type (1 *bis*) ci-dessus, celles qui se rencontrent le plus fréquemment dans la pratique sont de la forme

$$(5) \qquad z_3 = k z_1^{n_1} z_2^{n_2},$$

qu'il suffit d'anamorphoser logarithmiquement en

(5 *bis*) $\quad \log z_3 - \log k = n_1 \log z_1 + n_2 \log z_2.$

Si l'on dispose d'un étalon logarithmique de module μ (n° 49), on pourra effectuer directement le report des échelles (z_1) et (z_2) au moyen de cet étalon en prenant, comme modules μ_1 et μ_2,

$$\mu_1 = \frac{\mu}{n_1}, \qquad \mu_2 = \frac{\mu}{n_2},$$

ce qui, en vertu de la formule (4) ci-dessus, donne

$$\mu_3 = \frac{\mu}{n_1 + n_2}.$$

Remarque I. — On peut toujours choisir les modules μ_1 et μ_2 de façon que les parties utiles a_1b_1 et a_2b_2 des échelles (z_1) et (z_2) aient même longueur. Il suffit pour cela que

$$\mu_1 [f_1(b_1) - f_1(a_1)] = \mu_2 [f_2(b_2) - f_2(a_2)].$$

Si, pour obtenir l'égalité rigoureuse de ces longueurs,

auquel cas la figure $a_1 b_1 b_2 a_2$ deviendrait un rectangle (cas particulier de la disposition indiquée pour le cas général à la fin du n° 62), il fallait adopter pour le rapport $\dfrac{u_1}{u_2}$ une valeur incommode, il vaudrait mieux lui substituer la valeur simple la plus voisine, ce qui reviendrait à donner aux échelles (z_1) et (z_2) des longueurs non tout à fait, mais seulement à peu près égales.

L'intérêt qu'il y a à rendre ces longueurs à peu près égales tient à ce qu'en ce cas l'index, à l'aide duquel on prend les alignements, coupe généralement les échelles sous un angle plus favorable.

Remarque II. — Si, vu la précision dont on a besoin, on est conduit à fractionner les échelles (z_1) et (z_2) respectivement en fragments A_1, B_1, ... et A_2, B_2, ... (n° 51), on pourra disposer ces divers fragments les uns à côté des autres sur autant d'axes parallèles, les axes sur lesquels seront reportés les fragments correspondants $A_1 A_2$, $A_1 B_2$, ... $B_1 A_2$, $B_1 B_2$, ... divisant toujours, bien entendu, les intervalles correspondants dans le même rapport $\dfrac{u_1}{u_2}$[1].

Remarque III. — Soient trois nomogrammes $\mathbf{N}_0'$ obtenus en associant deux à deux des échelles parallèles $O_1 u_1$, $O_2 u_2$, $O_3 u_3$ (fig. 106). Appelons $O_{3'} u_{3'}$, $O_{1'} u_{1'}$, $O_{2'} u_{2'}$, les troisièmes axes respectifs de ces trois $\mathbf{N}_0'$ qui représentent dès lors des équations telles que

$$f_1 + f_2 = \varphi_{3'},$$
$$f_2 + f_3 = \varphi_{1'},$$
$$f_3 + f_1 = \varphi_{2'}.$$

Le commandant du Génie (aujourd'hui colonel) Ber-

---

[1] Il est bon de rendre plus apparente la correspondance entre les diverses échelles partielles au moyen de couleurs diverses ; c'est un artifice toujours facile à appliquer pour les nomogrammes construits à la main. Quand il s'agit de passer à l'impression, sa réalisation devient plus délicate et dispendieuse ; on peut avoir recours à d'autres moyens de repérage, mais nous conseillons au lecteur de les compléter ensuite, à la main, avec de la couleur.

trand a remarqué que, d'après la formule (2) ci-dessus, si l'on prend les alignements entre les points A_1, A_2, A_3 correspondant à des valeurs quelconques de z_1, z_2, z_3, les points $A_{3'}$, $A_{1'}$, $A_{2'}$ obtenus sur les troisièmes échelles sont les barycentres des points A_1, A_2, A_3 associés deux à deux lorsqu'on affecte respectivement ces points des masses $\dfrac{1}{u_1}$, $\dfrac{1}{u_2}$, $\dfrac{1}{u_3}$.

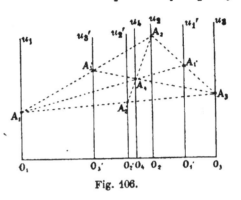

Fig. 106.

Il en résulte que les droites $A_1A_{1'}$, $A_2A_{2'}$, $A_3A_{3'}$ concourent en un même point A_4 barycentre de ces trois masses et qui, par suite, décrit aussi une parallèle O_4u_4 aux axes. D'ailleurs, on a :

$$\frac{O_4O_1}{O_4O_{1'}} = -\frac{\dfrac{1}{u_2}+\dfrac{1}{u_3}}{\dfrac{1}{u_1}} = -\frac{\dfrac{1}{u_{1'}}}{\dfrac{1}{u_1}} = -\frac{u_1}{u_{1'}}.$$

Si donc on porte sur l'axe O_4u_4 l'échelle de la fonction φ_4 avec le module u_4 tel que

$$\frac{1}{u_4} = \frac{1}{u_1} + \frac{1}{u_{1'}} = \frac{1}{u_1} + \frac{1}{u_2} + \frac{1}{u_3},$$

on obtient, au moyen des échelles O_1u_1, $O_{1'}u_{1'}$, O_4u_4 la représentation de l'équation

$$f_1 + \varphi_{1'} = \varphi_4,$$

ou

$$f_1 + f_2 + f_3 = \varphi_4.$$

Les alignements $A_2A_{2'}$ et $A_3A_{3'}$ conduisent d'ailleurs, bien évidemment, au même résultat. C'est en cela que consiste le principe de la *composition des échelles parallèles* du colonel

Bertrand, qui s'étend évidemment à un nombre quelconque

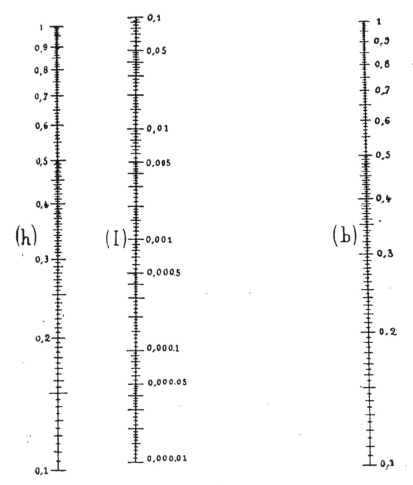

Fig. 107.

d'échelles parallèles et dont cet auteur a fait une excellente application au calcul des distributions d'eau [1].

[1] BERTRAND et O., **4,** n° 71.

Exemple. — Soit la formule

$$I = \frac{bh^3}{12},$$

qui fait connaître le moment d'inertie I d'un rectangle de base b et de hauteur h par rapport à la parallèle à sa base menée par son centre.

Cette équation écrite :

$$\log I + \log 12 = \log b + 3 \log h,$$

rentre exactement dans le type spécial (5 *bis*) ci-dessus. Ici $n_1 = 1$, $n_2 = 3$. Donc si les échelles (b) et (h) sont construites avec le même module $\mathfrak{u}$, l'échelle (I), dont le support divise l'intervalle des supports des deux précédentes dans le rapport de 3 à 1, doit être portée avec le module $\frac{\mathfrak{u}}{4}$. La figure 107 montre ce nomogramme construit pour b et h variant de 0,1 à 1, avec $\mathfrak{u} = 6^{cm},25$ (Type 4° du n° 49).

Si l'on veut pouvoir compter sur une précision relative moyenne de $\frac{1}{50}$ sur I, il faut que l'échelle logarithmique correspondante soit celle du type 3° du n° 49, c'est-à-dire que $\frac{\mathfrak{u}}{4} = 12^{cm},5$, et par suite que $\mathfrak{u} = 50^{cm}$, autrement dit que les échelles (b) et (h) soient portées à l'aide de l'étalon 1° du n° 49[1].

67. Nomogrammes N₀ à deux échelles parallèles.

— Si les trois échelles d'un nomogramme N₀ ne sont plus concourantes comme au numéro précédent, on peut tout au moins faire en sorte que deux

---

[1] Ce nomogramme qui figurait déjà avec $\mu = 10^{cm}$, comme exemple dans notre *Traité* (O., **4**, p. 154), a été construit, depuis lors, avec $\mu = 49^{cm}$, par M. l'ingénieur J. Rieger, dans sa *Grafische Tafel zur Berechnung gewalzter, genieteter und hölzerner Träger* (éditée à Brünn).

d'entre elles soient parallèles[1] et aient, par suite, pour supports les axes Au et Bv, la troisième étant portée sur l'axe AB des origines.

Le type canonique correspondant est :

(1) $$f_1 + f_2 h_3 = 0,$$

qu'on peut aussi écrire :

(1 *bis*) $$\varphi_1 \varphi_2 \varphi_3 = 1,$$

et qui se met sous forme de déterminant de la façon suivante

$$\begin{vmatrix} f_1 & -1 & 0 \\ f_2 & 0 & -1 \\ 0 & 1 & h_3 \end{vmatrix} = 0$$

Remarquons tout de suite qu'une telle équation se ramène à la forme canonique du numéro précédent lorsqu'on prend les logarithmes des deux membres de (1 *bis*) et que l'on pose log $\varphi_i = f_i$.

Une équation réductible à l'une des deux formes l'est donc également à l'autre, mais moyennant une anamorphose transcendante, et cette considération est loin d'être indifférente lorsqu'on a souci de construire le nomogramme projectivement en partant de certaines échelles fonctionnelles que l'on a sous la main.

Venons à la représentation de (1). En posant

(z_1) $$u = \mu_1 f_1,$$

(z_2) $$v = \mu_2 f_2,$$

ce qui revient, comme dans le cas précédent, à porter

---

[1] Sous la même réserve que ci-dessus (p. 240, note 1), c'est-à-dire moyennant que les parties utiles des graduations ne se prolongent pas jusqu'au point de concours que l'on rejette à l'infini.

sur les axes Au et Bv les échelles des fonctions f_1 et f_2 respectivement avec les modules μ_1 et μ_2, on a pour le système (z_3) :

$$(z_3) \qquad\qquad \mu_2 u + \mu_1 h_3 v = 0,$$

ou, en posant toujours OB $= \delta$,

$$x = \delta\, \frac{\mu_1 h_3 - \mu_2}{\mu_1 h_3 + \mu_2}, \quad y = 0.$$

Autrement dit, l'échelle (z_3), portée par l'axe Ox ou AB, est projective de celle de la fonction h_3; ce qui, ainsi qu'il a été vu au n° 48, permet sa construction immédiate, lorsqu'on en a marqué trois points. Ces trois points seront donnés chacun par l'intersection du support AB avec un alignement correspondant à un couple de valeurs de z_1 et z_2 pour lequel on aura calculé d'avance la valeur correspondante de z_3, et que l'on aura choisi de façon à rendre ce calcul aussi simple que possible.

Si le support AB n'a pas été tracé d'avance, on peut marquer le point (z_3) sur l'alignement $(z_1 z_2)$ correspondant en observant que, d'après la formule (4) du n° 4, si δ_1 et δ_2 sont les distances de ce point (z_3) respectivement aux axes Au et Bv, on a :

$$\frac{\delta_1}{\delta_2} = -\,\frac{\mu_1}{\mu_2}\, h_3.$$

Ici une remarque importante : cette dernière expression montre que le point (z_3) se trouve entre les échelles (z_1) et (z_2), ou en dehors, suivant que la fonction h_3 a une valeur positive ou négative. Or il est plus avantageux, si z_3 est la variable que l'on détermine en fonction des deux autres, de faire en sorte que le point

(z_3) soit entre les points (z_1) et (z_2). Si donc, dans le champ considéré, la fonction h_3 reste positive, il y a généralement avantage à lui substituer la fonction $-h_3$ en écrivant l'équation donnée

$$f_1 + (-f_2)(-h_3) = 0,$$

ce qui revient à changer sur l'axe Bv le sens dans lequel est portée l'échelle de la fonction f_2[1].

Quoi qu'il en soit du choix de la fonction h_3, on voit que la construction se réduit à ceci (fig. 108) :

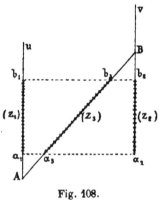

Fig. 108.

Ayant marqué, entre leurs limites respectives, a_1 *et* b_1 *d'une part*, a_2 *et* b_2 *de l'autre*, *les échelles* (z_1) *et* (z_2) *sur deux supports parallèles*, *on marque, comme il vient d'être dit, trois points* a_3, b_3, c_3 *de l'échelle* (z_3) ; *ces trois points déterminent celle-ci comme projective de celle de la fonction* f_3 (n° 48)[2].

Remarque. — Si, avec un module quelconque, on porte

---

[1] Si, ce qui est exceptionnel, la fonction h_3 change de signe dans le champ considéré, on n'a qu'à fractionner le nomogramme et à construire ses deux parties au moyen des mêmes axes en faisant correspondre à l'une d'elles les fonctions f_2 et h_3, à l'autre $-f_2$ et $-h_3$. Les supports sont les mêmes dans les deux cas ; les échelles (z_2) et (z_3) pour l'un et l'autre cas peuvent être marquées de part et d'autre de ces supports, un repérage quelconque (réalisé par exemple au moyen de couleurs distinctes) indiquant nettement le mode d'association des échelles.

[2] Voir dans O., **4**, n° 73, la détermination géométrique de la disposition la plus favorable des échelles a_1b_1 et a_2b_2 en vue de rendre aussi grand que possible le minimum de l'angle que l'index pour la lecture fait avec l'échelle a_3b_3.

sur l'axe Bv l'échelle de la fonction $-f(z)$ et sur AB l'échelle projective de $\varphi(z)$ définie par

$$u + v\varphi(z) = 0,$$

on voit que si l'on joint les points de ces deux échelles correspondant à une même cote z, on détermine, à partir de l'origine A, sur l'axe Au, un segment u donné par

$$u = f(z)\varphi(z),$$

et, par suite, à partir d'une autre origine A' prise sur Au,

$$u' = f(z)\varphi(z) + c.$$

De là, en prenant $\varphi(z) = z$ $\Big($auquel cas le point M de AB coté z est tel que $\dfrac{\text{AM}}{\text{MB}} = z\Big)$ le moyen de construire, de proche en proche, par la méthode des alignements les échelles paraboliques définies par

$$u = a_0 + a_1 z + a_2 z^2 + \ldots + a_n z^n,$$

et plus généralement les échelles rationnelles

$$u = \frac{a_0 + a_1 z + \ldots + a_n z^n}{b_0 + b_1 z + \ldots + b_p z^p}.$$

Exemple. — Si, à la température t de l'instrument, la hauteur barométrique lue en millimètres de mercure sur une échelle de laiton est h, la correction soustractive ε à faire sur h, pour ramener cette hauteur à zéro, est donnée

par $\qquad \varepsilon = \dfrac{0{,}001634 \cdot t}{1 + 0{,}0001818 \cdot t}\, h = 0{,}0016\, th + \varepsilon',$

ε' étant pratiquement négligeable comme tombant, dans les limites où l'on opère normalement, au-dessous de $0^{\text{mm}}{,}1$. Construisons donc le nomogramme de la formule[1]

$$\varepsilon = 0{,}0016\, th,$$

[1] A cela près que le rapport de l'échelle (t) serait un peu moins simple (parce que homographique au lieu de métrique), la construction du nomogramme ne serait d'ailleurs pas plus compliquée pour la formule complète.

que nous écrirons, puisque ε est toujours l'inconnue (z_3 de la théorie ci-dessus),

$$0,0016\, t - \frac{\varepsilon}{h} = 0.$$

La figure 109 montre le nomogramme de cette équation

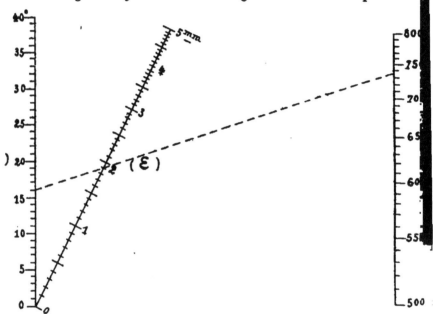

Fig. 109.

construit avec $u_1 = 1\,000^{cm}$, $u_2 = 8\,000^{cm}$, c'est-à-dire en portant sur deux axes parallèles :

1° l'échelle $u = 0^{cm},16 \cdot t$, entre $t = 0°$ et $t = 40°$ (longueur $6^{cm},4$);

2° l'échelle $v = -\dfrac{8\,000^{cm}}{h}$, entre $h = 800$ et $h = 500$ (longueur 6^{cm}).

Il vient alors pour l'échelle (ε) :

$$8u + \varepsilon v = 0,$$

dont le support (axe AB) joint le point o de (t) (origine **A**) au point de (h) situé à 10^{cm} au-dessus du point 800 (origine B).

Pour construire l'échelle homographique (h), on a, en plus des points 800 et 500, marqué d'abord le point

$$h = 640 \text{ situé à } \frac{8000^{cm}}{800} - \frac{8000^{cm}}{640} = 2^{cm},5 \text{ du point}$$

800.

Pour construire l'échelle homographique (ε), on a, en plus du point o, marqué d'abord les points 2 et 4, déterminés respectivement par

$$4u + v = 0, \quad \text{et} \quad 2u + v = 0,$$

qui sont respectivement au $\frac{1}{5}$ et au $\frac{1}{3}$ de AB à partir du point A.

La position de l'index marquée en pointillé sur la figure correspond au cas pour lequel on a : $h = 736$, $t = 16$; le nomogramme donne $\varepsilon = 1^{mm},9$ (alors que le calcul donne $1^{mm},88$).

68. Équation d'ordre nomographique 3 la plus générale. — En appliquant aux types spéciaux envisagés dans les deux numéros précédents la transformation homographique la plus générale, on voit qu'à la forme canonique

$$(1) \qquad \varphi_1\varphi_2\varphi_3 = 1,$$

correspond un nomogramme $\mathbf{N}_0$ à trois échelles non concourantes, et à la forme canonique

$$(2) \qquad \varphi_1 + \varphi_2 + \varphi_3 = 0,$$

un nomogramme $\mathbf{N}_0$ à trois échelles concourantes, ces deux formes étant d'ailleurs réductibles l'une à l'autre par anamorphose logarithmique [ou exponentielle si l'on remonte de (2) à (1)].

Or nous avons vu (n° 62) que si, pour une équation représentable en points alignés, les trois échelles sont rectilignes (nomogramme $\mathbf{N}_0$), les trois fonctions de chaque ligne du déterminant s'expriment linéairement en fonction

Calcul graphique. 8

de l'une d'elles f_i; auquel cas, l'échelle (z_i) correspondante s'exprimant par

$$U + f_i V = o,$$

(où U et V sont des fonctions linéaires de u et v), cette échelle (z_i) est projective de celle de f_i.

Mais, d'autre part, si on développe l'équation

$$| \ m_i f_i + n_i \quad p_i f_i + q_i \quad r_i f_i + s_i \ | = o,$$

(où les m_i, n_i, ... s_i sont des constantes), on obtient une équation de la forme

$$(3) \qquad A f_1 f_2 f_3 + \Sigma B_i f_j f_k + \Sigma C_i f_i + D = o$$

(où les A, B, C, D sont des constantes et où i, j, k représente les diverses permutations circulaires de 1, 2, 3), c'est-à-dire l'équation de l'ordre nomographique 3 (n°.63) la plus générale.

Il en résulte qu'une telle équation sera représentable par un nomogramme N_0 dont les trois échelles, respectivement projectives de celles de f_1, f_2, f_3, auront des supports concourants ou non selon que l'équation (3) sera réductible à la forme canonique (2) ou (1).

De ce problème, traité à un point de vue purement algébrique, nous avons donné une solution complète[1] d'où il résulte que, pour que cette représentation soit réelle, *il faut que le discriminant Δ du premier membre de (3) rendu homogène ne soit pas négatif*[2].

---

[1] Dans un mémoire d'abord publié à part (*Acta mathematica*, t. XXI, 1897, p. 301), qui a été reproduit dans O., **4**, chap. VI, sect. II, B.

[2] Il est entendu que cet énoncé suppose que l'on se place au seul point de vue projectif, si important pour la construction effective. Si l'on veut admettre une anamorphose transcendante, M. Fontené a fait voir (*Nouv. Ann. de Math.*, 3e série, t. XIX, p. 494) que dans le cas où $\Delta < 0$, l'équation peut être réduite à la forme canonique (2) ci-dessus si l'on pose $\varphi_i = \text{arc tg} f'_i$, f'_i étant projective de f_i. On verra plus loin (n° 78) que, si l'on renonce d'autre part à n'avoir que des supports rectilignes, on peut, dans tous les cas, représenter une équation (3) par un nomogramme à points alignés construit projectivement en partant des échelles des fonctions f_i. Ajoutons que dans les applications pratiques le cas $\Delta < 0$ est très rare.

D'ailleurs, *les trois échelles sont ou non concourantes selon que* $\Delta = 0$ *ou* $\Delta > 0$.

Nous allons ici retrouver ce résultat, par une voie en quelque sorte géométrique, en cherchant une construction directe du nomogramme N_0 représentatif de (3), qui ne suppose pas la réduction algébrique préalable de cette équation soit à la forme canonique (1), soit à la forme canonique (2).

Nous pouvons tout d'abord supposer les droites D_1, D_2, D_3, qui servent de supports aux échelles (z_1), (z_2), (z_3), non concourantes (fig. 110), le cas où elles le sont apparaissant comme limite de celui-ci.

Nous savons, en vertu du principe général énoncé au n° 62, que nous pouvons disposer de 4 points du nomogramme, soit, par exemple, des points (z_1) cotés a_1 et b_1 et des points (z_2) cotés a_2 et b_2; ce qui, en même temps, revient à se donner

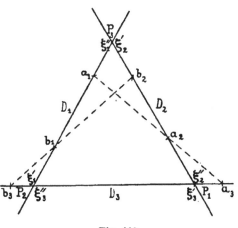

Fig. 110.

les droites D_1 et D_2. La construction exige alors que l'on connaisse :

1° un troisième point de chacune des échelles (z_1) et (z_2) (puisque ces échelles, projectives de celles de f_1 et f_2, sont entièrement déterminées par trois points);

2° le troisième support D_3;

3° trois points (z_3) marqués sur ce support, par lesquels l'échelle (z_3) sera déterminée tout entière.

Or tous ces éléments seront connus lorsqu'on aura déterminé les valeurs que doivent prendre les variables z_1, z_2, z_3 aux sommets du triangle $P_1 P_2 P_3$ formé par les trois supports (P_i représentant le sommet opposé à la droite D_i), et qui seront dites les *valeurs critiques* de ces variables. En effet :

1° la valeur critique de z_1 en P_3, jointe à a_1 et b_1, détermine entièrement l'échelle (z_1); de même pour (z_2);

2° ces échelles étant déterminées, on peut marquer respectivement sur D_1 et D_2 les points P_2 et P_1 où z_1 et z_2 prennent des valeurs critiques connues [1];

3° Les points P_1 et P_2 pourvus des valeurs critiques correspondantes de z_3 fournissent déjà deux points de l'échelle (z_3) portée sur la droite D_3 qui unit ces deux points; pour en avoir un troisième, il suffit de prendre le point de rencontre de cette droite D_3 avec l'un des alignements unissant deux des points (z_1) et (z_2) déjà marqués, la valeur correspondante de z_3 étant donnée par (3) où z_1 et z_2 ont été remplacés par leurs valeurs (choisies, cela va sans dire, de façon que le calcul de z_3 soit aussi simple que possible).

Si les 3 échelles sont concourantes (auquel cas P_1, P_2, P_3 se confondent en un seul P), il faut, pour déterminer D_3, en dehors de P, un autre point que l'on obtient par la rencontre de deux alignements définis par des couples de valeurs de z_1 et z_2 correspondant à une même valeur de z_3, en vertu de (3); D_3 étant ainsi obtenue, un seul alignement supplémentaire donne un troisième point de l'échelle (z_3), et celle-ci est, dès lors, entièrement déterminée.

On voit donc que, lorsqu'on s'est donné arbitrairement a_1, b_1, a_2, b_2, la connaissance des valeurs critiques de z_1, z_2, z_3 permet, dans tous les cas, d'achever la construction du nomogramme. Il nous reste à faire voir comment on obtient ces valeurs critiques.

69. Détermination des valeurs critiques. — Cette détermination repose sur la simple remarque que voici : si

---

[1] Si, par hasard, l'une de ces valeurs critiques était imaginaire, alors que la valeur correspondante de la fonction fût réelle (cas de z pour $\sin z > 1$ en valeur absolue), on prendrait comme paramètre, pour la construction, f_i au lieu de z_i, parce qu'alors l'échelle considérée serait projective d'une échelle métrique; puis, une fois la construction achevée, on coterait les points obtenus au moyen des valeurs correspondantes de z_i au lieu de f_i.

ξ_1 et ξ_2 constituent un couple de valeurs critiques de z_1 et z_2, soit réunies au point P_3, soit affectées l'une au point P_2, l'autre au point P_1, *la valeur correspondante de z_3 est indéterminée.* En effet, dans le premier cas, au couple ξ_1, ξ_2 correspondent toutes les droites passant par P_3 qui donnent, par suite, sur D_3 une valeur quelconque pour z_3; dans le second, l'alignement $\xi_1\xi_2$ se confond avec le support D_3 de (z_3), ce qui laisse encore indéterminé le point correspondant de cette échelle. Or, l'équation (3) du numéro précédent peut s'écrire :

$$(3\ bis) \qquad f_3(Af_1f_2 + B_1f_2 + B_2f_1 + C_3) + B_3f_1f_2$$
$$+ C_1f_1 + C_2f_2 + D = 0,$$

et la valeur de f_3 (par suite, celle de z_3) deviendra indéterminée lorsque les deux coefficients de cette équation (où f_3 est prise pour inconnue) seront nuls.

Autrement dit, les valeurs σ_1 et σ_2 que prendront f_1 et f_2 pour les valeurs ξ_1 et ξ_2 cherchées seront telles que

$$(4) \qquad \begin{cases} A\,\sigma_1\sigma_2 + B_2\sigma_1 + B_1\sigma_2 + C_3 = 0, \\ B_3\sigma_1\sigma_2 + C_1\sigma_1 + C_2\sigma_2 + D = 0. \end{cases}$$

Afin de simplifier l'écriture ultérieure, nous conviendrons de poser (comme au Mémoire cité dans la note 1 de la page 254, et en représentant toujours par i, j, k une permutation circulaire de 1, 2, 3)

$$F_0 = \Sigma B_i C_i - AD,$$

$$E_i = AC_i - B_jB_k, \quad F_i = F_0 - 2B_iC_i, \quad G_i = B_iD - C_jC_k,$$

ce qui donne, quel que soit i,

$$F_i^2 - 4E_iC_i = \Delta,$$

Δ étant le discriminant du premier membre de (3) rendu homogène. Remarquons aussi que l'on a :

$$F_i + F_j = 2(B_kC_k - AD).$$

Ceci posé, on voit que l'élimination du terme en $\sigma_1\sigma_2$ entre les équations (4) donne

$$(5) \qquad 2E_1\sigma_1 - F_1 + 2E_2\sigma_2 - F_2 = 0,$$

et l'élimination de σ_2 entre (5) et l'une ou l'autre des équations (4)

$$E_1 \sigma_1^2 - F_1 \sigma_1 + G_1 = o.$$

Et comme tout est symétrique par rapport aux indices 1, 2, 3, on voit que, d'une manière générale, les valeurs critiques de la fonction f_i sont données par [1]

$$(6_i) \qquad\qquad E_i \sigma_i^2 - F_i \sigma_i + G_i = o,$$

et, par suite, pour que ces valeurs soient réelles, il faut que $F_i^2 - 4E_i G_i$, ou Δ d'après la formule ci-dessus, ne soit pas négatif.

Supposons d'abord $\Delta > o$. Chacune des équations (6_i) a alors deux racines réelles et distinctes σ_i' et σ_i''. Mais ces valeurs des σ_i ne sauraient être accouplées au hasard. En effet, si nous les répartissons en deux groupes (σ') et (σ'') suivant que

$$\sigma_i' = \frac{F_i + \sqrt{\Delta}}{2E_i}, \quad \text{ou} \quad \sigma_i'' = \frac{F_i - \sqrt{\Delta}}{2E_i}.$$

c'est-à-dire

$$(7) \quad 2E_i \sigma_i' - F_i = + \sqrt{\Delta}, \quad \text{ou} \quad 2E_i \sigma_i'' - F_i = - \sqrt{\Delta},$$

nous voyons, d'après (5), que les valeurs de σ_i et σ_j, accouplées pour correspondre à une valeur indéterminée de f_k, doivent être de groupes (σ') et (σ'') différents. Cela nous montre qu'à chaque sommet P_i nous devrons associer des couples (d'indices différents de i, bien entendu) pris dans l'un et l'autre groupe (σ') et (σ''), c'est-à-dire soit (σ_j', σ_k''), soit (σ_j'', σ_k'). Si donc, comme précédemment, nous appelons ξ_i la valeur de la variable z_i correspondant à la valeur σ_i de la fonction f_i, nous pourrons répartir les cotes ξ entre les sommets P (que nous appellerons les *points critiques*) suivant l'une ou l'autre des deux dispositions

$$(I) \qquad P_1(\xi_2' \xi_3''), \quad P_2(\xi_3' \xi_1''), \quad P_3(\xi_1' \xi_2''),$$

ou

$$(II) \qquad P_1(\xi_3' \xi_2''), \quad P_2(\xi_1' \xi_3''), \quad P_3(\xi_2' \xi_1'').$$

[1] On remarquera, en se reportant à notre solution algébrique citée ci-dessus, que les quantités σ_i sont les mêmes que les quantités ρ_i de cette solution *changées de signe*.

De là, pour l'équation (3), lorsque $\Delta > 0$, deux types de nomogramme $\mathbf{N}_0$, *homographiquement irréductibles entre eux.*

Si $\Delta = 0$, les deux valeurs critiques ξ'_i, ξ''_i de chaque variable z_i se réduisent à une seule ξ_i [correspondant à la racine σ_i, alors unique, de l'équation (6_i)], ce qui exige que les trois points P_1, P_2, P_3 se confondent en un seul P; les trois échelles sont donc concourantes.

Si $\Delta < 0$, les σ_i deviennent imaginaires, et comme les points de l'échelle (z_i) dépendent des valeurs de la fonction f_i de façon univoque[1], les points P_i sont eux-mêmes imaginaires. Par suite, à moins d'une anamorphose non projective[2], la représentation cesse d'être réelle.

Remarque. — Si une quantité E_i est nulle, l'une des racines σ_i de (6_i) doit être considérée comme infinie. Pour déterminer à quel groupe (σ') ou (σ'') appartient cette racine infinie, il suffit de déterminer celui auquel appartient la racine finie; or, pour celle-ci, la quantité $2E_i\sigma_i - F_i$ (dont le signe définit le groupe correspondant) se réduisant à $- F_i$, est connue sans ambiguïté.

70. **Emploi direct des échelles des fonctions composantes.** — Nous venons de voir que les trois échelles rectilignes au moyen desquelles est constitué le nomogramme $\mathbf{N}_0$ d'une équation d'ordre nomographique 3 (type (3) du n° 68), sont respectivement projectives de celles des fonctions composantes f_1, f_2, f_3. On sait donc les construire, ainsi qu'il a été vu au n° 48; il pourra être toutefois avantageux d'utiliser les échelles des fonctions f_i elles-mêmes, si, par exemple, on a sous la main les étalons de graduation (n° 49) correspondants.

Appelons I_1, I_2, I_3 les points des échelles (z_1), (z_2), (z_3) pour lesquels les fonctions f_1, f_2, f_3 deviennent respectivement infinies. Pour que l'échelle (z_i) soit celle de la fonction f_i même, il faut que, sur le support $\mathbf{D}_i$, le point I_i soit rejeté à l'infini.

---

[1] Voir la note 1 de la page 256.
[2] Voir la note 2 de la page 254.

Il suffit donc, par transformation homographique, de rejeter à l'infini la droite **J** unissant deux quelconques des trois points I, les points I_1 et I_2, par exemple (ou une droite **J** quelconque passant par ces points s'ils sont confondus en un seul) pour que les échelles (z_1) et (z_2) du nomogramme soient précisément celles des fonctions f_1 et f_2 [1]. Si, en outre, le point I_3 se trouve sur la droite **J**, l'échelle (z_3) se réduit en même temps à celle de la fonction f_3. Mais cette transformation ne pourra être effectuée qu'autant que la droite **J** ne coïncidera pas avec l'un des supports $\mathbf{D_1}$, $\mathbf{D_2}$ ou $\mathbf{D_3}$, puisqu'alors l'échelle correspondante serait tout entière rejetée à l'infini.

Il y a donc lieu, pour la discussion, d'examiner ce qui se passe lorsque des coïncidences ont lieu entre les points I et les points critiques P. Pour qu'un point I_i, caractérisé par $f_i = \infty$, vienne en un de ces points P, il faut, en vertu du numéro précédent, que l'équation (6_i) correspondante ait une racine σ_i infinie et, par suite, que $E_i = 0$.

D'autre part, pour que les trois points I soient alignés, il faut que l'équation (3) (n° 68) soit satisfaite par le système $f_1 = f_2 = f_3 = \infty$, ce qui exige, comme on le voit en divisant par $f_1 f_2 f_3$, que $\Lambda = 0$.

De là, la marche de la discussion :

Suivant que, parmi les E_i, il y en aura 0, 1, 2 ou 3 nuls, c'est-à-dire 0, 1, 2 ou 3 points I en coïncidence avec des points critiques P, nous aurons les cas **(I)**, **(II)**, **(III)**, **(IV)**, que nous distinguerons par un accent lorsque les supports seront concourants et par un indice a lorsque les points I correspondants seront alignés.

Remarquons tout de suite que lorsqu'*un seul* des points I coïncide avec l'un des points P, il est impossible que les trois points I soient alignés. Autrement dit, lorsqu'une seule des quantités E_i est nulle, le coefficient Λ est nécessairement différent de zéro ; les cas $(\mathbf{II}_a)$ et $(\mathbf{II}'_a)$ n'existent pas.

---

[1] Cela n'exige, — il faut bien le remarquer, — aucun calcul. Il suffit de prendre I_1 et I_2 pour deux des points (a_1 et a_2, par exemple) qui peuvent être choisis arbitrairement ainsi qu'on l'a vu au n° 67.

Par contre, si, les trois supports étant concourants $(\Delta = 0)$, deux au moins des points I coïncident avec le point unique P, il y a nécessairement alignement des trois points I.

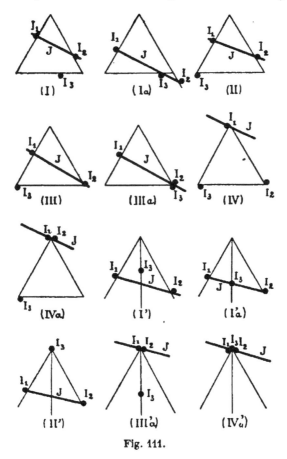

Fig. 111.

Autrement dit, lorsque, Δ étant nul, deux au moins des E_i sont nuls, le coefficient A est nécessairement nul ; les cas (**III′**) et (**IV′**) n'existent pas non plus.

La discussion des 12 cas possibles est résumée schématiquement sous forme du tableau de la figure 111 qui s'explique de lui-même quand on se rappelle que l_1, l_2, l_3 sont les points où les fonctions f_1, f_2, f_3 deviennent infinies, J la droite que l'on rejette par homographie à l'infini[1].

Voici des exemples de ces 12 cas pour chacun desquels nous donnons le tableau des valeurs critiques des f_i dans l'ordre :

$$\begin{pmatrix} \sigma_1' & \sigma_2' & \sigma_3' \\ \sigma_1'' & \sigma_2'' & \sigma_3'' \end{pmatrix} :$$

(I)

$$f_1 f_2 f_3 + f_2 f_3 - f_3 f_1 + f_1 f_2 + f_1 = 0 \qquad \begin{pmatrix} -\dfrac{1}{2} & 0 & 0 \\ 0 & -1 & 1 \end{pmatrix}$$

(I_a) $\quad f_2 f_3 - f_3 f_1 + f_1 f_2 + f_1 = 0 \qquad \begin{pmatrix} -1 & 0 & 0 \\ 0 & -1 & 1 \end{pmatrix}$

(II) $\quad f_1 f_2 f_3 + f_3 f_1 - f_1 + f_2 = 0 \qquad \begin{pmatrix} -1 & 0 & \infty \\ 0 & -1 & 1 \end{pmatrix}$

(III) $\quad f_1 f_2 f_3 + f_2 f_3 - f_1 = 0 \qquad \begin{pmatrix} -1 & 0 & 0 \\ 0 & \infty & \infty \end{pmatrix}$

(III_a) $\quad f_3 f_1 - f_1 f_2 - f_2 = 0 \qquad \begin{pmatrix} -1 & 0 & \infty \\ 0 & \infty & 0 \end{pmatrix}$

---

[1] Pour vérifier que les résultats ici mis en évidence par voie géométrique sont bien identiques à ceux auxquels nous avait précédemment conduit notre solution algébrique, il suffit d'observer que la correspondance entre les désignations des divers cas, d'un endroit à l'autre, s'établit d'après le tableau que voici :

(I) ... (αa_1),	(III$_a$) ... (αa_4),	(I_a') ... (αb_1),
(I_a) ... (αa_1),	(IV) ... (αa_8),	(II') ... (αb_2),
(II) ... (αa_2),	(IV$_a$) ... (αa_6),	(III$_a'$) ... (αb_3),
(III) ... (αa_3),	(I') ... (αb_1),	(IV$_a'$) ... (αb_4).

Nous profitons de l'occasion pour signaler une faute d'impression dans le tableau auquel nous renvoyons dans O., **4**, p. 459 : avant-dernière ligne, colonne A, le zéro ne doit pas être barré.

$$\textbf{(IV)} \quad f_1 f_2 f_3 - 1 = 0 \qquad\qquad \begin{pmatrix} \infty & \infty & \infty \\ 0 & 0 & 0 \end{pmatrix}$$

$$\textbf{(IV}_a\textbf{)} \quad f_2 f_3 - f_1 = 0 \qquad\qquad \begin{pmatrix} \infty & 0 & 0 \\ 0 & \infty & \infty \end{pmatrix}$$

$$\textbf{(I')} \quad f_1 f_2 f_3 + f_2 f_3 - f_3 f_1 + f_1 f_2 + 4 = 0 \quad (-2 \quad 2 \quad -2)$$

$$\textbf{(I}_a'\textbf{)} \quad f_2 f_3 + f_3 f_1 - f_1 f_2 = 0 \qquad\qquad (\ 0 \quad 0 \quad 0 \ )$$

$$\textbf{(II')} \quad f_1 f_2 f_3 - f_1 - f_2 = 0 \qquad\qquad (\ 0 \quad 0 \quad \infty \ )$$

$$\textbf{(III}_a'\textbf{)} \quad f_2 f_3 - 2 f_3 f_1 + 1 = 0 \qquad\qquad (\ \infty \quad \infty \quad 0 \ )$$

$$\textbf{(IV}_a'\textbf{)} \quad f_1 + f_2 + f_3 = 0 \qquad\qquad (\ \infty \quad \infty \quad \infty \ )$$

Arrêtons-nous un instant à l'équation prise comme exemple du cas $(\textbf{I}_a')$, équation qui peut s'écrire :

$$\frac{1}{f_1} + \frac{1}{f_2} = \frac{1}{f_3},$$

et qui, sous cette forme, se présente constamment dans les applications (voir notamment au n° 66 la relation entre les modules des trois échelles parallèles).

Nous voyons ainsi qu'elle est représentable par les échelles des fonctions f_1, f_2, f_3 portées sur trois axes concourants à partir de leur point de concours. En ce point de concours

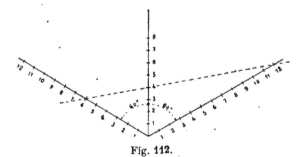

Fig. 112.

on inscrira, pour chacune d'elles, la valeur a_i pour laquelle $f_i(a_i) = 0$. Il suffit, en dehors de ce point a_i, d'avoir, pour chaque échelle, un second point b_i, celui par exemple pour lequel $f_i(b_i) = 1$. Nous pouvons, sur les supports correspondants, nous donner arbitrairement b_1 et b_2. D'après l'équation donnée et la définition des b_i, on voit que le point b_3 est à la rencontre des alignements joignant respectivement les points b_1 et b_2 aux points à l'infini sur les supports $\mathbf{D}_2$ et $\mathbf{D}_1$. Si nous prenons pour les fonctions f_1, f_2, f_3, simplement z_1, z_2, z_3 et que nous adoptions pour $\mathbf{D}_1$ et $\mathbf{D}_2$ des droites à $60°$ sur $\mathbf{D}_3$, nous obtenons ainsi (fig. 112) trois échelles identiques pour les trois variables[1]. La position de l'index marquée en pointillé montre la vérification de l'équation représentée

$$\frac{1}{z_1} + \frac{1}{z_2} = \frac{1}{z_3},$$

pour

$$z_1 = 6, \quad z_2 = 12, \quad z_3 = 4.$$

71. **Nomogrammes $\mathbf{N}_1$ à deux échelles parallèles.** — Un nomogramme $\mathbf{N}_1$ comportant, d'après la définition générale du n° 62, deux échelles rectilignes, celles-ci peuvent toujours, grâce à une transformation homographique convenable, être supposées parallèles sans que la généralité en souffre le moins du monde.

La forme canonique correspondante est :

$$(1) \qquad f_1 g_3 + f_2 h_3 + f_3 = 0 \,,$$

ou, sous forme de déterminant,

$$\begin{vmatrix} f_1 & -1 & 0 \\ f_2 & 0 & -1 \\ f_3 & g_3 & h_3 \end{vmatrix} = 0,$$

qui généralise à la fois les déterminants analogues des n°ˢ 66 et 67. Mais, grâce à l'emploi des coordonnées parallèles, on obtient directement le type de nomo-

---

[1] O., **4**, p. 177.

gramme voulu sans avoir besoin de se rappeler cette transformation. Il suffit de poser, comme aux numéros cités,

$$(z_1) \qquad\qquad u = \mu_1 f_1,$$

$$(z_2) \qquad\qquad v = \mu_2 f_2,$$

μ_1 et μ_2 étant des modules quelconques, au moyen desquels, le long des axes parallèles Au et Bv, seront portées les échelles des fonctions f_1 et f_2. Remplaçant dans (1) f_1 et f_2 par leurs valeurs en u et v, on a enfin

$$(z_3) \qquad \mu_2 g_3 u + \mu_1 h_3 v + \mu_1 \mu_2 f_3 = 0,$$

point dont les coordonnées (rapportées aux axes Ox et Oy définis au n° 4) sont données par

$$(z_3') \quad x = \delta\, \frac{\mu_1 h_3 - \mu_2 g_3}{\mu_1 h_3 + \mu_2 g_3}, \qquad y = -\frac{\mu_1 \mu_2 f_3}{\mu_1 h_3 + \mu_2 g_3}.$$

On pourra, suivant le cas, soit calculer les coordonnées des points (z_3) par ces dernières formules, pour les reporter sur le dessin (n° 62), soit, si le système (z_3) est algébrique, construire géométriquement l'échelle curviligne correspondante (n° 64).

Il est essentiel de remarquer que le rapport des distances δ_1 et δ_2 du point (z_3) aux axes Au et Bv est donné par

$$\frac{\delta_1}{\delta_2} = -\frac{\mu_1}{\mu_2}\, \frac{h_3}{g_3}.$$

Il est avantageux, si c'est la variable z_3 qui est prise pour inconnue, que le point (z_3) se trouve entre les échelles des données, ce qui a lieu (en supposant que $\dfrac{h_3}{g_3}$ ne change pas de signe dans le champ considéré) si $\dfrac{h_3}{g_3}$ est positif. S'il n'en est pas ainsi, il suffit de changer simultanément les signes de f_2 et de h_3 en posant pour (z_2)

$$v = -\mu_2 f_2,$$

ce qui donne pour (z_3) :

$$\mu_2 g_3 u - \mu_1 h_3 v + \mu_1 \mu_2 f_3 = 0,$$

et, par suite, cette fois,

$$\frac{\delta_1}{\delta_2} = \frac{\mu_1}{\mu_2} \frac{h_3}{g_3},$$

qui est négatif d'après la nouvelle hypothèse.

Si le rapport $\dfrac{h_3}{g_3}$ change de signe dans le champ considéré, on en est quitte pour fractionner le nomogramme au point z_3, pour lequel $\dfrac{h_3}{g_3} = 0$, en conservant la même échelle (z_1), ou (z_2), pour les deux nomogrammes partiels et renversant le sens de l'autre[1].

Exemple. — Nous allons construire le nomogramme de l'équation

$$z^2 + pz + q = 0,$$

et montrer comment, par des projections successives, on peut en déduire celui de l'équation trinôme générale [2]

$$z^m + pz + q = 0.$$

---

[1] C'est dans le nomogramme N_1 que nous avons construit pour l'équation de Képler (*Bull. de la Soc. math. de France*, t. XXII, 1894, p. 197), que cet artifice a été utilisé pour la première fois. Cet exemple présente d'ailleurs une particularité remarquable tenant à ce que si, pour la seconde partie du nomogramme, on change non seulement le sens, mais encore l'origine d'une des échelles parallèles, le second système (z_3) se superpose au premier dont il ne diffère que par la chiffraison (O., 4, n° 83).

[2] C'est précisément en vue de ce problème particulier que nous avons, pour la première fois, fait connaître le principe de

Par application de ce qui vient d'être dit, on aura le nomogramme de cette équation en posant :

$$u = \mathfrak{u}_1 p, \quad v = \mathfrak{u}_2 q;$$

d'où

$$\mathfrak{u}_2 z u + \mathfrak{u}_1 v + \mathfrak{u}_1 \mathfrak{u}_2 z^m = 0,$$

ou [1]

$$x = \delta \frac{\mathfrak{u}_1 - \mathfrak{u}_2 z}{\mathfrak{u}_1 + \mathfrak{u}_2 z}, \quad y = - \frac{\mathfrak{u}_1 \mathfrak{u}_2 z_m}{\mathfrak{u}_1 + \mathfrak{u}_2 z}.$$

Nous ferons remarquer d'abord que nous pouvons n'avoir égard qu'aux valeurs positives de z (les racines négatives pouvant, si par hasard on en a besoin, être obtenues en valeur absolue comme racines positives de la transformée en $-z$) [2], ensuite que, quel que soit m, l'échelle (z) a toujours trois mêmes points, savoir (fig. 113) [3] :

1° le point $z = 0$, confondu avec B, où la tangente est BA, puisque pour les valeurs infiniment petites de z, y est d'ordre supérieur ;

2° le point $z = 1$, évidemment situé à la rencontre C des alignements ($p = 0$, $q = -1$) et ($p = -1$, $q = 0$), et dont, en vertu de la formule

$$\frac{\delta_1}{\delta_2} = - \frac{\mathfrak{u}_1}{\mathfrak{u}_2 z},$$

où l'on fait $z = 1$ les distances aux axes Au et Bv sont proportionnelles aux modules de ces axes ;

la méthode des points alignés (O., **1** et O., **2**), dite tout d'abord des *points isoplèthes* en raison de son rattachement, par voie dualistique (n° 61), aux abaques à *droites isoplèthes* de Lalanne (O., **3**, chap. IV).

[1] On peut remarquer qu'il résulte de l'équation en u et v du point (z) que le support de l'échelle correspondante est de la *classe m,* et de l'expression de ses coordonnées x et y que ce support est de l'*ordre m.* Ce support appartient donc à la catégorie des courbes dont l'ordre égale la classe, courbes que nous avons étudiées spécialement à cette occasion (*Nouv. Ann. de Math.,* 2e série, t. XII, 1893, p. 346).

[2] Obtenue en changeant p en $-p$ si m est pair, q en $-q$ si m est impair.

[3] Sur cette figure, ce sont les parties négatives des axes Au et Bv qui sont représentées.

3° le point $z = \infty$, situé à l'infini sur Au qui est asymptote puisque, pour cette valeur de z, on a $x = -\delta$.

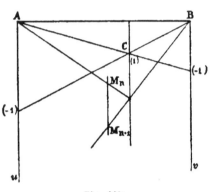

Fig. 113.

Maintenant l'expression de x étant indépendante de m, la projection du système (z) sur AB, faite parallèlement à Au et Bv, est fixe; c'est une échelle homographique dont on connaît 3 points : les points A et B cotés ∞ et o et la projection du point C cotée 1. Il est donc facile de la construire comme projection d'une échelle métrique (n° 48).

Nous avons donc ainsi la ligne de rappel de chaque point (z). Pour construire ce point lui-même, nous commencerons par le cas de $m = 2$, c'est-à-dire de l'équation

$$z^2 + pz + q = 0.$$

Si on fait $m = 2$ dans l'équation en u et v du système (z), on obtient celle d'une échelle conique. Donc, en vertu de ce qui a été vu au n° 64, si l'on joint les divers points de cette échelle à l'un d'eux, B par exemple, on obtient l'échelle projetante d'une échelle métrique. Or, on connaît trois rayons de cette échelle projetante : BA (coté o), BC (coté 1), Bv (coté ∞). Il en résulte que *le faisceau de sommet B projetant l'échelle (z) détermine sur toute parallèle à Bv une échelle métrique ayant son point o sur AB et son point 1 sur BC.* En particulier, l'intersection de ce faisceau projetant et de l'axe Au donne précisément l'échelle (p) où toutes les cotes seraient changées de signe.

Il est donc bien facile de construire ce faisceau projetant, et en prenant les intersections de ses rayons avec les lignes de rappel homologues (passant par les points de l'échelle précédemment construite sur AB), on a l'échelle (z) demandée pour $m = 2$.

On en déduira, de proche en proche, les échelles (z) pour $m = 3, 4, 5, \ldots$ en se rappelant d'une part, comme on vient de l'observer, que, quel que soit m, la ligne de rappel du point (z) reste la même, et en appliquant de l'autre le théorème que voici : *Si, pour une même valeur de z, M$_m$ et M$_{m+1}$ sont les points pris dans les échelles correspondant aux exposants* m *et* m + 1, *les droites* AM$_m$ *et* BM$_{m+1}$ *se coupent sur la ligne de rappel du point C coté* 1.

Autrement dit, si nous désignons l'échelle (z) pour un certain exposant m par la notation $(z)^m$: *il y a coïncidence entre les projections, faites sur la ligne de rappel du point C, du système* $(z)^m$ *à partir du point* A, *et du système* $(z)^{m+1}$ *à partir du point* B.

Il est très facile de vérifier comme suit ce théorème (déduit par nous de considérations géométriques dans le détail desquelles nous ne saurions entrer ici[1]) :

Les équations des droites AM$_m$ et BM$_{m+1}$ sont respectivement [(3) du n° 4] :

$$(\text{AM}_m) \qquad 2\delta y = - \mathfrak{u}_2 z^m (x + \delta),$$
$$(\text{BM}_{m+1}) \qquad 2\delta y = \quad \mathfrak{u}_1 z^m (x - \delta).$$

Il suffit, pour avoir le lieu de leur point commun lorsqu'on fait varier z, de les diviser membre à membre, ce qui

donne :
$$1 = - \frac{\mathfrak{u}_2 (x + \delta)}{\mathfrak{u}_1 (x - \delta)},$$

ou
$$x = \delta \frac{\mathfrak{u}_1 - \mathfrak{u}_2}{\mathfrak{u}_1 + \mathfrak{u}_2},$$

équation de la ligne de rappel du point C coté 1.

La figure 114 représente les systèmes $(z)^2$ et $(z)^3$ ainsi construits. Remarquons que cette figure provient de la superposition des nomogrammes N$_1$ des équations trinômes du 2ième et du 3ième degré, et que l'on pourrait de même

[1] Développées dans le travail cité plus haut (note 1 de la page 267).

leur supposer les **N**₁ correspondant à autant de valeurs que

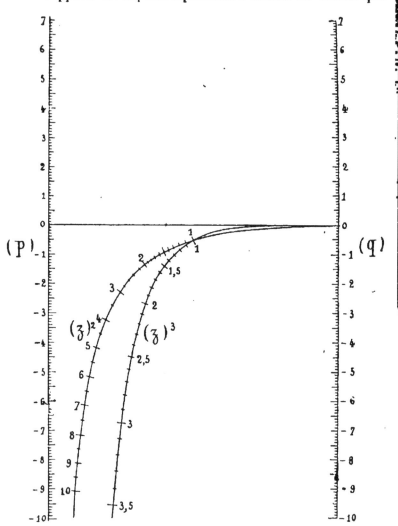

Fig. 114.

l'on voudrait de l'exposant *m* sans qu'il en résultât la

moindre confusion, tandis qu'il serait impossible de superposer les abaques cartésiens de deux seulement de ces équations [1].

D'autre part, si, en vue d'une application particulière, on
a besoin de fractionner un tel nomogramme $\mathbf{N}_1$, ses diverses
parties peuvent, sans nul inconvénient, être réunies sur la
même feuille. C'est notamment ce qu'a fait M. D. Gorrieri
en appliquant le nomogramme $\mathbf{N}_1$ de l'équation trinôme
du 3ième degré, qui vient d'être décrit, au calcul des sections
résistantes des poutres de pont (*Atti del Collegio degli Inge-
gneri ed Architetti in Bologna, 1896*)[1].

**72. Condition de représentabilité d'une équation
d'ordre nomographique 4 par un nomogramme $\mathbf{N}_1$.**
— Un nomogramme $\mathbf{N}_0$ ou $\mathbf{N}_1$ représente une équation
d'ordre nomographique 3 ou 4. Nous avons vu (n°s 68 et 69)
à quelle condition, inversement, une équation d'ordre 3
était représentable par un $\mathbf{N}_0$, condition qui se traduit par
une inégalité $(\Delta \geqq 0)$. On peut se proposer de même de
rechercher à quelle condition l'équation d'ordre 4 la plus
générale qui peut s'écrire :

$$(1) \quad \begin{aligned} &f_3(a_0 f_1 f_2 + a_1 f_1 + a_2 f_2 + a_3) \\ &+ g_3(b_0 f_1 f_2 + b_1 f_1 + b_2 f_2 + b_3) \\ &+ h_3(c_0 f_1 f_2 + c_1 f_1 + c_2 f_2 + c_3) = 0, \end{aligned}$$

est réductible au type canonique (1) du numéro précédent
auquel correspond un nomogramme $\mathbf{N}_1$.

Pour trouver cette condition, nous remarquerons que les
valeurs ξ_1 et ξ_2 de z_1 et z_2 correspondant au point de rencontre des deux échelles rectilignes sont critiques; autrement dit, qu'elles permettent de satisfaire à l'équation, quel
que soit z_3, puisque l'alignement $\xi_1 \xi_2$ est indéterminé
(comme ayant deux points confondus). Il faut donc que les
valeurs correspondantes de f_1 et f_2 soient telles que l'on ait
à la fois :

$$a_0 f_1 f_2 + a_1 f_1 + a_2 f_2 + a_3 = 0,$$
$$b_0 f_1 f_2 + b_1 f_1 + b_2 f_2 + b_3 = 0,$$
$$c_0 f_1 f_2 + c_1 f_1 + c_2 f_2 + c_3 = 0.$$

[1] O., **4**, p. 192.

La condition cherchée sera donc donnée par le résultat de l'élimination de f_1 et f_2 entre ces trois équations, élimination qui se fait très aisément suivant la même marche qu'au n° 54 (pour l'élimination de x et y entre les équations des trois cercles) et qui, si on représente par D le déterminant

$$\begin{vmatrix} a_1 & a_2 & a_3 \\ b_1 & b_2 & b_3 \\ c_1 & c_2 & c_3 \end{vmatrix}$$

et par D_i ce qu'il devient quand on y remplace la colonne a_i, b_i, c_i par a_0, b_0, c_0, conduit au résultant

$$(2) \qquad\qquad DD_3 + D_1 D_2 = 0.$$

Telle est la relation trouvée par M. Clark par une tout autre voie[1].

Nous ajouterons à ce résultat la nouvelle remarque que voici :

Lorsque cette condition est remplie, les valeurs critiques σ_1 et σ_2 de f_1 et f_2 sont données par

$$\sigma_1 = \frac{D_1}{D_3}, \qquad \sigma_2 = \frac{D_2}{D_3};$$

d'où se déduisent les valeurs correspondantes ξ_1 et ξ_2 de z_1 et z_2. Si donc on se donne arbitrairement les points cotés a_1 et b_1 sur l'échelle (z_1), a_2 et b_2 sur l'échelle (z_2), comme on connaît un troisième point coté de chacune de ces échelles, savoir le point commun à leurs supports coté ξ_1 sur l'une, ξ_2 sur l'autre, ces deux échelles sont entièrement déterminées comme projectives respectivement de f_1 et de f_2 (n° 48).

Une fois ces échelles construites, il suffit pour avoir un point quelconque de l'échelle (z_3) de tirer deux alignements $z_1 z_2$ correspondants. Si, par exemple, l'échelle (z_3) est conique, on en détermine ainsi quatre points d'où l'on déduit ensuite tous les autres (n° 64).

73. **Nomogramme N_1 à un réseau.** — Si, suivant ce qui a été vu au n° 65, nous remplaçons l'échelle

---

[1] CLARK, n° 14.

curviligne (z_3) par un réseau (z_3, z_4), nous obtenons un nomogramme représentatif d'une équation de la forme

$$(1) \qquad f_1 g_{34} + f_2 h_{34} + f_{34} = 0,$$

constitué par les deux échelles rectilignes

$$(z_1) \qquad\qquad u = \mu_1 f_1$$

$$(z_2) \qquad\qquad v = \mu_2 f_2$$

et le réseau

$$(z_3, z_4) \qquad \mu_2 g_{34} u + \mu_1 h_{34} v + \mu_1 \mu_2 f_{34} = 0$$

ou

$$x = \delta \frac{\mu_1 h_{34} - \mu_2 g_{34}}{\mu_1 h_{34} + \mu_2 g_{34}}, \qquad y = \frac{- \mu_1 \mu_2 f_{34}}{\mu_1 h_{34} + \mu_2 g_{34}}.$$

On voit que ce mode de représentation est directement applicable aux équations à 3 coefficients arbitraires de la forme

$$(2) \qquad f(z) + n\varphi(z) + p\psi(z) + q\chi(z) = 0.$$

Posant, en effet :

$$u = \mu_1 p,$$

$$v = \mu_2 q,$$

on a le réseau (n, z) défini par

$$\mu_2 \psi u + \mu_1 \chi v + \mu_1 \mu_2 (f + n\varphi) = 0$$

ou

$$x = \delta \frac{\mu_1 \chi - \mu_2 \psi}{\mu_1 \chi + \mu_2 \psi}, \qquad y = \frac{- \mu_1 \mu_2 (f + n\varphi)}{\mu_1 \chi + \mu_2 \psi}.$$

L'expression de x étant indépendante de n, les lignes (z) du réseau (n, z) sont des parallèles à Oy (ce que nous sommes convenus d'appeler des lignes de rappel) qui déterminent sur l'axe AB ou Ox une échelle pro-

jective de $\dfrac{\psi}{\chi}$. ,

Pour obtenir les points correspondant aux diverses courbes (n) sur l'une de ces lignes de rappel, il suffit, donnant à z une valeur fixe dans l'expression de y. d'y faire varier n; on reconnaît, cette expression se présentant alors sous la forme

$$y = \alpha + \beta n,$$

α et β étant des constantes, qu'on obtient une échelle métrique. Lors donc qu'on aura construit l'une quelconque des courbes (n), par exemple celle qui correspond à $n = 0$, on aura, à la fois, toutes les autres quand on aura déterminé le module β répondant à chacune des lignes de rappel (z) d'abord tracées.

Une fois le nomogramme construit, on voit comment il se prête à la résolution de l'équation (2) : *on tend l'index entre les points cotés* p *et* q *sur les axes; il rencontre alors la courbe cotée* n *en certains points; les cotes* z *des lignes de rappel passant par ces points sont les racines cherchées.*

La transformation de Tschirnhausen permettant (par des opérations au plus du second degré, susceptibles elles-mêmes de représentation nomographique) de ramener toute équation algébrique de degré au plus égal à 7 à une forme canonique telle que (2) ne renfermant pas plus de 3 coefficients arbitraires, il s'ensuit que toute équation de cette espèce peut être résolue par la méthode ici exposée [1].

---

[1] O., **9** et O., **10**. Nous avons été amené à faire cette remarque à la suite de la proposition énoncée par M. D. Hilbert, devant le

En particulier, le type canonique auquel on peut ramener toute équation du $7^{\text{ième}}$ degré rentre dans le type (2) ci-dessus, si l'on pose :

$$f(z) = z^7 + \mathrm{1}, \qquad \varphi(z) = z^3, \qquad \psi(z) = z^2, \qquad \chi(z) = z.$$

Exemple. — Prenons l'équation complète du $3^{\text{ième}}$ degré

$$z^3 + nz^2 + pz + q = \mathrm{o}.$$

Elle sera, en vertu de ce qui précède, représentable par le nomogramme constitué par les échelles parallèles

$$u = \mathfrak{u}_1 p, \qquad v = \mathfrak{u}_2 q,$$

et le réseau

$$\mathfrak{u}_2 zu + \mathfrak{u}_1 v + \mathfrak{u}_1 \mathfrak{u}_2 (z^3 + nz^2) = \mathrm{o},$$

ou

$$x = \delta \, \frac{\mathfrak{u}_1 - \mathfrak{u}_2 z}{\mathfrak{u}_1 + \mathfrak{u}_2 z}, \qquad y = \frac{-\mathfrak{u}_1 \mathfrak{u}_2 (z^3 + nz^2)}{\mathfrak{u}_1 + \mathfrak{u}_2 z}.$$

Pour $n = \mathrm{o}$, on retrouve, bien entendu, le système $(z)^3$ construit dans l'exemple du n° 71. Les lignes de rappel (z) sont déterminées par l'échelle homographique définie sur AB par l'expression de x ; il reste à obtenir sur chacune d'elles l'échelle métrique formée par ses points d'intersection avec les diverses courbes (n). Comme on connaît déjà celui qui correspond à $n = \mathrm{o}$, obtenu au n° 71, il suffit d'en connaître un second, par exemple celui qui correspond à la cote $n = \dfrac{\mathfrak{u}_1}{\mathfrak{u}_2}$. Pour celui-ci on a :

$$y = - \mathfrak{u}_1 z^2.$$

On peut, dès lors, le marquer immédiatement lorsqu'on dispose d'une échelle parabolique du second degré[1]. On

---

Congrès international des mathématiciens de 1900 (Hilbert), au sujet de l'impossibilité de la résolution nomographique des équations algébriques générales de degré supérieur à 6 ; impossibilité qui ne visait, — ainsi que le savant géomètre l'a d'ailleurs parfaitement précisé, — que les représentations nomographiques *sans élément mobile,* c'est-à-dire rentrant dans le type général que nous avons défini au n° 57.

[1] Voir p. 171 et 251 (*Remarque*).

peut aussi remarquer que cette ordonnée est égale à la coordonnée *u* de la droite qui joint le point (*z*) correspondant à

u = o à l'origine B. Il en résulte que *la courbe* $n = \dfrac{u_1}{u_2}$ *est*

la transformée par l'abscisse (n° 19) de la courbe $n = o$,
B *étant le pôle et* Au *l'axe de la transformation.*

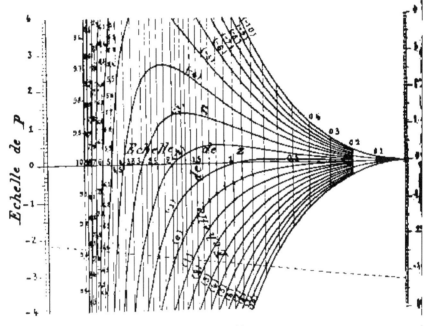

Fig. 115.

La figure 115 montre un fragment du nomogramme ainsi
construit avec $u_1 = u_2 = 1^{cm\,1}$.

La position de l'index marquée en pointillé correspond à
l'équation

$$z^3 + z^2 - 2,16\,z - 3,2 = 0,$$

pour laquelle on a $z = 1,6$.

1 O., **3**, Pl. VIII ; O., **4**, p. 335.

74. **Application des nomogrammes N_0 ou N_1 à la recherche de certaines lois empiriques**[1]. — L'usage des nomogrammes N_0 ou N_1 peut être d'un grand secours lorsqu'il s'agit de déterminer empiriquement des relations de la forme

$$(1) \qquad f_1 g_3 + f_2 h_3 + f_3 = 0,$$

qui se présentent si fréquemment dans la pratique. Supposons d'abord que f_1 et f_2 soient des fonctions connues et bien déterminées de z_1 et z_2. L'expérience nous ayant fourni un grand nombre de systèmes de valeurs correspondantes de z_1, z_2 et z_3, nous n'avons, après avoir porté sur Au et Bv, avec des modules quelconques, les échelles (z_1) et (z_2) des fonctions f_1 et f_2, qu'à prendre les alignements déterminés par deux couples de valeurs de z_1 et z_2 correspondant à une même valeur de z_3, pour avoir le point coté au moyen de cette valeur de z_3. En réalité, nous prendrons un nombre aussi grand que nous le pourrons de tels alignements, pour une même valeur de z_3, afin d'obtenir, par compensation, ce point coté aussi exactement que possible. Lorsque nous aurons ainsi marqué un certain nombre de points cotés z_3, l'échelle formée par leur ensemble, jointe aux échelles (z_1) et (z_2) d'abord marquées, constituera le nomogramme N_1 de la relation (1) sans que soit connue l'expression analytique des fonctions f_3, g_3, h_3.

Il pourra même se faire que l'on ne sache pas *a priori* que la relation envisagée soit susceptible de revêtir la forme (1). On en sera alors averti par le fait que les alignements déterminés par les couples (z_1, z_2) correspondant à une même valeur de z_3 passeront par un même point.

Une fois le nomogramme empiriquement construit comme il vient d'être dit, on peut se proposer de déterminer des expressions analytiques des fonctions f_3, g_3, h_3, qui, dans le champ considéré, fournissent une approximation suffi-

---

[1] On trouvera plus loin (n° 80) l'application de la méthode des points alignés (sans distinction du genre du nomogramme, et c'est pourquoi elle ne serait pas ici à sa place) à la détermination des coefficients de certaines formules d'interpolation, de forme donnée, par lesquelles on représente des lois empiriques.

sante. Cette détermination est assez aléatoire, attendu que
l'on a affaire à la fois à deux fonctions arbitraires (les quotients de deux des fonctions f_3, g_3, h_3 par la troisième). Ces
fonctions se réduisent toutefois à une seule si, comme nous
l'avons vu (n° 62), le support des points (z_3) est rectiligne,
ce qui est fréquemment le cas dans la pratique. Au surplus,
si ce support n'est pas rigoureusement rectiligne, on peut
le plus souvent, en le fractionnant convenablement, le remplacer par une ligne brisée à chacun des tronçons de laquelle
peut être appliqué ce qui va être dit maintenant.

Supposant donc le support de l'échelle (z_3) rectiligne, nous
relèverons cette échelle sur le bord d'une bande de papier,
et nous chercherons à la reporter sur les rayons de l'échelle
projetante d'une certaine fonction φ_3 (métrique, parabolique, logarithmique ...) sur la nature de laquelle la question
traitée nous fournira souvent une induction. Si ce report
(effectué comme il a été dit à la p. 173) réussit, c'est que
les fonctions f_3, g_3, h_3 sont de la forme

$$f_3 = a\varphi_3 + b, \qquad g_3 = a'\varphi_3 + b', \qquad h_3 = a''\varphi_3 + b'',$$

a, b, a', b', a'', b'' étant des constantes que l'on peut déterminer par la méthode des moindres carrés en remplaçant
dans (1) z_1, z_2 et z_3 par un certain nombre de systèmes de
valeurs correspondantes fournies par l'expérience.

Exemple I. — Pour une locomotive donnée, la vitesse V
avec laquelle elle peut faire franchir à un train de poids P
(y compris le sien propre) une rampe r, est liée à ces quantités par une équation de la forme [1]

$$r - \frac{F(V)}{P} + \Phi(V) = 0,$$

F et Φ étant des fonctions à déterminer empiriquement.

En adoptant comme unités le millimètre pour r, la tonne
pour P, le kilomètre à l'heure pour V, et portant sur Au et
Bv les échelles r et $\dfrac{-1}{P}$, avec les modules $u_1 = 1^{cm}$, et
$u_2 = 2700^{cm}$, M. M. Beghin a obtenu le nomogramme dont

---

[1] O., **4**, n° 85.

un fragment (réduit aux $\dfrac{4}{10}$ pour les besoins du format) est représenté par la figure 116. Il est facile de vérifier sur cette figure : 1° que les points (V) sont en ligne droite; 2° que cette échelle est projective d'une échelle métrique. Ces fonctions s'exprimeront donc homographiquement en fonction de V ; comme, d'autre part, étant donnée la façon

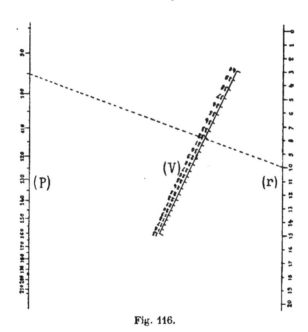

Fig. 116.

dont elles s'introduisent, il y a lieu de considérer qu'elles varient constamment dans le même sens que V, on les représentera par

$$F(V) = aV + b, \qquad \Phi(V) = a'V + b'.$$

La relation ci-dessus s'écrira donc :

$$r - \frac{aV + b}{p} + (a'V + b') = 0,$$

et on pourra en déterminer les coefficients a, b, a', b' comme il a été dit ci-dessus. On en tirera ensuite :

$$V = \frac{rP + b'P - b}{a - a'P}.$$

Exemple II. — En cherchant comment la consommation

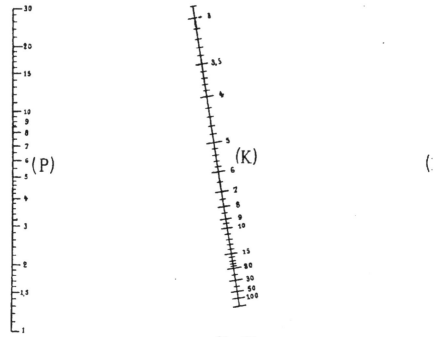

Fig. 117.

K d'une machine à vapeur (exprimée en kilogrammes par cheval-heure) dépend des pressions d'amont et d'aval P et p (exprimées en kilogrammes par centimètre carré), M. Rateau, sans avoir idée *a priori* de la forme analytique de la relation cherchée, a été amené[1] à porter sur Au et Bv, pour P et p, des échelles logarithmiques de même module. Il a ainsi

[1] Pour plus de détails, voir O., **4**, n° 87, et le mémoire original de M. Rateau (*Annales des Mines*, février 1897).

obtenu pour K (fig. 117) une échelle rectiligne projective d'une échelle métrique ; il en résulte que la relation cherchée est de la forme

$$(a + bK) \log p + (a' + b'K) \log P + a'' + b''K = 0,$$

que l'analyse de diverses particularités de la question (entraînant $b + b' = 0$ et $b'' = 0$) conduit à réduire à

$$(a + K) \log p + (a' - K) \log P + a'' = 0.$$

La détermination de a, a', a'' par la méthode des moindres carrés a donné :

$$a = -0,85, \quad a' = -0,07, \quad a'' = 6,95 ;$$

d'où [1]
$$K = 0,85 + \frac{6,95 - 0,92 \log P}{\log P - \log p}.$$

75. Application du principe des nomogrammes N_1 à la construction des paraboles d'ordre supérieur.

— Il s'agit ici d'une question qui appartient au domaine du calcul graphique proprement dit (voir n° 20) ; mais on va voir que la nouvelle solution qui va en être donnée repose sur un procédé purement nomographique dont le principe peut s'énoncer ainsi :

Si on veut déterminer chaque point d'une courbe quelconque rapportée à des axes Ox et Oy en fonction d'un paramètre t, il suffit de donner l'équation en u et v, à coefficients fonctions de t, du point courant de cette courbe, rapporté à des axes Au et Bv dont la liaison soit connue avec les axes cartésiens Ox et Oy. En particulier, on pourra prendre comme paramètre t l'abscisse x dans le système Oxy. Dès lors l'équation du point courant de la courbe s'écrira :

$$f(x) + u g(x) + v h(x) = 0.$$

---

[1] Cette formule a été légèrement modifiée par M. Lelong pour le cas de la vapeur surchauffée (*Bull. de l'Assoc. technique maritime*, session de 1899). M. Rateau a construit un nomogramme du même genre pour déterminer la proportion d'eau condensée pendant la détente adiabatique (*Congrès internat. de mécanique appliquée*, 1901, t. III). M. Soreau a, de son côté, traité divers exemples analogues (Soreau, **1**, n° 222, et **2**, p. 6).

Or, on peut toujours trouver deux fonctions $\varphi(x)$ et $\psi(x)$ telles que l'égalité

$$f(x) + \varphi(x)g(x) + \psi(x)h(x) = 0$$

ait lieu identiquement quel que soit x. Il suffit, en effet, si l'on se donne arbitrairement l'une de ces fonctions, de tirer l'autre de cette équation. Cela posé, si nous portons respectivement sur les axes Au et Bv les échelles

$$u = \varphi(x), \quad v = \psi(x),$$

nous voyons qu'il y aura alignement entre les points cotés x sur Au, sur Bv et sur la courbe. Or le point coté x sur la courbe est celui qui se trouve sur la ligne de rappel d'abscisse x. De là, la construction de ce point donné par l'intersection de la ligne de rappel d'abscisse x et de l'alignement déterminé par les points cotés x des échelles portées sur Au et Bv. Une telle construction ne sera d'ailleurs intéressante qu'autant que les fonctions $\varphi(x)$ et $\psi(x)$ seront de type usuel, c'est-à-dire de celles dont on peut aisément se procurer les échelles.

Remarquons d'ailleurs que si ces échelles se trouvent conjuguées d'une échelle métrique suivant le mode indiqué à la p. 170, on aura immédiatement les points de ces échelles correspondant aux points qui, sur l'échelle métrique, répondraient à diverses valeurs de x, sans avoir à se soucier de ces valeurs mêmes. Autrement dit, ayant choisi certain point sur Ox, on obtient ainsi, sur Au et Bv, les points qu'il convient de lui associer pour avoir par leur alignement, sur sa ligne de rappel, le point correspondant de la courbe à construire.

Telle est l'idée de principe dont M. F. Boulad a tiré un excellent parti [1] pour le tracé pratique des paraboles II_n de degré supérieur définies par une équation telle que

$$y = a_1 x + a_2 x^2 + \ldots + a_n x^n,$$

(le fait de choisir l'origine sur la courbe ne restreignant en rien la généralité). Nous nous bornerons à exposer sa solution pour le cas où n est au plus égal à 4, cas particulière-

[1] Boulad.

ment intéressant en raison des applications qu'il en peut être fait dans les calculs de résistance des ponts.

Soit donc à construire la parabole Π_4 définie par

$$(1) . \qquad y = a_1 x + a_2 x^2 + a_3 x^3 + a_4 x^4,$$

les modules suivant Ox et Oy étant choisis d'une manière quelconque.

Traçons d'abord la tangente OT à l'origine (fig. 118)

$$y = a_1 x,$$

et marquons le point P correspondant à l'abscisse $x = 1$ [1], dont l'ordonnée est, par suite, donnée par

$$y = a_1 + a_2 + a_3 + a_4.$$

Remarquons en passant que si sa ligne de rappel rencontre OT au point A, on a :

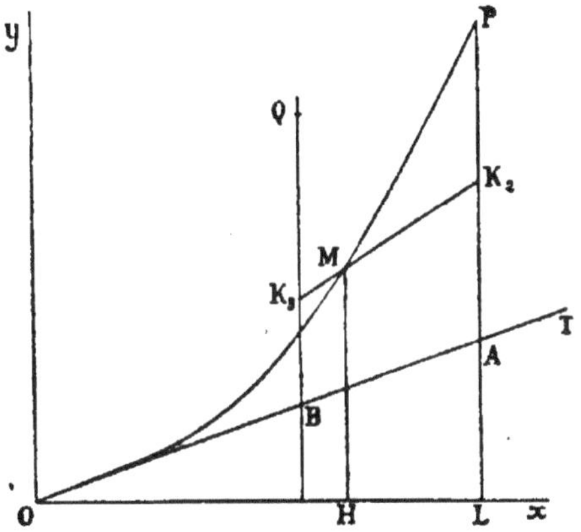

Fig. 118.

$$(2) \qquad AP = a_2 + a_3 + a_4.$$

Cela posé, nous allons voir que si, à la ligne de rappel AP, nous en adjoignons une autre BQ d'abscisse x_0, nous pourrons, en portant avec des modules convenables sur ces deux axes parallèles, respectivement à partir du point A et d'un point B_0 distant de B de y_0, les échelles x^2 et x^3, construire, comme il vient d'être dit, la parabole Π_4.

Soient, en effet, HM la ligne de rappel d'abscisse x, K_2 et K_3 les points cotés x sur les échelles x^2 et x^3, portées respectivement sur AP et BQ, à partir de A et B_0, avec des modules dont les rapports au module adopté suivant Oy seront désignés par ρ_2 et ρ_3.

[1] En pratique, on choisira le module de telle sorte que ce point P soit, autant que possible, le point extrême de l'arc à construire, en tout cas un point qui en soit très voisin.

Les points K_2 et K_3 ont, dès lors, respectivement pour coordonnées :

$$x = 1, \quad y = a_1 + \rho_2 x^2,$$
$$x = x_0, \quad y = y_0 + a_1 x_0 + \rho_3 x^3,$$

et leur alignement avec M s'exprime par

$$(3) \qquad \begin{vmatrix} x & y & 1 \\ 1 & a_1 + \rho_3 x^2 & 1 \\ x_0 & y_0 + a_1 x_0 + \rho_3 x^3 & 1 \end{vmatrix} = 0.$$

Si la parabole Π_4 définie par cette équation peut être identifiée à celle que nous voulons construire, la substitution à y de sa valeur (1) doit transformer (3) en une identité. Effectuant cette substitution et développant, on trouve :

$$[\rho_3 - (x_0 - 1)a_4]x^4 - [\rho_2 + \rho_3 + (x_0 - 1)a_3]x^3$$
$$+ [x_0\rho_2 - (x_0 - 1)a_2]x^2 + y_0 x - y_0 = 0,$$

qui se réduit à une identité si, d'une part, $y_0 = 0$, c'est-à-dire si le point B_0 se confond avec B, et, de l'autre,

$$x_0 \rho_2 = (x_0 - 1)a_2,$$
$$-\rho_2 - \rho_3 = (x_0 - 1)a_3,$$
$$\rho_3 = (x_0 - 1)a_4.$$

Faisant la somme de ces trois équations, après avoir multiplié les deux dernières par x_0, on a :

$$a_2 + x_0(a_3 + a_4) = 0,$$

d'où

$$(4) \qquad x_0 = \frac{-a_2}{a_3 + a_4}.$$

Les deux dernières donnent ensuite :

$$\frac{-\rho_2}{a_3 + a_4} = \frac{\rho_3}{a_4} = (x_0 - 1) = \frac{-(a_2 + a_3 + a_4)}{a_3 + a_4},$$

d'où

$$(5) \qquad \rho_2 = a_2 + a_3 + a_4,$$

$$(6) \qquad \rho_3 = \frac{-a_4}{a_3 + a_4}(a_2 + a_3 + a_4).$$

Les modules des échelles (x^2) et (x^3) sont donc respectivement égaux à AP et à $\dfrac{a_4}{a_3 + a_4}$ AP, que nous portons à partir de B en BQ (le cas d'un module négatif correspondant à une échelle portée dans le sens des y négatifs).

Connaissant dès lors les modules OL, AP, BQ des échelles (x), (x^2) et (x^3), on peut, en marquant sur OL un nombre quelconque de points H (de préférence équidistants ou à peu près), avoir immédiatement, par le moyen des échelles conjuguées de la figure 80 (p. 171), les points correspondants K_2 et K_3 sur AP et BQ. Les points de rencontre des droites K_2K_3 avec les lignes de rappel menées par les points H correspondants donnent les points M de la parabole cherchée.

Remarque I. — Si la parabole se réduit à une $\mathbf{\Pi}_3$, auquel cas $a_4 = 0$, on a aussi $\rho_3 = 0$ en vertu de (6); donc tous les points K_3 sont confondus avec B. Si la parabole se réduit à une $\mathbf{\Pi}_2$, on a, en outre, $a_3 = 0$, et (4) montre que $x_0 = \infty$; le point B est rejeté à l'infini sur la tangente OT; il suffit de mener par les points K_2 des parallèles à OT; cette dernière solution simplifiée est d'ailleurs évidente.

Remarque II. — Si la valeur (4) de x_0 conduit à un axe BQ en dehors des limites de l'épure, on construit dans un coin de la feuille une figure $abpq$ homothétique à ABPQ en réduisant les modules suivant Ox et Oy dans un même rapport quelconque. Les points homologues k_2 et k_3 de K_2 et K_3 sont marqués sur les échelles (x^2) et (x^3) de modules ap et bq au moyen des échelles conjuguées de la figure 80, comme ci-dessus; il n'y a plus ensuite qu'à mener par les points K_2 des parallèles aux directions k_2k_3 correspondantes.

C. — Nomogrammes à simple alignement de genre 2 et 3 (N_2 et N_3).

76. **Nomogrammes à échelles coniques superposées ou nomogrammes NC.** — Parmi les nomogrammes de genre 2 ou 3, — à propos desquels, au point de vue général, il n'y a lieu de rien ajouter à

ce que nous savons déjà, — nous distinguerons une catégorie spéciale mise en évidence par M. J. Clark à l'occasion de l'importante application ci-après (n°s 78 et 79), savoir ceux pour lesquels les supports de deux des échelles sont coniques et confondus, ces deux échelles étant pourtant distinctes l'une de l'autre, nomo - grammes que nous appellerons **NC**.

La forme canonique des équations correspondantes est[1] :

$$(1) \qquad f_1 f_2 f_3 + (f_1 + f_2) g_3 + h_3 = 0,$$

douée de la *symétrie nomographique* par rapport à z_1 et z_2.

Si, en effet, on cherche à effectuer la disjonction des variables, ainsi qu'il a été dit dans la *Remarque I* du n° 62, de façon à avoir pour (z_3) l'échelle

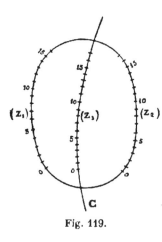

$$(z_3) \qquad u f_3 + v g_3 + h_3 = 0,$$

en posant :

$$f_1 f_2 = u, \quad f_1 + f_2 = v,$$

on voit que l'on a pour

(z_1) et (z_2) :

$$(z_1) \qquad u - v f_1 + f_1^2 = 0.$$

$$(z_2) \qquad u - v f_2 + f_2^2 = 0,$$

échelles ayant pour support commun la conique **C** (fig. 119) définie en coordonnées parallèles par l'équation

$$v^2 - 4u = 0,$$

Fig. 119.

---

[1] On voit que toute équation du type envisagé au n° 67 rentre dans celui-ci, où il suffit de faire $g_3 = 0$.

et telles que la correspondance entre les graduations résulte de l'équation

(2) $f_1 = f_2.$

Il suit de là que l'équation (1) peut se mettre sous la forme

(1 bis)
$$\begin{vmatrix} 1 & -f_1 & f_1^2 \\ 1 & -f_2 & f_2^2 \\ f_3 & g_3 & h_3 \end{vmatrix} = 0,$$

qui développée s'écrit — si l'on représente par F_{123} le premier membre de (1) — :

$$F_{123}(f_1 - f_2) = 0.$$

Autrement dit, la représentation par points alignés a lieu grâce à l'introduction du facteur parasite $f_1 - f_2$, conformément à ce qui a été vu p. 232.

C'est pourquoi l'équation (1) qui est d'ordre nomographique 3 ou 4, suivant que les fonctions f_3, g_3, h_3 sont ou non linéairement dépendantes, se trouve de cette façon représentée par un N_2 ou un N_3 au lieu d'un N_0 ou un N_1.

Lorsqu'on fera subir au nomogramme ainsi obtenu la transformation homographique la plus générale, on pourra, suivant la remarque de M. Clark (n° 64, *Remarque II*), se donner arbitrairement aux sommets d'un rectangle quatre points déterminés du support conique, par exemple ceux qui correspondent aux valeurs limites d'une part (a_1, b_1) de z_1, de l'autre (a_2, b_2) de z_2. On pourra même disposer de la similitude de ce rectangle de façon que le support conique soit un cercle. Il n'y a, en appelant A et B les points (z_1) cotés a_1 et b_1, C et D les points (z_2) cotés a_2 et b_2, qu'à calculer les valeurs correspondantes α, β, γ, δ, soit de f_1, soit de f_2 [égales en tout point du support en vertu de (2)] et de calculer par la formule

$$\operatorname{tg}^2\theta = \frac{\delta - \alpha}{\delta - \gamma} \cdot \frac{\beta - \gamma}{\beta - \alpha}$$

l'angle θ que AB doit faire avec AC (fig. 102, p. 235). Une fois marqués les quatre points A, B, C, D avec les cotes z_1 ou z_2 correspondantes, on sait construire l'échelle conique au moyen de deux échelles projetantes de la fonction f_1 ou de la fonction f_2. On se servira d'ailleurs bien évidemment de l'une pour l'arc a_1b_1 portant les cotes z_1, de l'autre pour l'arc a_2b_2 portant les cotes z_2, ces deux arcs n'empiétant généralement pas l'un sur l'autre dans les applications pratiques.

L'importance des nomogrammes **NC**, mise en évidence par M. Clark, qui en a, le premier, développé la théorie générale, tient à ce que leur adjonction aux nomogrammes $\mathbf{N_0}$ et $\mathbf{N_1}$ permet de faire la preuve qu'*une équation à trois variables, d'ordre nomographique 3 ou 4*, QUELCONQUE *est représentable en points alignés.*

Nous allons voir, en effet, ainsi que l'a établi M. Clark (mais en suivant une marche différente de la sienne) :

1° Qu'une équation d'ordre 3 quelconque est représentable par un **NC**;

2° Qu'une équation d'ordre 4, si elle n'est pas représentable par un $\mathbf{N_1}$ (n° 72), l'est par un **NC**.

77. **Nomogrammes NC à échelle circulaire.**
— Nous venons de voir que l'on peut toujours par homographie rendre circulaire le support conique d'un

nomogramme **NC**. Cette disposition spéciale, évidemment très favorable en pratique, mérite qu'on s'y arrête un instant.

M. Soreau a observé[1] que lorsque l'équation représentable par un **NC** est mise sous la forme (1 *bis*) du n° 76, on peut très aisément la transformer de façon à faire apparaître le support circulaire. En effet, une propriété très connue des déterminants [géométriquement équivalente à une homographie (n° 6)] permet de changer cette forme en

$$(1) \qquad \begin{vmatrix} 1 & f_1 & 1 + f_1^2 \\ 1 & f_2 & 1 + f_2^2 \\ f_3 & -g_3 & f_3 + h_3 \end{vmatrix} = 0.$$

Il suffit ensuite (puisqu'ici n'interviennent plus d'axes parallèles rendant préférable l'emploi des coordonnées u et v), d'interpréter cette équation en coordonnées cartésiennes (n° 62, *Remarque II*) en prenant :

$$(z_1) \qquad x = \frac{1}{1 + f_1^2}, \qquad y = \frac{f_1}{1 + f_1^2},$$

$$(z_2) \qquad x = \frac{1}{1 + f_2^2}, \qquad y = \frac{f_2}{1 + f_2^2},$$

$$(z_3) \qquad x = \frac{f_3}{f_3 + h_3}, \qquad y = \frac{-g_3}{f_3 + h_3},$$

les modules suivant Ox et Oy étant, bien entendu, égaux entre eux.

On voit ainsi que le support commun des échelles (z_1) et (z_2) est : $x^2 + y^2 - x = 0,$

---

[1] Soreau, **2**, p. 16.

Calcul graphique.   9

cercle décrit sur le module OA de Ox comme diamètre.

A notre tour, nous ferons remarquer que *l'échelle* (z_i) *s'obtient sur ce cercle en projetant à partir du point* A *l'échelle de la fonction* f_i *portée sur une parallèle* O'A' *à* Ox (fig. 120). Soit, en effet, h l'ordon-

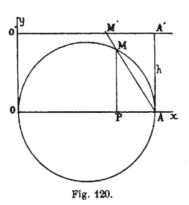

née de cette parallèle$\left(\text{c'est-}\right.$

à-dire le rapport $\left.\dfrac{AA'}{OA}\right)$.

Si x' représente la longueur A'M', également
évaluée avec le module OA, on a :

$$x' = -h \,\text{tg}\, AMP = -h\,\frac{1-x}{y}$$
$$= -hf_i.$$

De là, une fois le cercle OA tracé, le moyen de
marquer les échelles (z_1) et (z_2) par projection des
échelles f_1 et f_2.

M. Soreau a encore indiqué un autre moyen de
construire analytiquement les échelles circulaires [1].

Il consiste à transformer cette fois la forme (1 *bis*)
du n° 76 en

$$\begin{vmatrix} 1-(\lambda f_1+\mu)^2 & 2(\lambda f_1+\mu) & 1+(\lambda f_1+\mu)^2 \\ 1-(\lambda f_2+\mu)^2 & 2(\lambda f_2+\mu) & 1+(\lambda f_2+\mu)^2 \\ (1-\mu^2)f_3+2\lambda\mu g_3-\lambda^2 h_3 & 2(\mu f_3-\lambda g_3) & (1+\mu^2)f_3-2\lambda\mu g_3+\lambda^2 h_3 \end{vmatrix} = 0,$$

[1] Soreau, 2, p. 34.

et à prendre :

(z_1) $x = \dfrac{1 - (\lambda f_1 + \mu)^2}{1 + (\lambda f_1 + \mu)^2}$, $y = \dfrac{2(\lambda f_1 + \mu)}{1 + (\lambda f_1 + \mu)^2}$,

(z_2) $x = \dfrac{1 - (\lambda f_2 + \mu)^2}{1 + (\lambda f_2 + \mu)^2}$, $y = \dfrac{2(\lambda f_2 + \mu)}{1 + (\lambda f_2 + \mu)^2}$,

(z_3) $x = \dfrac{(1 - \mu^2)f_3 + 2\lambda\mu g_3 - \lambda^2 h_3}{(1 + \mu^2)f_3 - 2\lambda\mu g_3 + \lambda^2 h_3}$, $y = \dfrac{2(\mu f_3 - \lambda g_3)}{(1 + \mu^2)f_3 - 2\lambda\mu g_3 + \lambda^2 h_3}$,

parce qu'alors le support commun des échelles (z_1)
et (z_2) est le cercle $x^2 + y^2 = 1$.

Pour porter la graduation (z_i) sur ce cercle, M. Soreau
remarque que l'on a, en
appelant ω l'angle que le
rayon OM fait avec Ox
(fig. 121) :

$$\operatorname{tg} \frac{\omega}{2} = \lambda f_i + \mu,$$

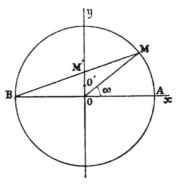

Fig. 121.

ce qui, si l'on a, une fois
pour toutes, gradué un cercle suivant les valeurs de

$\operatorname{tg} \dfrac{\omega}{2}$, permet, par appli-

cation d'un calque, d'obtenir rapidement l'échelle (z_i).

A notre tour, nous ferons remarquer que si la
droite BM coupe Oy en M' et si l'on marque sur cet
axe le point O' tel que $OO' = \mu$ (mesuré avec le module de Oy), la formule précédente montre que l'on a
$O'M' = \lambda f_i$, c'est-à-dire que l'*échelle* (z_i) *s'obtient en
projetant sur le cercle, du point B où ce cercle coupe la
partie négative de Ox, l'échelle de la fonction* f_i *portée à
partir de O' avec un module égal à* λOB.

Remarquons d'ailleurs, puisque, dans chacun des

deux cas ci-dessus, le centre de projection appartient à l'échelle circulaire à construire, que ces deux constructions apparaissent comme des cas particuliers du théorème général énoncé au n° 64 au sujet des échelles coniques quelconques.

On trouvera plus loin (n° 78, fig. 123, et n° 79. fig. 124) des exemples de telles échelles circulaires.

78. Représentation par un nomogramme NC de l'équation générale d'ordre nomographique 3. —

Le nomogramme **NC,** sur lequel les échelles (z_1) et (z_2) ont pour support commun une conique **C,** est de genre 2 si l'échelle (z_3) a pour support une droite **D,** auquel cas l'équation représentée est de l'ordre nomographique 3, soit de la forme (3) du n° 68, que nous récrivons :

$$(1) \qquad A f_1 f_2 f_3 + \Sigma B_i f_j f_k + \Sigma C_i f_i + D = 0.$$

Il est clair que les valeurs critiques définies au n° 69 correspondront aux points I et J de rencontre de la droite **D** et de la conique **C** (fig. 122),

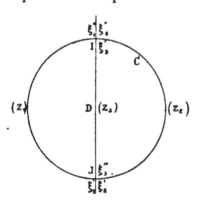

Fig. 122.

chaque valeur critique de z_3 étant associée aux deux valeurs critiques de z_1 et z_2 du groupe opposé au sien ; autrement dit, ξ_3' étant associée à ξ_1'' et ξ_2'' en I, ξ_3'' à ξ_1' et ξ_2' en J. Et, en effet, avec une telle disposition, on vérifie, ainsi que cela doit être, que deux valeurs critiques de groupes différents donnent bien toujours une valeur indéterminée : par exemple, ξ_1' et ξ_3'' donnent pour alignement une droite quelconque passant par J (valeur indéterminée pour z_2); ξ_1' et ξ_2'' donnent pour alignement la droite **D** elle-même (valeur indéterminée pour z_3), etc.

Tandis que si l'on associe, par exemple, ξ'_1 et ξ'_2, auquel cas l'alignement se confond avec la tangente en J à la conique C, la valeur ξ''_3 qui en résulte pour z_3 est parfaitement déterminée.

Ainsi, les deux valeurs critiques inscrites sur C en I et en J sont de même groupe; autrement dit, elles sont telles que les valeurs correspondantes de f_1 et f_2 satisfont à l'équation $[(7)$ du n° 69$]$,

$$(2) \qquad 2E_1 f_1 - F_1 = 2E_2 f_2 - F_2,$$

les E_i, F_i ayant la signification définie à cet endroit.

Cette relation, rapprochée de (2) du n° 76, fait prévoir que pour réduire l'équation générale d'ordre 3, ci-dessus numérotée (1), à la forme canonique (1) du n° 76, il faut substituer à f_1 et f_2 les fonctions φ_1 et φ_2 définies par

$$\varphi_1 = 2E_1 f_1 - F_1, \quad \varphi_2 = 2E_2 f_2 - F_2.$$

Et, en effet, si l'on porte dans l'équation (1) ci-dessus les valeurs de f_1 et f_2 tirées de là, soit

$$f_1 = \frac{\varphi_1 + F_1}{2E_1}, \quad f_2 = \frac{\varphi_2 + F_2}{2E_2},$$

et si l'on remarque, d'autre part, eu égard aux égalités de définition du n° 69, que l'on a, en posant, en outre,

$$H_i = B_i(F_0 - 2B_j C_j - 2B_k C_k) + 2AC_j C_k,$$
$$K = AF_0 - 2B_1 B_2 B_3,$$

les relations (assez curieuses en elles-mêmes et que nous avons déjà remarquées[1]),

$$F_j B_i + 2E_j C_k = F_k B_i + 2E_k C_j = H_i,$$
$$AF_i + 2E_i B_i = K,$$

quel que soit i, on trouve que l'équation se transforme en

$$(3) \qquad \varphi_1 \varphi_2 (Af_3 + B_3) + (\varphi_1 + \varphi_2)(Kf_3 + H_3)$$
$$+ L_3 f_3 + M_3 = 0,$$

---

[1] O., **13**, n° 6.

équation où l'on a encore posé :

$$L_3 = AF_1F_2 + 2B_1E_1F_2 + 2B_2E_2F_1 + 4C_3E_1E_2,$$
$$M_3 = BF_1F_2 + 2C_1E_2F_1 + 2C_2E_1F_2 + 4DE_1E_2,$$

et qui rentre bien dans le type (1) du n° 76.

On voit ainsi que les échelles (z_1) et (z_2) peuvent être portées sur une même conique **C** moyennant que les valeurs de z_1 et z_2 correspondant à un même point satisfassent à la relation (2).

Grâce à la connaissance de cette relation [1], on pourra donc, ainsi qu'il a été expliqué au n° 76, construire, sans nulle disjonction préalable, l'échelle conique double pour z_1 et z_2, par projection des échelles fonctionnelles de f_1 et f_2.

Cela fait, deux couples d'alignements entre les échelles (z_1) et (z_2) donnent deux points de l'échelle (z_3) qu'il suffit de joindre pour avoir la droite **D**; l'intersection d'un troisième alignement et de cette droite fournit un troisième point de l'échelle (z_3) qui suffit à déterminer entièrement cette échelle, puisqu'elle est projective d'une fonction connue f_3.

Remarque I. — Puisque, si l'on cote les points de l'échelle (z_1) ou (z_2) au moyen des valeurs correspondantes de f_1 ou f_2, le faisceau qui les unit à l'un quelconque d'entre eux est projectif d'une échelle métrique [2], on voit que les points de rencontre I et J de la droite **D** et de la conique **C** seront réels ou imaginaires suivant que les valeurs σ_1' et σ_1'' de f_1 seront elles-mêmes réelles ou imaginaires, c'est-à-dire suivant que Δ sera positif ou négatif (n° 69).

Si donc $\Delta > 0$ (cas où l'équation est aussi représentable projectivement par un N_0), on peut marquer sur **C** les points I et J qui donnent par leur jonction le support de **D** de l'échelle (z_3). On connaît d'ailleurs les cotes ξ_3' et ξ_3'' de ces points sur cette échelle. Il suffit alors, par un seul alignement, d'obtenir un troisième point de cette échelle pour qu'elle soit entièrement déterminée.

---

[1] Donnée pour la première fois dans O., **13**, n° 11.
[2] Voir la note 1 de la page 256.

Si $\Delta = 0$ (cas où l'équation est aussi représentable par un $\mathbf{N}_0'$), les valeurs σ_1' et σ_1'' devenant égales, les points I et J se confondent et la droite $\mathbf{D}$ est tangente à la conique $\mathbf{C}$.

Remarque II. — Rien, dans l'analyse précédente, ne distingue la variable z_3 des variables z_1 et z_2; la démonstration faite en accouplant z_1 et z_2 peut donc aussi bien se faire en accouplant z_2 et z_3, ou encore z_3 et z_1. Seulement les facteurs parasites deviendront alors :

$$(2E_2 f_2 - F_2) - (2E_3 f_3 - F_3),$$

ou

$$(2E_3 f_3 - F_3) - (2E_1 f_1 - F_1).$$

Cela fait pressentir qu'il doit exister un mode de représentation nomographique de l'équation (1) ci-dessus, rigoureusement symétrique par rapport aux trois variables.

M. Clark a, en effet, démontré[1] que toute équation réductible à la forme (1) du n° 76 est susceptible d'être représentée au moyen de trois échelles portées sur une même cubique. On ramène d'abord, pour cela, cette équation à la forme canonique

$$\varphi_1 \varphi_2 \varphi_3 + \beta \Sigma \varphi_i \varphi_j + \gamma \Sigma \varphi_i + \delta = 0,$$

qui peut être écrite :

$$\begin{vmatrix} \varphi_1 + \beta & \varphi_1^2 - \gamma & \varphi_1^3 + \delta \\ \varphi_2 + \beta & \varphi_2^2 - \gamma & \varphi_2^3 + \delta \\ \varphi_3 + \beta & \varphi_3^2 - \gamma & \varphi_3^3 + \delta \end{vmatrix} = 0,$$

moyennant l'introduction des facteurs parasites

$$(\varphi_1 - \varphi_2)(\varphi_2 - \varphi_3)(\varphi_3 - \varphi_1).$$

Ce résultat offre un intérêt évident, mais d'ordre plutôt théorique; nous ne nous y arrêterons donc pas longuement.

· Remarquons toutefois qu'en ce cas les valeurs critiques σ_i' et σ_i'' des fonctions f_i viennent se grouper au point double du support cubique unique, où celles d'un même groupe

---

[1] CLARK, chap. v. Ce résultat a été établi différemment par M. Soreau (en même temps d'ailleurs que la plupart de ceux que M. Clark avait, en 1905, communiqués au Congrès de Cherbourg de l'A. F. A. S.) dans son second mémoire (SOREAU, **2**, p. 17).

(σ') ou (σ'') doivent être affectéés à une même branche ; l'alignement tangentiel défini par deux d'entre elles coupant dès lors la seconde branche en un point de cote bien déterminée (appartenant au groupe opposé).

Il appert de là que suivant que $\Delta > 0$, $\Delta = 0$ ou $\Delta < 0$, le support cubique a un point double à tangentes réelles (crunodal), confondues (cuspidal) ou imaginaires (acnodal).

Exemple. — Pour déterminer le rapport m entre l'épaisseur et le rayon intérieur d'un tuyau soumis à une forte pression intérieure p, lorsque R est le maximum de la tension de la matière dans la paroi (p et R étant exprimés avec la même unité, généralement le kilogramme par millimètre carré), Lamé a donné la formule

$$m = \sqrt{\frac{R+p}{R-p}} - 1,$$

qui peut s'écrire :

$$-\frac{p}{R} + \frac{(1+m)^2 - 1}{(1+m)^2 + 1} = 0,$$

laquelle rentre dans le type canonique (1) du n° 76 (sous la forme particulière visée par la note 1 de la page 286) lorsqu'on prend :

$$f_1 = p, \quad f_2 = -\frac{1}{R}, \quad f_3 = 1, \quad g_3 = 0,$$

$$h_3 = \frac{(1+m)^2 - 1}{(1+m)^2 + 1}.$$

En la mettant sous la forme du déterminant correspondant au second procédé indiqué au n° 77, M. Soreau l'a transformée en

$$\begin{vmatrix} 1 & \dfrac{p}{5} & \left(\dfrac{p}{5}\right)^2 \\[2ex] 1 & -\dfrac{10}{R} & \left(\dfrac{10}{R}\right)^2 \\[2ex] 1 & 0 & 2\,\dfrac{(1+m)^2 - 1}{(1+m)^2 + 1} \end{vmatrix} = 0,$$

ce qui lui a, fourni le nomogramme représenté par la figure 123. Il a d'ailleurs simplifié l'établissement de la graduation par la remarque que tous les alignements correspondant à $p = R$ passent par le point fixe $m = \infty$.

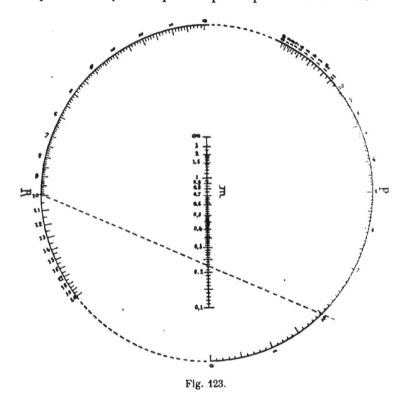

Fig. 123.

Il est clair, puisque l'équation ci-dessus rentre dans le type du n° 67, qu'elle est également représentable par un N à deux échelles parallèles. Ce dernier nomogramme a été aussi construit par M. Soreau [1].

79. Équations à trois variables d'ordre nomographique 4 représentables par un NC. — Eu égard à la

---

[1] SOREAU, 1, n° 69.

note 2 de la page 254, on peut dire que *toute équation d'ordre nomographique 3 peut être, ad libitum, représentée par un* N_0 (n° 68) *ou un* **NC** (n° 79). Si donc on se place au point de vue de la théorie générale, on constate qu'en ce qui concerne l'ordre 3, l'introduction des nomogrammes **NC** n'a d'autre avantage que de permettre une représentation purement projective dans le cas où $\Delta < 0$[1].

Mais quand il s'agit des équations d'ordre 4, son intérêt va bien plus loin. Nous avons vu, en effet (n° 72), que pour qu'une telle équation soit représentable par un N_0, — auquel cas elle est réductible au type canonique du n° 71, — il faut qu'une certaine condition algébrique soit vérifiée (ce qui est d'ailleurs le cas le plus fréquent dans la pratique). Or, M. Clark a démontré que, lorsque cette circonstance n'a pas lieu, c'est-à-dire lorsque l'équation d'ordre 4 n'est pas réductible à la forme canonique

$$f_1 g_3 + f_2 h_3 + f_3 = 0,$$

elle l'est nécessairement à la forme du n° 76, savoir

$$(\text{I}) \qquad f_1 f_2 f_3 + (f_1 + f_2)g_3 + h_3 = 0,$$

et est, par suite, représentable par un **NC**[2].

On voit la différence capitale avec le cas de l'ordre 3.

Pour l'ordre 3, la représentation peut se faire au choix par un N_0 *ou un* **NC**. *Pour l'ordre 4, si la représentation est possible par un* N_0, *elle ne l'est pas par un* **NC**, *et réciproquement.*

Grâce donc, en ce qui concerne l'ordre 4, à l'introduction

---

[1] Il convient de noter à cet égard que l'immense majorité des équations d'ordre 3 fournies par les applications pratiques rentrent dans le type $\Delta \gtreqless 0$, et, par suite, sont projectivement représentables par un N_0. Pour avoir un exemple du type $\Delta < 0$, M. Clark (CLARK, n° 29) a dû recourir à une équation choisie exprès et non, à proprement parler, puisée dans la pratique, savoir :

$$\operatorname{tg} \varphi_3 = \frac{\operatorname{tg} \varphi_1 + \operatorname{tg} \varphi_2}{1 - \operatorname{tg} \varphi_1 \operatorname{tg} \varphi_2},$$

[équivalente à $\varphi_1 + \varphi_2 = \varphi_3$, et qui, à cet égard, fournit l'exemple le plus simple de l'anamorphose indiquée par M. Fontené (note 2 de la page 254)].

[2] Nous avons donné une démonstration nouvelle de cet important résultat dans O., **13**, n° 12.

des **NC**, M. Clark a pu établir que *toute équation à trois variables d'ordre nomographique 3 ou 4 est représentable par un nomogramme à points alignés.*

La réduction d'une équation à trois variables d'ordre 4 à l'un ou à l'autre des types canoniques correspondants est, en général, assez compliquée. Mais il est certains types particuliers pour lesquels elle peut s'effectuer assez aisément. De ce nombre est le suivant[1] :

$$(m_1 f_1 + n_1)(m_2 f_2 + n_2) f_3 + (p_1 f_1 + q_1)(p_2 f_2 + q_2) g_3$$
$$+ (r_1 f_1 + s_1)(r_2 f_2 + s_2) h_3 = 0,$$

où les f, g, h continuant à représenter pour nous des fonctions les m, n, p, q, r, s représentent des coefficients numériques.

Si nous faisons le changement de fonctions

$$\varphi_1 = \frac{m_1 f_1 + n_1}{r_1 f_1 + s_1}, \qquad \varphi_2 = \frac{m_2 f_2 + n_2}{r_2 f_2 + s_2},$$

nous avons :

$$\frac{p_1 f_1 + q_1}{r_1 f_1 + s_1} = p_1' \varphi_1 q_1', \qquad \frac{p_2 f_2 + q_2}{r_2 f_2 + s_2} = p_2' \varphi_2 q_2',$$

avec $\qquad p_1' = \dfrac{q_1 r_1 - p_1 s_1}{n_1 r_1 - m_1 s_1}, \qquad q_1' = \dfrac{n_1 p_1 - m_1 q_1}{n_1 r_1 - m_1 s_1}.$

et de même pour l'indice 2.

L'équation donnée s'écrit alors :

$$\varphi_1 \varphi_2 f_3 + (p_1' \varphi_1 + q_1')(p_2' \varphi_2 + q_2') g_3 + h_3 = 0,$$

ou

$$\varphi_1 \varphi_2 (f_3 + p_1' p_2' g_3) + (p_1' q_2' \varphi_1 + p_2' q_1' \varphi_2) g_3 + q_1' q_2' g_3 + h_3 = 0.$$

ou encore, si l'on pose $\qquad p_1' q_2' \varphi_1 = \psi_1, \qquad p_2' q_1' \varphi_2 = \psi_2$:

$$\psi_1 \psi_2 \frac{f_3 + p_1' p_2' g_3}{p_1' q_1' p_2' q_2'} + (\psi_1 + \psi_2) g_3 + (q_1' q_2' g_3 + h_3) = 0,$$

qui appartient bien au type canonique (1) ci-dessus[2].

---

[1] O., **4**, n° 48. Ce type d'équation a été rencontré par M. Massau au cours de ses recherches sur les nomogrammes à trois systèmes de droites quelconques. (Voir page 190.)

[2] Voir l'exemple donné dans O., **4**, n° 81.

Exemple. — Dans le triangle ABC, dont l'angle en A est
très petit, on connaît les côtés *b* et *c* et l'angle C, et on se
propose de calculer la différence ε des côtés *a* et *c*, soit

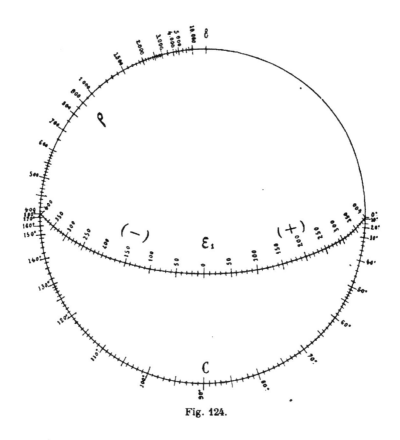

Fig. 124.

$ε = a — c$. C'est, lorsque le côté *b* a été obtenu par observation en A du sommet B au télémètre, ce qu'on appelle la
correction télémétrique. Elle résulte de l'équation

$$c^2 = (c + ε)^2 + b^2 — 2b(c + ε) \cos C,$$

ou, si l'on prend comme arguments

$$\frac{c}{b} = \rho, \qquad \frac{\varepsilon}{d} = \varepsilon_1$$

$$-\rho \cos C + \varepsilon_1(\rho - \cos C) + \frac{1 + \varepsilon_1^2}{2} = 0,$$

qui, lorsqu'on pose :

$$f_1 = \rho, \quad f_2 = \cos C, \quad f_3 = 1, \quad g_3 = -\varepsilon_1, \quad h_3 = \frac{1 + \varepsilon_1^2}{2},$$

rentre dans le type (1) du n° 76. Donc, par application de l'équation (1) du n° 77, on peut écrire :

$$\begin{vmatrix} 1 & \rho & 1 + \rho^2 \\ 1 & -\cos C & 1 + \cos^2 C \\ 1 & -\varepsilon_1 & \dfrac{3 + \varepsilon_1^2}{2} \end{vmatrix} = 0.$$

Le nomogramme correspondant[1] (fig. 124) est le transformé par doublement des cordonnées de celui qu'avait d'abord construit le capitaine Ricci[2], de l'artillerie italienne.

80. Application de la méthode des points alignés à certaines interpolations. — Le capitaine d'artillerie Batailler[3] a très heureusement appliqué la méthode des points alignés à l'interpolation suivant certains types fonctionnels comportant quatre paramètres arbitraires, notamment

$$(1) \qquad y = AF(x, p) + BG(x, q)$$

et tels que l'équation différentielle du 2ième ordre obte-

[1] Soreau, **2**, p. 33.
[2] Ricci, p. 52.
[3] Batailler.

nue par l'élimination de A et B puisse se mettre sous
la forme

$$(2) \qquad \begin{vmatrix} f_1 & g_1 & h_1 \\ f_2 & g_2 & h_2 \\ f_3 & g_3 & h_3 \end{vmatrix} = 0,$$

f_1, g_1, h_1 étant des fonctions de x, y, y', y'' (c'est-à-dire
de x seulement), et les éléments des deux autres lignes
des fonctions respectivement de p seulement et de q
seulement.

Supposons que l'expérience nous ait fourni un grand
nombre de valeurs de y répondant à autant de valeurs
de x. Considérant ces quantités comme des coordonnées
cartésiennes, nous tracerons la courbe lieu des points
(x,y) ainsi que ses tangentes en un certain nombre de
points, que nous pourrons toujours obtenir approximativement au moyen d'une courbe d'erreur (p. 104,
Remarque I). Cela fait, nous en déduirons, par
la construction connue (p. 92, *Remarque*), les deux
premières courbes dérivées de sorte que, pour chaque
valeur de x, nous connaîtrons empiriquement non seulement la valeur de y, mais encore celles des deux premières dérivées y' et y''. Il nous sera donc possible
d'avoir, pour chaque valeur de x, les valeurs des fonctions f_1, g_1, h_1 ci-dessus.

Ceci posé, construisons le nomogramme de l'équation (2) constitué par les échelles

$$(x) \qquad f_1 + ug_1 + vh_1 = 0,$$
$$(p) \qquad f_2 + ug_2 + vh_2 = 0,$$
$$(q) \qquad f_3 + ug_3 + vh_3 = 0.$$

Si la fonction cherchée peut être mise rigoureusement sous la forme (1), l'équation différentielle (2), pour les valeurs de p et q qui doivent figurer dans (1), sera vérifiée quel que soit x. Cela aura lieu si l'échelle (x) est rectiligne et que les valeurs de p et q soient celles qui correspondent aux points de rencontre des échelles (p) et (q) avec le support de x[1].

Ces valeurs de p et q étant portées dans (1), on peut regarder A et B comme des valeurs de u et v satisfaisant aux équations de tous les points donnés, en coordonnées parallèles, par l'équation

$$uF(x, p) + vG(x, q) = y,$$

dans laquelle on fait varier x. Tous ces points, si on les construit séparément, viennent donc s'aligner sur une droite dont les coordonnées sont $u = A$, $v = B$.

Exemple. — Parmi les divers exemples traités par le capitaine Batailler, nous choisirons le suivant :

$$y = Ax^p + Bx^q.$$

L'élimination de A et B entre cette équation et ses deux premières dérivées donne immédiatement :

$$\begin{vmatrix} y & y' & y'' \\ x^p & px^{p-1} & p(p-1)x^{p-2} \\ x^q & qx^{q-1} & q(q-1)x^{q-2} \end{vmatrix} = 0.$$

Multipliant la 2ième colonne par x, la 3ième par x^2, puis divisant la 2ième ligne par x^p et la 3ième par x^q, on transforme cette équation en

$$\begin{vmatrix} y & xy' & x^2y'' \\ 1 & p & p(p-1) \\ 1 & q & q(q-1) \end{vmatrix} = 0.$$

---

[1] On voit que les valeurs cherchées de p et q peuvent être considérées comme des valeurs critiques (p. 256) pour le nomogramme construit.

· On voit qu'ici les systèmes (p) et (q) se réduisent à un seul (z) défini par

$$1 + zu + z(z - 1)v = 0,$$

ou

$$1 + z(u - v) + z^2v = 0,$$

constituant une échelle conique que l'on sait construire (n° 64). Si la compensation donnée par cette forme d'interpolation est suffisante pour le cas que l'on a en vue, les points (x) définis par

$$y + xy'u + x^2y''v = 0,$$

(y, y', y'' ayant en fonction de x les valeurs déterminées empiriquement comme il a été dit plus haut) viennent se disposer sur une droite, et les cotes des points où cette droite rencontre l'échelle conique (z) sont les valeurs cherchées de p et q; A et B se déterminent ensuite ainsi qu'il vient d'être dit.

C'est ainsi qu'en cherchant à mettre l'inverse de la fonction $F(V)$ donnant la résistance de l'air au mouvement d'un projectile sous la forme

$$\frac{K}{F(V)} = AV^p + BV^q,$$

K étant un coefficient qui dépend du choix des unités, le capitaine Batailler a retrouvé la formule d'Œkinghaus

$$\frac{K}{F(V)} = \left(\frac{V}{520}\right)^{-6,5} + 9\left(\frac{V}{520}\right)^{-1,5}.$$

D. — Nomogrammes à alignements multiples.

81. **Principe du double alignement**[1]. — Si une équation à quatre variables

$$F_{1234} = 0$$

---

[1] O., **4**, chap. III, sect. V, A.

peut être obtenue par l'élimination d'une variable auxiliaire z (dont f, g, h représentent des fonctions quelconques) entre deux équations telles que

$$\begin{vmatrix} f & g & h \\ f_1 & g_1 & h_1 \\ f_2 & g_2 & h_2 \end{vmatrix} = 0 \quad \text{et} \quad \begin{vmatrix} f & g & h \\ f_3 & g_3 & h_3 \\ f_4 & g_4 & h_4 \end{vmatrix} = 0,$$

il est clair que l'on pourra superposer les nomogrammes de ces deux équations en adoptant pour chacun d'eux la même échelle
(z) (fig. 125). Il sera d'ailleurs inutile de graduer l'é-
chelle (z) dont il suffira de
conserver le support C^1, attendu qu'on n'a générale-
ment pas besoin de connaître
la valeur de z, éliminée par
le fait de la superposition

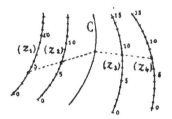

Fig. 125.

des échelles correspondantes des deux nomogrammes.
Un système de valeurs de z_1, z_2, z_3, z_4 satisfaisant à
l'équation proposée sera alors tel que *les alignements*
(z_1, z_2) *et* (z_3, z_4) *se couperont sur la ligne* C.

De là, le mode d'emploi du nomogramme, si l'inconnue est, par exemple, z_4 : *on prend l'alignement*
(z_1, z_2) *qu'on fait ensuite pivoter autour du point où il
rencontre la ligne* C *jusqu'à ce qu'il vienne à passer par
le point* (z_3), *il coupe alors la dernière échelle au point*
(z_4) *cherché.*

Pour cette raison, le point où les deux alignements

---

rencontrent la ligne C est dit le *pivot ;* elle-même est alors la *ligne des pivots ;* on peut aussi, plus simplement, l'appeler la *charnière*.

Indiquant par un exposant le nombre des alignements successifs à prendre sur le nomogramme, nous désignerons par la notation N^2 le nouveau type que nous étudions ici.

Le cas pratiquement le plus intéressant est celui où la charnière est rectiligne. En ce cas, si, faisant usage des coordonnées parallèles u et v, on la prend pour axe des u, les équations ci-dessus des deux nomogrammes partiels deviennent

$$\begin{vmatrix} f & -1 & 0 \\ f_1 & g_1 & h_1 \\ f_2 & g_2 & h_2 \end{vmatrix} = 0 \quad \text{et} \quad \begin{vmatrix} f & -1 & 0 \\ f_3 & g_3 & h_3 \\ f_4 & g_4 & h_4 \end{vmatrix} = 0,$$

entre lesquelles l'élimination de la variable auxiliaire z, c'est-à-dire de f, est immédiate ; elle donne :

$$(1) \qquad (f_1 h_2 - f_2 h_1)(g_3 h_4 - g_4 h_3)$$
$$- (g_1 h_2 - g_2 h_1)(f_3 h_4 - f_4 h_3) = 0.$$

Tel est donc le type canonique correspondant de l'équation $F_{1234} = 0$.

Continuant à appeler genre du nomogramme le nombre des échelles curvilignes qu'il comporte (abstraction faite de la charnière), nous dirons donc que le type général de nos N^2 est de genre 4 ; et nous le désignerons par N_4^2.

Le cas particulier le plus fréquent est celui d'un N_4^2 où chaque nomogramme partiel comporte, en outre, une échelle rectiligne parallèle à la charnière. soient (z_1) et (z_2). Dans ce cas,

$$g_1 = g_3 = 0, \quad h_1 = h_3 = -1,$$

et comme, sans nuire à la généralité, on peut prendre,
en outre, $g_2 = g_4 = 1$, le type (1) devient :

$$(1') \qquad f_1 h_2 + f_2 - (f_3 h_4 + f_4) = 0.$$

En ce cas, on peut d'ailleurs, pour faciliter la construction, prendre le sup-
port de (z_1), ou de (z_3),
comme axe des v du no-
mogramme partiel cor-
respondant, et, de plus,
faire coïncider ces deux
axes des v, les gradua-
tions relatives d'une part
à (z_1), de l'autre à (z_3)
étant portées de part et
d'autre de l'axe com-
mun. La disposition du
nomogramme à double
alignement correspon-

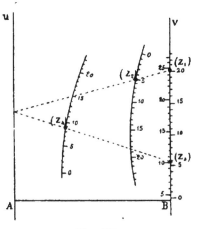

Fig. 126.

dant est alors celle de la figure 126, la charnière étant Au.

On peut transformer par homographie un nomogramme à double comme un nomogramme à simple
alignement, puisqu'une telle transformation n'altère
pas les alignements de points. En particulier, on peut
rejeter la charnière à l'infini ; auquel cas, les deux alignements (z_1, z_2) et (z_3, z_4) deviennent parallèles
(fig. 127).

Pour réaliser ces deux alignements parallèles, on peut
se servir d'un transparent mobile sur lequel on a tracé
un faisceau de droites parallèles[1] équidistantes assez rap-

---

[1] Cet artifice rentre dans celui indiqué (n° 62, *Remarque III*),

prochées pour que, si l'on a fait coïncider l'une d'elles
avec l'alignement (z_1, z_2), on ait le second alignement
(z_3, z_4) par une simple
interpolation visuelle
dans le faisceau (in-
terpolation indiquée
sur la figure 127 par
la ligne pointillée).

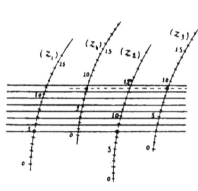

Fig. 127.

C'est sous cette
forme que le procédé
a été proposé par M.
M. Beghin[1]; les no-
mogrammes corres-
pondants peuvent alors
être dits à *parallèles
mobiles*.

Mais nous ferons remarquer que, lorsque l'équation
à représenter a été mise sous la forme (1), on a immédiatement le nomogramme de l'une ou de l'autre variété
suivant que, dans les déterminants par lesquels se fait
la disjonction, on considère les éléments comme des
coefficients d'équations en u et v (en faisant correspondre les deux dernières colonnes à u et v) ou comme
des coordonnées cartésiennes x et y (en faisant correspondre les deux premières colonnes à x et y)[2], puisque
dans ce second cas les coordonnées du pivot sont infinies.

Par exemple, l'équation (1') sera représentée par un

[1] BEGHIN et O., **4**, n° 97.
[2] C'est là une application de la *Remarque II* du n° 62.

nomogramme à charnière (confondue avec l'axe Au)
lorsqu'on définira ses échelles par

$$\text{(A)} \begin{cases} (z_1) & v - f_1 = 0, & (z_3) & v - f_3 = 0, \\ (z_2) & u + h_2 v + f_2 = 0, & (z_4) & u + h_4 v + f_4 = 0, \end{cases}$$

et par un nomogramme à alignements parallèles, lorsqu'on les définira par

$$\text{(B)} \begin{cases} (z_1) & x = -f_1,\ y = 0, & (z_3) & x = -f_3,\ y = 0, \\ (z_2) & x = \dfrac{f_2}{h_2},\ y = \dfrac{1}{h_2}, & (z_4) & x = \dfrac{f_4}{h_4},\ y = \dfrac{1}{h_4}. \end{cases}$$

Remarque I. — Dans le cas des alignements parallèles, il
est clair qu'on peut donner à l'ensemble des échelles (z_3)
et (z_4) par rapport à l'ensemble des échelles (z_1) et (z_2) une
translation quelconque, ce qui permet de faire en sorte que
deux quelconques des échelles n'aient jamais le même support.

Remarque II. — Dans le cas du double alignement concourant, on peut adopter des modules différents pour les x
et les y. Dans celui du double alignement parallèle, on peut,
en outre, multiplier ces deux modules par un même rapport quelconque en passant de l'ensemble (z_1) et (z_2) à l'ensemble (z_3) et (z_4).

Exemple. — Soit la formule de M. Bazin pour l'écoulement de l'eau dans les canaux découverts

$$U = \frac{87 \sqrt{RI}}{1 + \dfrac{\gamma}{\sqrt{R}}} ;$$

où U désigne la vitesse moyenne (en m. par seconde), R le
rayon moyen (en m.), I la pente, γ un coefficient numérique qui dépend de la nature de la paroi et sera, d'après
cela, traité comme une variable. Il suffit d'écrire cette formule

$$\frac{\gamma}{R} + \frac{1}{\sqrt{R}} = \frac{87 \sqrt{I}}{U},$$

et de prendre :

$$z_1 = \gamma, \quad z_2 = R, \quad z_3 = I, \quad z_4 = U,$$

pour reconnaître qu'elle rentre dans le type (1′) ci-dessus.
Si donc on prend l'axe Au comme charnière, on obtient
le nomogramme demandé en construisant les échelles
[groupe (A) ci-dessus].

(γ) $\qquad v = - \mathbf{u}_1 \gamma,$ $\qquad\qquad$ (I) $\quad v = - \mathbf{u}_3 \, 87 \sqrt{\overline{I}}\,,$

(R) $\quad \mathbf{u}_1 u + \dfrac{\mathbf{u}v}{R} - \dfrac{\mathbf{u}\mathbf{u}_1}{\sqrt{R}} = 0,$ $\quad$ (U) $\quad \mathbf{u}_3 u + \dfrac{\mathbf{u}v}{U} = 0,$

$\mathbf{u}_1$ et $\mathbf{u}_3$ étant les modules adoptés le long de Bv pour les

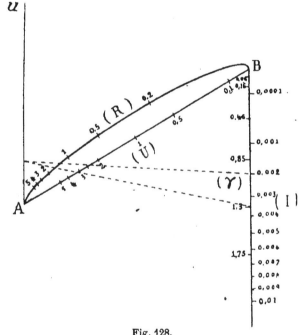

Fig. 128.

échelles (γ) et (I), $\mathbf{u}$ le module adopté le long de Au pour
l'échelle fictive de la charnière. Si on prend $\mathbf{u}_1 = 4\mathbf{u}$ et
$\mathbf{u}_3 = \mathbf{u}$, on obtient un nomogramme semblable à celui de

la figure 128 (où l'échelle (R) est conique)[1]. Les alignements marqués en pointillé correspondent à l'exemple

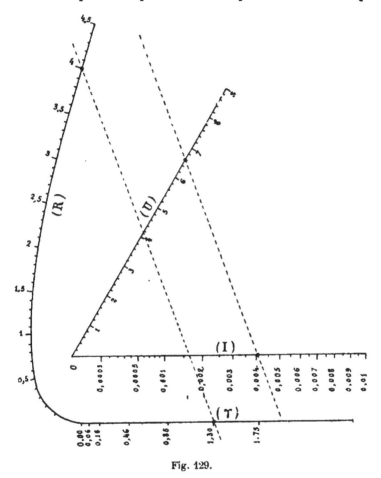

Fig. 129.

$\gamma = 1,3$, $R = 1,6$, $I = 0,002$, pour lequel on a $U = 2,4$.

Le mode de disjonction admis pour chacune des équations partielles revient à les écrire :

[1] Pour le détail de la construction, voir O., **4**, n° 93.

$$\begin{vmatrix} f & -1 & 0 \\ \gamma & 0 & 1 \\ -\sqrt{R} & R & 1 \end{vmatrix} = 0, \qquad \begin{vmatrix} f & -1 & 0 \\ 87\sqrt{I} & 0 & 1 \\ 0 & U & 1 \end{vmatrix} = 0.$$

On aura donc un nomogramme à alignements parallèles en construisant les échelles

$$(x = \gamma, \qquad y = 0) \quad (x = 87\sqrt{I}, \quad y = 0)$$
$$(x = -\sqrt{R}, \quad y = R) \quad (x = 0, \qquad y = U).$$

Le nomogramme correspondant, sur lequel on a donné au système Oxy pour (I) et (U) une translation par rapport au système Oxy pour (γ) et (R) (en vertu de la *Remarque I* ci-dessus) est représenté par la figure 129[1], sur laquelle on a figuré en pointillé les alignements parallèles pour l'exemple

$$\gamma = 1,3, \quad R = 4, \quad I = 0,004,$$

d'où

$$U = 6,6.$$

82. **Nomogrammes N_0^2 à échelles parallèles**.

— Un cas particulièrement intéressant en pratique est celui où l'équation (1) du numéro précédent se réduit à

$$(1) \qquad f_1 + f_2 = f_3 + f_4,$$

les quatre échelles ayant alors des supports rectilignes parallèles à la charnière. Si nous représentons par z la valeur commune des deux membres de cette équation, et si nous appliquons aux deux nomogrammes partiels ayant en commun l'échelle (z) (charnière) ce qui a été dit au n° 66 pour le cas des échelles parallèles, nous obtenons la construction suivante:

Si l'on suppose que les modules, affectés d'un sens

---

[1] SOREAU, 1, n° 138.

indiqué par leur signe, aient été choisis de façon à satisfaire à la relation.

$$(2)\frac{1}{\mu_1}+\frac{1}{\mu_2}=\frac{1}{\mu_3}+\frac{1}{\mu_4}$$

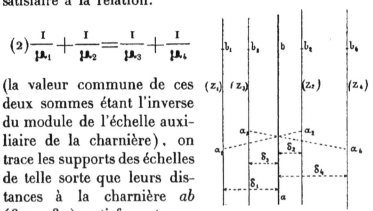

(la valeur commune de ces deux sommes étant l'inverse du module de l'échelle auxiliaire de la charnière), on trace les supports des échelles de telle sorte que leurs distances à la charnière ab (fig. 130) satisfassent aux relations

Fig. 130.

$$(3)\qquad\frac{\delta_1}{\delta_2}=-\frac{\mu_1}{\mu_2},\qquad\frac{\delta_3}{\delta_4}=-\frac{\mu_3}{\mu_4}.$$

Cela fait, on peut porter trois des échelles (entre les limites qui conviennent à chacune d'elles) à partir d'origines a_1, a_2, a_3 choisies arbitrairement sur les supports correspondants. Il suffira, pour la quatrième, dont le module est déjà déterminé, d'en avoir un point quelconque qui s'obtiendra au moyen de deux alignements concourants correspondant à des valeurs données de z_1, z_2, z_3 pour lesquelles on aura calculé d'avance la valeur de z_4; ce sera le plus souvent la valeur a_4 correspondant aux valeurs limites a_1, a_2, a_3 des trois autres.

Si l'on veut rejeter la charnière à l'infini, il faut que les rapports $\frac{\delta_1}{\delta_2}$ et $\frac{\delta_3}{\delta_4}$ deviennent égaux à l'unité, ce qui exige

$$(4)\quad.\quad\mu_2=-\mu_1\qquad\text{et }\mu_4=-\mu_3.$$

Calcul graphique.   9*

Mais les écartements des supports a_1b_1 et a_2b_2 d'une part, a_3b_3 et a_4b_4 de l'autre, ne sont pas arbitraires ; en effet, ces écartements que nous représenterons par δ_{12} et δ_{34} sont donnés respectivement par

$$\delta_{12} = \delta_2 - \delta_1, \qquad \delta_{34} = \delta_4 - \delta_3.$$

Or, de (3) on tire :

$$\delta_{12} = \delta_2 \frac{\mu_1 + \mu_2}{\mu_2}, \qquad \delta_{34} = \delta_4 \frac{\mu_3 + \mu_4}{\mu_4}.$$

Il vient donc :

$$\frac{\delta_{12}}{\delta_{34}} = \frac{\delta_2}{\delta_4} \cdot \frac{\mu_4}{\mu_2} \cdot \frac{\mu_1 + \mu_2}{\mu_3 + \mu_4},$$

ou, en tenant compte de (2),

$$\frac{\delta_{12}}{\delta_{34}} = \frac{\delta_2}{\delta_4} \cdot \frac{\mu_1}{\mu_3}.$$

Donc, à la limite, quand la charnière étant à l'infini, le rapport $\dfrac{\delta_2}{\delta_4}$ est devenu égal à 1, on trouve :

$$(5) \qquad \frac{\delta_{12}}{\delta_{34}} = \frac{\mu_1}{\mu_3},$$

ce qu'il était d'ailleurs facile de prévoir *a priori*.

Les formules (2) et (3) suffisent à la construction complète du nomogramme quand la charnière est à distance finie, (4) et (5) quand elle est à l'infini et, par suite, que les alignements deviennent parallèles.

Parmi les formules fréquentes en pratique qui rentrent dans ce type, on peut citer celles qui s'écrivent

$$z_1^{n_1} z_2^{n_2} = k z_3^{n_3} z_4^{n_4}$$

ou

$$n_1 \log z_1 + n_2 \log z_2 = n_3 \log z_3 + n_4 \log z_4 + \log k.$$

Pour pouvoir porter les diverses échelles logarithmiques avec un même étalon, il faudrait, μ étant le module de cet étalon, prendre

$$\mu_1 = \frac{\mu}{n_1}, \qquad \mu_2 = \frac{\mu}{n_2}, \qquad \mu_3 = \frac{\mu}{n_3}, \qquad \mu_4 = \frac{\mu}{n_4};$$

mais, vu la relation (2), ceci exige

$$n_1 + n_2 = n_3 + n_4.$$

S'il n'en est pas ainsi, on peut toujours porter les échelles deux à deux avec le même étalon, en posant

$$\mu_1 = \frac{\mu}{n_1}, \qquad \mu_2 = \frac{\mu}{n_2}, \qquad \mu_3 = \frac{\mu'}{n_3}, \qquad \mu_4 = \frac{\mu'}{n_4}$$

et choisissant μ et μ' de telle sorte que

$$(6) \qquad (n_1 + n_2)\mu' = (n_3 + n_4)\mu.$$

Si $n_2 = -n_1$ et $n_4 = -n_3$, on peut, en prenant, d'après (5),

$$\frac{\delta_{12}}{\delta_{34}} = \frac{n_3}{n_1}$$

et portant, avec le même étalon logarithmique, les échelles (z_1) et (z_3) dans un sens, (z_2) et (z_4) dans l'autre, avoir la représentation de l'équation donnée par double alignement parallèle.

Quant à la constante $\log k$, il n'y a pas lieu de s'en occuper lorsque, comme nous l'avons expliqué plus haut, on a calculé un système de valeurs de z_1, z_2, z_3, z_4 satisfaisant à l'équation.

Exemple. — Le débit Q (en mètres cubes par seconde) d'un déversoir large de h (en mètres), et dont le coefficient spécifique est γ, pour une hauteur h (en mètres) du niveau de la nappe supérieure au-dessus de la crète, est donné par

$$Q = \frac{2}{3}\,\gamma b\,\sqrt{2g}\;h^{\frac{3}{2}}.$$

qu'on peut écrire :

$$Qb^{-1} = 2,952\,\gamma\,h^{\frac{3}{2}},$$

ou encore :

$$\log Q - \log b = \log \gamma + \frac{3}{2}\,\log h + k.$$

Posant :

$$f_1 = \log Q, \quad f_2 = -\log b, \quad f_3 = \log \gamma, \quad f_4 = \frac{3}{2}\,\log h,$$

on a $n_1 = n_2 = n_3 = 1$ et $n_4 = \frac{3}{2}$. Pour porter les échelles (Q) et (b) avec le même module μ (mais en sens contraire), et aussi (γ) et (h) avec le même module μ', il faut, en vertu de (6), prendre :

$$2\mu' = \frac{5}{2}\,\mu,$$

ou

$$\mu' = \frac{5}{4}\,\mu.$$

Le nomogramme correspondant est représenté sur la figure 131 [1], où les deux alignements marqués en pointillé correspondent à l'exemple $h = 0^m,8$, $\gamma = 0,55$, $b = 13^m$, pour lequel $Q = 15^{m3}$ par seconde.

83. **Alignements multiples. Nomogrammes N_0^n à échelles parallèles.** — Il est clair que, par des alignements successifs, on arrivera à représenter des équations à un nombre quelconque de variables pouvant

---

[1] Il appartient à une série de nomogrammes de ce type construits par M. P. Morel (Zurich, 1906), à l'occasion desquels M. G. Dumas a donné une démonstration élémentaire du principe sur lequel ils reposent (DUMAS).

être obtenues par élimination de variables auxiliaires,

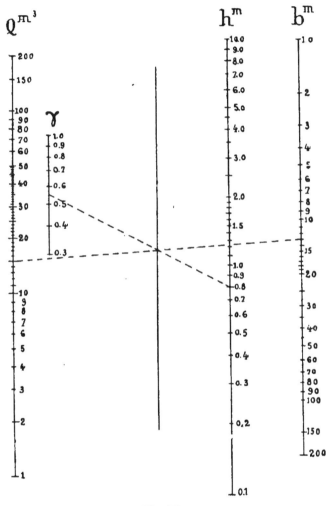

Fig. 131.

entre équations à 3 variables chacune du type représentable par simple alignement. C'est surtout pour le

cas où toutes les échelles du nomogramme sont rectilignes et parallèles entre elles qu'il y a lieu d'envisager
cette généralisation.

Elle peut alors être exposée comme suit : étant
donnée l'équation

$$f_1 + f_2 + f_3 + \cdots + f_n = 0,$$

on peut, comme au n° 60, la considérer comme le
résultat de l'élimination des variables auxiliaires
φ_3, φ_4, φ_5, ... entre les équations

$$f_1 + f_2 + \varphi_3 = 0,$$
$$\varphi_3 - f_3 + \varphi_4 = 0,$$
$$\varphi_4 + f_4 + \varphi_5 = 0,$$
$$\cdots \cdots \cdots$$

jusqu'à

$$\varphi_{2p-1} - f_{2p-1} - f_{2p} = 0 \qquad \text{(si } n \text{ est pair)}$$

ou

$$\varphi_{2p} + f_{2p} + f_{2p+1} = 0 \qquad \text{(si } n \text{ est impair).}$$

Il suffit dès lors de construire, suivant le mode
indiqué au n° 66, les nomogrammes de ces équations
successives en prenant, pour deux consécutifs d'entre
eux, la même échelle pour la variable auxiliaire φ qu'ils
ont en commun ; les supports de ces diverses échelles (φ)
(qui n'ont pas besoin d'être graduées ou le seront de
façon arbitraire pour le repérage) constitueront autant
de charnières. On voit que, pour le cas de n variables,
il y en aura $n - 3$.

Appliquant ici la même observation qu'au numéro
précédent, nous pourrons à volonté rejeter à l'infini
une de ces charnières considérée à part ; mais, comme
deux consécutives d'entre elles figurent comme échelles

(des variables auxiliaires) dans un des nomogrammes partiels, et qu'une seule des trois échelles dont se compose un N_0' peut être rejetée à l'infini, il en résulte que ces deux charnières consécutives ne peuvent être rejetées à la fois à l'infini; autrement dit, qu'on ne peut, quand on considère leur ensemble, effectuer cette opération que pour *une sur deux*. En commençant donc par φ_3, on peut faire en sorte qu'il y en ait à l'infini un nombre égal au plus grand entier contenu dans $\dfrac{n-2}{2}$.

On obtient ainsi ce que M. Soreau a appelé des *alignements par chevrons*[1].

Cet auteur a en outre remarqué qu'on peut aussi toujours faire en sorte que les charnières, prises de deux en deux, conservées à distance finie, se superposent. La fig. 132 montre ainsi la disposition schématique

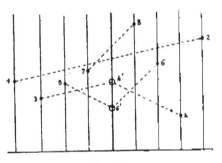

Fig. 132.

du nomogramme d'une équation de la forme

$$\Sigma_1^8 f_i = 0,$$

à charnière unique. Les pivots $3'$, $5'$, $7'$ sont rejetés à l'infini (ce qui donne les parallèles 12 et 34', 44 et 56', 66 et 78), tandis que les pivots $4'$ et $6'$ sont sur l'unique charnière à distance finie.

On trouvera ci-dessous (n° 84) un autre mode de

---

[1] SOREAU, **1**, n° 191.

représentation applicable aux équations de la forme considérée.

Remarque. — Si l'on accole à chaque axe gradué une échelle binaire, on a la représentation d'une équation de la forme $\qquad f_{12}+f_{34}+f_{56}+ \cdots +f_{(2n-1)2n} = 0.$

84: **Nomogrammes circulaires à alignements parallèles.** — Pour la représentation des équations du type

$$f_1+f_2+f_3+ \cdots +f_n = 0,$$

M. Soreau a eu l'ingénieuse idée de recourir à la disposition suivante[1] : sur deux cercles de centre O (fig. 133) (qu'on pourrait théoriquement prendre coïncidents, ce qui aurait pratiquement l'inconvénient d'amener de la confusion entre les échelles dont il va être parlé) portons, à partir des origines A et A' situées sur un même diamètre, les échelles définies par

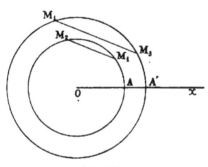

Fig. 133.

$$\text{arc } AM_1 = rf_1, \qquad \text{arc } AM_2 = rf_2,$$
$$\text{arc } A'M_3 = r'f_3, \qquad \text{arc } A'M_4 = r'f_4.$$

les fonctions f_i sont telles que

$$f_1+f_2 = f_3+f_4,$$

les milieux des arcs M_1M_2 et M_3M_4 sont sur un même

[1] SOREAU, **2**, p. 44.

diamètre, et par suite *les cordes* M_1M_2 *et* M_3M_4 *sont parallèles*.

Il suffit donc de deux alignements parallèles (z_1, z_2), (z_3, z_4) pour représenter, au moyen des échelles circulaires qui viennent d'être construites, l'équation à 4 variables considérée.

Pour représenter l'équation à n variables ci-dessus, il suffit de la considérer comme le résultat de l'élimination des variables auxiliaires φ_4, φ_5, ... entre les équations

$$f_1 + f_2 = -f_3 + \varphi_4,$$
$$\varphi_4 + f_4 = -f_5 + \varphi_5,$$
$$\varphi_5 + f_6 = -f_7 + \varphi_6,$$
$$\cdots \cdots \cdots \cdots \cdots$$

la dernière étant

$$\varphi_{p+1} + f_{2p-2} = -f_{2p-1} - f_{2p} \qquad \text{(si } n \text{ est pair),}$$
$$\varphi_{p+2} + f_{2p} = -f_{2p+1} \qquad \text{(si } n \text{ est impair).}$$

Chacune des équations étant représentée par deux cercles concentriques (tels que, pour deux consécutives de ces équations, un de ces cercles soit commun), on voit que le nomogramme se composera de cercles concentriques c, c', c'', ... portant le premier les échelles (z_1) et (z_2), le second (z_3) et (z_4), le troisième (z_5) et (z_6), et ainsi de suite, ce qui représente un nombre de cercles concentriques égal au plus grand entier contenu dans $n + 1$. En outre, les échelles fictives (φ_4), (φ_5), ... seraient portées respectivement par les cercles c', c'', ... Somme toute, si pour simplifier nous représentons chaque point coté (z_i) par i, et chaque point (φ_i) (déterminé par la rencontre d'un certain alignement avec le cercle c correspondant) par i', le mode d'emploi du nomogramme général se réduira à ceci (fig. 134) :

Par le point 3 du cercle c' mener à l'alignement 1 2

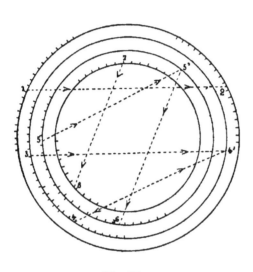

Fig. 134.

un alignement parallèle qui rencontre c' en $4'$; faire pivoter cet alignement autour de $4'$ jusqu'à ce qu'il passe par 4.

Par 5 du cercle c'' mener à $4'4$ un alignement parallèle qui rencontre c'' en $5'$; faire pivoter cet alignement autour de 5 jusqu'à ce qu'il passe par 6,... et ainsi de suite.

Il n'y a d'ailleurs jamais de confusion entre les divers cercles quand il s'agit d'y prendre un pivot, le pivot intervenant entre les points cotés (z_{2i-1}) et (z_{2i}) étant toujours situé sur le cercle c qui porte à la fois ces deux échelles.

Ce mode de représentation sera avantageux pour les équations de la forme

$$f_1 f_2 \ldots f_n = 1,$$

ou

$$\log f_1 + \log f_2 + \ldots + \log f_n = 0,$$

quand on se sera procuré un étalon logarithmique circulaire. M. Soreau en a fait une remarquable application à la formule de Sarrau donnant la vitesse initiale d'un projectile[1], formule qui rentre dans le dernier type écrit pour le cas de $n = 8$.

85. Points coplanaires. Nouvelle manière de concevoir le double alignement.

— Le principe des points alignés peut être *théoriquement* étendu à l'espace où il devient celui des *points coplanaires* qui s'énoncera ainsi :

L'équation

$$| f_i \quad g_i \quad h_i \quad k_i | = 0$$

exprimant que les points

$$(z_i) \qquad x = \frac{f_i}{k_i}, \qquad y = \frac{g_i}{k_i}, \qquad z = \frac{h_i}{k_i},$$

sont dans un même plan, ou coplanaires, pourra être représentée par les quatre échelles gauches (z_i), qui, recoupées par un plan quelconque, fourniront un système de valeurs de z_1, z_2, z_3 z_4, satisfaisant à l'équation.

D'ailleurs, le nomogramme ainsi obtenu dans l'espace pourra être transformé homographiquement moyennant la multiplication par un déterminant à seize éléments (au lieu de neuf comme celui du n° 62, p. 228).

Il va sans dire qu'un tel nomogramme à trois dimensions ne sera généralement pas réalisable[1].

Si, pourtant, les quatre échelles (z_1), (z_2), (z_3), (z_4) sont planes et deux à deux dans un même plan (P d'une part, P' de l'autre), les droites (z_1, z_2) et (z_3, z_4) se couperont sur la droite d'intersection des plans P et P' ; par suite, en projetant la figure de l'espace sur un plan quelconque, on obtiendra un nomogramme à double alignement. Cette ingénieuse remarque de M. Soreau lui a permis de mettre

---

[1] Soreau, **2**, p. 46.
[2] Pour le cas où trois des échelles de l'espace sont rectilignes et parallèles, MM. A. Adler et R. Mehmke ont imaginé un dispositif permettant de réaliser matériellement un tel nomogramme, généralisation des N_1 du n° 71. (Voir O., **4**, n° 130.)

la théorie du double alignement, dans le cas d'une charnière rectiligne, sous une forme particulièrement élégante[1].

Supposant d'abord que les plans P et P' se coupent à distance finie et prenant leur droite d'intersection comme axe Ox, menons dans chacun de ces plans une perpendiculaire à Ox, l'une Oy située dans le plan de (z_1) et de (z_2), l'autre Oz dans celui de (z_3) et (z_4). Nous avons donc $z=0$ pour (z_1) et (z_2), $y=0$ pour (z_3) et (z_4), et nous voyons que la condition pour que ces quatre points soient dans un même plan s'exprime par une équation de la forme

$$(1) \qquad \begin{vmatrix} f_1 & h_1 & 0 & g_1 \\ f_2 & h_2 & 0 & g_2 \\ f_3 & 0 & h_3 & g_3 \\ f_4 & 0 & h_4 & g_4 \end{vmatrix} = 0,$$

les notations ici employées ayant été choisies de telle sorte qu'il y ait identité entre le développement de cette équation et l'équation (1) du n° 81.

Rabattons maintenant, comme on le fait en géométrie descriptive, le plan Oxz sur le plan Oxy. Les droites (z_1, z_2) et (z_3, z_4) ne cesseront pas de se couper sur Ox, et, après rabattement, les coordonnées des quatre points seront données par

$$(z_i) \qquad x = \frac{f_i}{g_i}, \qquad y = \frac{h_i}{g_i}.$$

Pour qu'aucune des échelles (z_i) ne soit rejetée à l'infini, il faut qu'aucun des g_i ne soit nul, ce à quoi l'on peut toujours arriver par des additions de colonnes. Par exemple, l'équation (1') du n° 81 peut s'écrire :

$$(2) \qquad \begin{vmatrix} f_1 & -1 & 0 & 0 \\ f_2 & h_2 & 0 & 1 \\ f_3 & 0 & -1 & 0 \\ f_4 & 0 & h_4 & 1 \end{vmatrix} = 0,$$

---

[1] Soreau, **1**, p. 320, et **2**, p. 22.

ou, en remplaçant la dernière colonne par la somme des trois dernières

$$(2')\qquad \begin{vmatrix} f_1 & -1 & 0 & -1 \\ f_2 & h_2 & 0 & 1+h_2 \\ f_3 & 0 & -1 & -1 \\ f_4 & 0 & h_4 & 1+h_4 \end{vmatrix} = 0,$$

ce qui donne :

$(z_1)\qquad x = -f_1, \qquad y = 1,$

$(z_2)\qquad x = \dfrac{f_2}{1+h_2}, \qquad y = \dfrac{h_2}{1+h_2},$

$(z_3)\qquad x = -f_3, \qquad y = 1,$

$(z_4)\qquad x = \dfrac{f_4}{1+h_4}, \qquad y = \dfrac{h_4}{1+h_4}.$

Faisant alors coïncider les droites $y = 0$ et $y = 1$ respectivement avec les axes Au et Bv de la figure 126, on retrouve un nomogramme de même type.

Pour avoir un double alignement parallèle, il suffit de supposer les plans P et P′ parallèles (par exemple, $z = 0$ et $z = 1$) et de projeter sur le plan Oxy. On met l'équation donnée sous la forme appropriée en transformant le déterminant (1) ci-dessus en

$$(1')\qquad \begin{vmatrix} f_1 & g_1 & 0 & h_1 \\ f_2 & g_2 & 0 & h_2 \\ f_3 & g_3 & h_3 & h_3 \\ f_4 & g_4 & h_4 & h_4 \end{vmatrix} = 0,$$

obtenu en remplaçant la 2ième colonne par la 4ième et la 4ième par la somme des 2ième et 3ième. Par exemple, le déterminant (2) donne par cette transformation :

$$(2'')\qquad \begin{vmatrix} f_1 & 0 & 0 & -1 \\ f_2 & 1 & 0 & h_2 \\ f_3 & 0 & -1 & -1 \\ f_4 & 1 & h_4 & h_4 \end{vmatrix} = 0,$$

Calcul graphique. 10

d'où se déduit exactement le groupe de formulés (B) du
n° 81. Soit encore l'équation[1] très fréquente dans la pratique

$$(3) \qquad \frac{\varphi_1 + \varphi_2}{\psi_1 + \psi_2} = \frac{\varphi_3 + \varphi_4}{\psi_3 + \psi_4}.$$

qu'on peut écrire :

$$(3') \qquad \begin{vmatrix} \varphi_1 & \psi_1 & 0 & 1 \\ -\varphi_2 & -\psi_2 & 0 & 1 \\ \varphi_3 & \psi_3 & 1 & 1 \\ -\varphi_4 & -\psi_4 & 1 & 1 \end{vmatrix} = 0.$$

D'après ce qui précède, on la représentera par double alignement parallèle en construisant les échelles

$$\begin{cases} x = \varphi_1, & y = \psi_1 \\ x = -\varphi_2, & y = -\psi_2 \end{cases} \quad \text{et} \quad \begin{cases} x = \varphi_3, & y = \psi_3 \\ x = -\varphi_4, & y = -\psi_4 \end{cases}$$

86. Représentation des équations à quatre va-
riables d'ordre nomographique 4, par double alignement. — Si les quatre échelles d'un nomogramme à
double alignement sont rectilignes, on dit encore qu'il est de
genre o et on le représente par $\mathbf{N}_0^2$.

S'il en est ainsi, les trois fonctions f_i, g_i, h_i correspondant à
chaque variable z_i sont linéairement dépendantes, c'est-à-
dire peuvent s'exprimer linéairement au moyen d'une
seule f_i. Si après avoir fait cette substitution dans l'équation (1) du numéro précédent on la développe, on voit
qu'on obtient une équation de la forme

$$(1) \qquad \mathrm{A}f_1 f_2 f_3 f_4 + \Sigma \mathrm{B}_{ijk} f_i f_j f_k + \Sigma \mathrm{C}_{ij} f_i f_j \\ + \Sigma \mathrm{D}_i f_i + \mathrm{E} = 0.$$

soit, d'après la terminologie du n° 63, une équation à quatre
variables d'ordre nomographique 1 par rapport à chacune
d'elles, ou de l'ordre nomographique total 4.

On peut se proposer inversement, étant donnée une équation du type (1), de rechercher à quelle condition elle est

---

[1] SOREAU, 1, n° 110.

représentable par un nomogramme N_0^2. Ce problème est le **pendant** de celui que nous avons résolu pour l'équation d'ordre nomographique 3 (n° 68). Il a été attaqué pour la première fois par M. Soreau[1], qui a **tout d'abord** remarqué que l'équation (1) peut toujours être mise sous la **forme**[2] (privée des termes contenant les triples produits)

$$(1') \qquad \varphi_1\varphi_2\varphi_3\varphi_4 + \Sigma\gamma_{ij}\varphi_i\varphi_j + \Sigma\delta_i\varphi_i + \varepsilon = 0.$$

Cela fait, M. Soreau a démontré que, pour pouvoir grouper les variables de cette équation dans une équation de la forme

$$F_{12} = F_{34}.$$

il faut que

$$\frac{\delta_1}{\delta_2} = \frac{\gamma_{13}}{\gamma_{23}} = \frac{\gamma_{14}}{\gamma_{24}},$$

et

$$\frac{\delta_3}{\delta_4} = \frac{\gamma_{13}}{\gamma_{14}} = \frac{\gamma_{23}}{\gamma_{24}}.$$

M. Clark a remarqué à son tour que ces conditions, dites de groupement, se réduisaient à trois, savoir :

$$\frac{\delta_1\delta_3}{\gamma_{13}} = \frac{\delta_1\delta_4}{\gamma_{14}} = \frac{\delta_2\delta_3}{\gamma_{23}} = \frac{\delta_2\delta_4}{\gamma_{24}};$$

et, en représentant la valeur commune de ces rapports par ρ, il a trouvé en outre que

$$\rho = \varepsilon - \gamma_{12}\gamma_{34}.$$

faisant observer que les conditions ainsi complétées sont non seulement nécessaires mais suffisantes, car il est facile de voir que l'équation (1') prend alors la forme

$$\rho(\varphi_1\varphi_2 + \gamma_{34})(\varphi_3\varphi_4 + \gamma_{12})$$
$$+ (\delta_1\varphi_1 + \delta_2\varphi_2 + \rho)(\delta_3\varphi_3 + \delta_4\varphi_4 + \rho) = 0,$$

---

[1] Soreau, **1**, n° 112, et **2**, p. 18.

[2] Il suffit, pour cela, si A n'est pas nul, de poser $f_i = \varphi_i - \dfrac{B_i}{A}$.

Si A est nul, on est ramené au cas où il ne l'est pas en remplaçant une ou plusieurs fonctions f_i par leur inverse.

qu'on peut écrire :

$$(2) \qquad \frac{\varphi_1\varphi_2 + \gamma_{34}}{\delta_1\varphi_1 + \delta_2\varphi_2 + \rho} = -\frac{\delta_3\varphi_3 + \delta_4\varphi_4 + \rho}{\rho(\varphi_3\varphi_4 + \gamma_{12})}.$$

L'équation étant ainsi écrite, il suffit de représenter par φ la valeur commune de ses deux nombres et de représenter simultanément les deux équations

$$(3) \qquad \delta_1\varphi_1\varphi + \delta_2\varphi_2\varphi - \varphi_1\varphi_2 + \rho\varphi - \gamma_{34} = 0,$$

$$(4) \qquad \rho\varphi\varphi_3\varphi_4 + \delta_3\varphi_3 + \delta_4\varphi_4 + \rho\gamma_{12}\varphi + \rho = 0,$$

en leur donnant une échelle (φ) commune qui constituera la charnière, ce qui est toujours licite quand la représentation est possible, puisque dans un $\mathbf{N}_0$ on peut toujours disposer arbitrairement d'une des trois échelles.

Or les discriminants des équations (3) et (4), qui sont toutes deux d'ordre nomographique 3, sont respectivement

$$\Delta = \rho^2 + 4\delta_1\delta_2\gamma_{34},$$
$$\Delta' = (\rho^2 + 4\delta_3\delta_4\gamma_{12})\rho^2.$$

Si aucun des deux n'est négatif, nous pourrons représenter chacune des équations (3) et (4) par un $\mathbf{N}_0$ (n° 68), ce qui nous donne, en dehors de la charnière, quatre échelles rectilignes pour (z_1), (z_2), (z_3), (z_4).

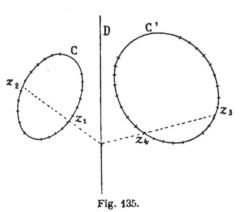

Fig. 135.

Mais, en outre, nous savons que, dans tous les cas, nous pouvons représenter chacune des équations (3) et (4) par un nomogramme conique $\mathbf{NC}$ (n° 78), ayant une échelle rectiligne (φ) choisie arbitrairement. Prenant cette échelle(φ) la même pour les deux nomogrammes partiels, nous obte-

nons ainsi, *dans tous les cas, quand les conditions de groupe-*
ment

$$(5) \quad \frac{\delta_1 \delta_3}{\gamma_{13}} = \frac{\delta_1 \delta_4}{\gamma_{14}} = \frac{\delta_2 \delta_3}{\gamma_{23}} = \frac{\delta_2 \delta_4}{\gamma_{24}} = \varepsilon - \gamma_{12} \gamma_{34},$$

sont satisfaites, la représentation de l'équation $(1')$ *par un*
nomogramme à double alignement, à charnière rectiligne **D**
(support de l'échelle fictive de φ*), sur lequel les échelles* (z_1) *et*
(z_2) *ont pour support commun une conique* **C,** *les échelles* (z_3)
et (z_4) *une autre conique* **C'** *(fig. 135).*

8₇. **Nomogrammes NC à support unique à double alignement.** — Au lieu de faire coïncider les

échelles fictives (φ) des nomogrammes **NC** par lesquels on
représente les équations (3) et (4) du numéro précédent, on
peut superposer d'une part les supports de leurs échelles
coniques, de l'autre les supports de leurs échelles (φ) sans
que ces échelles coïncident en tant que graduation.

Soient **C** le support conique commun, **D** le support rectiligne commun. Il faudrait alors, dans le cas général, marquer de côté et d'autre de cette droite **D** l'échelle (φ) correspondant à chaque nomogramme partiel. L'alignement
pris entre les points (z_1) et (z_2) coupant la première échelle
(φ) en un point ayant une certaine cote, on prendrait, sur
la seconde échelle (φ), le point de même cote pour le joindre
par un alignement au point (z_3); cet alignement couperait
la conique **C** au point (z_4) de cote cherchée.

Mais l'obligation de faire intervenir la valeur de φ pour
passer d'un point à l'autre de **D** rendrait un tel mode de
représentation assez peu pratique. Il le deviendra, au contraire, si les deux échelles (φ) coïncident sur **D**; auquel cas,
les deux alignements (z_1, z_2) et (z_3, z_4) concourant sur cette
droite, on est ramené à un type de nomogramme à double
alignement. C'est, en somme, ce que devient le type obtenu
à la fin du numéro précédent lorsqu'il y a possibilité d'en
superposer les coniques **C** et **C'**.

Or la considération des valeurs critiques, telles qu'elles
sont intervenues dans la théorie des nomogrammes **NC**
applicables aux équations d'ordre 3, va nous fournir immé-

diatement les conditions requises pour qu'il en soit ainsi. En effet, pour que les deux échelles (φ) coïncident, il suffit qu'elles aient deux points cotés communs (n° 46, *Remarque I*), par exemple les points I et J où la droite **D** rencontre la conique **C**. Or les cotes affectées, sur chacune de ces échelles, aux points I et J sont les valeurs critiques correspondantes (n° 78) données, d'après l'équation (6_i) du n° 69, respectivement par

$$\delta_1 \delta_2 \sigma^2 + \rho\sigma - \gamma_{34} = 0,$$

et

$$\rho^2 \gamma_{12} \sigma^2 + \rho^2 \sigma - \delta_3 \delta_4 = 0.$$

Il y aura donc identité des deux échelles (φ) si ces deux équations sont identiques, c'est-à-dire si

$$\frac{\delta_1 \delta_2}{\rho^2 \gamma_{12}} = \frac{1}{\rho} = \frac{\gamma_{34}}{\delta_3 \delta_4},$$

ou

$$\frac{\delta_1 \delta_2}{\gamma_{12}} = \frac{\delta_3 \delta_4}{\gamma_{34}} = \rho,$$

conditions qui viennent s'ajouter, en les complétant, aux conditions de groupement (ρ) écrites au numéro précédent, et que M. Soreau[1] avait obtenues par une voie purement algébrique.

Une fois ce nomogramme **N²** à support conique unique obtenu, on peut toujours, par une transformation homographique, rejeter la droite **D** à l'infini en faisant coïncider ses points I et J avec les ombilics du plan.

Dans ces conditions, la conique **C** devient un cercle et les alignements (z_1, z_2) et (z_3, z_4) parallèles. On retombe ainsi sur le type du nomogramme circulaire à double alignement parallèle de M. Soreau (n° 84).

88. Nomogrammes NC à double alignement pour équations à quatre variables, d'ordre nomographique supérieur à 4. — Quand on

---

[1] SOREAU, **2**, p. 25.

aura à représenter une équation à quatre variables d'ordre nomographique supérieur à 4, on s'efforcera de la faire apparaître comme le résultat de l'élimination d'une variable auxiliaire entre deux équations telles que celles qui sont, envisagées au début du n° 81. On y parviendra le plus souvent, dans la pratique, en la ramenant au type canonique (1') du même numéro, qui est de l'ordre nomographique 6.

Il pourra se faire cependant que, l'ayant mise sous la forme

$$F_{12} = F_{34},$$

on reconnaisse que les équations

$$F_{12} = \varphi, \qquad \text{et} \qquad F_{34} = \varphi,$$

sans être toutes deux représentables par des $\mathbf{N}_1$, le soient par des $\mathbf{NC}$, c'est-à-dire que n'étant pas réductibles simultanément à la forme canonique (1) du n° 71, elles le soient à la forme canonique (1) du n° 79, que nous écrirons (pour mettre en évidence la façon dont φ doit y entrer)

$$\varphi f_1 f_2 + (\varphi + f_1) g_2 + h_2 = 0.$$
$$\varphi f_3 f_4 + (\varphi + f_3) g_4 + h_4 = 0.$$

En construisant alors les nomogrammes de ces deux équations avec la même échelle conique (φ), sur le support $\mathbf{C}$ de laquelle se trouveront aussi les échelles (z_1) et (z_2), les échelles (z_3) et (z_4) étant quelconques, on aura un nomogramme $\mathbf{N}^2$ sur lequel la charnière sera la conique $\mathbf{C}$.

On voit que la forme canonique de l'équation correspondante est

$$\frac{f_1 g_2 + h_2}{f_1 f_2 + g_2} = \frac{f_3 g_4 + h_4}{f_3 f_4 + g_4}.$$

Exemple. — Soit l'équation

$$\frac{bd + d^2}{b + \sqrt{2}\, d} = \frac{V^{\frac{3}{2}}}{40^{\frac{3}{2}}\, s^3},$$

qui fait connaître la vitesse d'écoulement V (en mètres par seconde) dans un canal à section trapézoïdale avec talus à $1/1$ en fonction de la largeur au plafond b (en mètres) de la hauteur d du plan d'eau (en mètres) et de la pente longitudinale s.

Elle rentre dans le type voulu quand on prend :

$$f_1 = \frac{b}{\sqrt{2}}, \qquad f_2 = \sqrt{2}, \qquad g_2 = \sqrt{2}\, d, \qquad h_2 = d^2,$$

$$f_3 = 40^{\frac{3}{2}} s^3, \qquad f_4 = 1, \qquad g_4 = 0, \qquad h_4 = V^{\frac{3}{2}},$$

d'où résulte que l'échelle (V) est rectiligne.

Le nomogramme construit par M. Wolff avec un cercle comme support conique commun à (b), à (s) et à (φ) (charnière) est représenté par la figure 136.

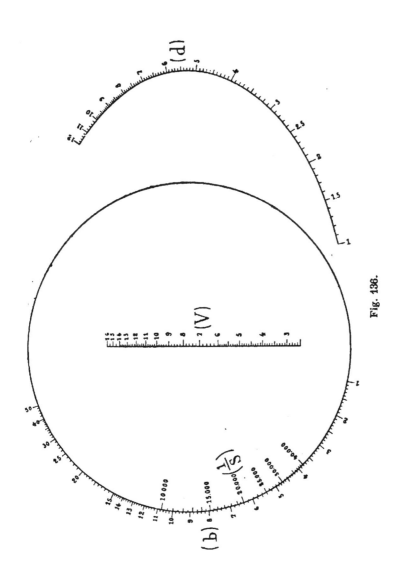

Fig. 136.

CHAPITRE V

A. — Modes divers d'association des points cotés.

89. Nomogrammes à index quelconque. —
Les nomogrammes que nous venons d'étudier peuvent
être considérés comme comprenant : 1° une partie fixe
constituée par les diverses échelles ; 2° une partie mobile représentée par l'index rectiligne servant à la lecture, que l'on peut toujours supposer tracé sur un plan
mobile transparent glissant sur le premier.

Cette simple observation conduit à l'idée d'associer
les points des échelles fixes autrement que par alignement en traçant sur le transparent un index non plus
rectiligne, mais quelconque, puis de rendre les
échelles elles-mêmes mobiles les unes par rapport aux
autres[1], de façon à pouvoir les fixer dans des positions
variables au moment de faire la lecture.

Nous allons d'abord envisager l'emploi de transparents à index quelconques, auxquel M. Gœdseels a
consacré une étude spéciale[2].

[1] L'emploi de systèmes cotés mobiles tout à fait généraux est
proposé dans MASSAU, **1**, n° 186.

[2] GŒDSEELS. On peut rattacher aussi à ce concept les nomogrammes à index polygonal déformable de M. Fürle (FÜRLE).

Remarquons tout d'abord que le simple alignement
nous a permis de représenter des relations entre trois
variables parce que deux conditions suffisent pour fixer
la position d'une droite sur un plan. La seule courbe
(supposée, bien entendu, invariable de forme et pouvant glisser sur le plan) qui partage cette propriété
avec la droite est le cercle ; cela tient à ce que, de même
qu'une droite mise en place sur le plan peut, sans
changer de position, glisser sur elle-même, de même
le cercle mis en place peut, sans changer de position,
tourner sur lui-même.

De là, pour certaines équations à trois variables, un
mode de représentation par *points concycliques*, analogue à celui par points alignés. Malheureusement le
type d'équation correspondant (même quand on le
simplifie par des hypothèses particulières sur la disposition des trois échelles) est compliqué[1] et ne conduit
à aucune application pratique.

Il y a là une observation à retenir : les modes d'association, en nombre indéfini [bien que, comme nous
le verrons plus loin (§ C) pouvant se grouper dans un
nombre fini de classes], que l'on peut imaginer entre
des lignes ou des points pour constituer des modes de
représentation d'équations, sont bien loin d'avoir tous
le même intérêt quand on a le souci des applications
réelles ; il n'y a lieu de s'y arrêter et d'en approfondir
l'étude que si le type d'équation correspondant est de
ceux qui s'offrent dans la pratique. A ce point de vue,
aucune autre méthode ne saurait être comparée à celle
des points alignés, exposée dans le chapitre précédent

[1] O., **4**, p. 236.

Lors donc que l'index tracé sur le transparent ne se compose pas d'une seule droite ou d'un seul cercle, il faut trois conditions pour fixer sa position sur le plan; autrement dit, on peut, pour fixer cette position, l'astreindre à passer par trois points cotés pris respectivement sur des échelles (z_1), (z_2), (z_3). Une fois l'index ainsi mis en place, il rencontre une quatrième échelle (z_4) en un point dont la cote est liée aux trois précédentes par une relation qui constitue dès lors l'équation représentée.

On peut d'ailleurs, en remplaçant les échelles simples par des réseaux de points (n° 65), doubler le nombre des variables.

Par contre, on peut obtenir la représentation de certains types d'équation à trois variables en supposant soit l'une des échelles réduite à un point fixe, soit deux d'entre elles identiques, soit enfin des cotes prises constamment égales sur deux de ces échelles, ce qui revient à faire correspondre deux échelles distinctes à une même variable; ce dernier dispositif peut être admis, dans certains cas spéciaux, sans être à recommander d'une manière générale; il ne saurait toutefois être admis si la variable correspondante avait jamais à être prise pour inconnue, parce que la lecture du nomogramme ne pourrait se faire alors que par tâtonnement[1]; il faudrait, en effet, en dépla-

---

[1] C'est ainsi que sur l'abaque de la déviation du compas de M. Lallemand (O., 4, n° 132), qui s'applique à une équation à quatre variables, δ, ζ, L, l, deux systèmes cotés distincts interviennent pour chacune des trois dernières, de même que le nomogramme à parallèles mobiles de M. Beghin, pour l'équation représentée précédemment (n° 53, fig. 87) par droites et cercles entrecroisés, et plus loin (n° 91) par un nomogramme à équerre, comporte

çant l'index de façon à le faire passer par les points donnés sur deux des échelles, chercher la position dans laquelle il viendrait à couper les deux autres échelles en des points de même cote.

. 9o. **Nomogrammes à équerre.** — L'index, non réduit à une seule droite, le plus simple qui se puisse imaginer, est celui qui serait composé de deux droites et particulièrement de deux droites à angle droit, d'où pour le nomogramme correspondant le nom de *nomogramme à équerre* [1].

Le type canonique correspondant est bien facile à former. Si, en effet, nous supposons deux des échelles définies par

$$(z_i) \qquad x = \frac{f_i}{g_i}, \qquad y = \frac{h_i}{g_i}, \qquad (i = 1, 2),$$

et les deux autres par

$$(z_j) \qquad x = -\frac{h_j}{g_j}, \qquad y = \frac{f_j}{g_j}, \qquad (j = 3, 4),$$

la perpendicularité des deux alignements (z_1, z_2) et (z_3, z_4) s'exprime par

$$(1) \qquad (f_1 h_2 - f_2 h_1)(g_3 h_4 - g_4 h_3)$$
$$- (g_1 h_2 - g_2 h_1)(f_3 h_4 - f_4 h_3) = 0,$$

qui est la même que l'équation (1) du n° 81.

C'est qu'en effet le choix des coordonnées pour le

---

deux échelles pour la variable φ (O., **4**, n° 98). Mais aussi, dans ces deux exemples, jamais les variables ζ, L, *l*, d'une part, φ de l'autre, n'ont à être prises comme inconnues.

[1] Gœrdseels, p. 41 et O., **4**, n°ˢ 95 et 96. Le profilomètre Siégler (*Annales des Ponts et Chaussées*, 1ᵉʳ sem. 1881, p. 98) peut être considéré comme un nomogramme à équerre.

système (z_j) revient à une rotation de $\frac{\pi}{2}$ dans le sens direct si l'on avait d'abord construit les systèmes (z_j) avec les mêmes formules que le système (z_i). Par conséquent, les alignements parallèles dans le cas du n° 81 (p. 307) deviennent ici perpendiculaires, si l'on a fait usage de coordonnées rectangulaires.

C'est de cette façon que M. Soreau [1] a rattaché les nomogrammes à équerre aux nomogrammes à double alignement parallèle [2], en faisant observer d'ailleurs que ceux-ci, lorsqu'on se sert d'un transparent, exigent le tracé de tout un faisceau de parallèles, tandis que, pour ceux-là, il suffit de deux droites seulement à angle droit [2].

Cette identité de théorie des deux espèces de nomogramme montre que l'équation canonique pour les nomogrammes à équerre pourra revêtir aussi la forme d'un déterminant du $4^{\text{ième}}$ ordre tel que $(1')$ du n° 85. Seulement, comme on a fait ici tourner les deux derniers systèmes d'un angle droit, il faut, pour ces deux systèmes, permuter les x et y avec un changement de signe; autrement dit, si pour les deux premiers systèmes, on a pris x dans la première colonne, y dans

---

[1] SOREAU, 1, n° 100. Nous ferons remarquer à notre tour que la rotation de $\frac{\pi}{2}$ n'a rien de nécessaire. On peut faire tourner d'un angle quelconque, que devront faire aussi entre eux les axes du transparent.

[2] Il faut observer qu'au point de vue graphique on obtient plus de précision avec des parallèles qu'avec des perpendiculaires; c'est pourquoi, pour notre part, bien longtemps avant que cette théorie n'existât, nous avions, nous plaçant au point de vue de la pratique, proposé pour le profilomètre Siégler la transformation inverse de celle-ci (*Ann. des Ponts et Chaussées*, 1er sem. 1883, p. 402).

la seconde, pour les deux derniers, on prendra x dans la troisième colonne changée de signe et y dans la première.

Il est d'ailleurs essentiel de remarquer que si les x et les y sont portés avec des modules différents pour l'ensemble (z_1) et (z_2), ces modules (au besoin multipliés par un certain coefficient de proportionnalité) doivent être échangés entre les x et les y quand on passe à l'ensemble (z_3) et (z_4).

En particulier, les équations rentrant dans le type (3) du n° 85 (p. 326), soit

$$(2) \qquad \frac{\varphi_1 + \varphi_2}{\psi_1 + \psi_2} = \frac{\varphi_3 + \varphi_4}{\psi_3 + \psi_4},$$

pourront être considérées comme exprimant la perpendicularité des alignements (z_1, z_2) et (z_3, z_4) définis par

$$(z_1) \qquad x = \varphi_1, \qquad y = \psi_1$$
$$(z_2) \qquad x = -\varphi_2, \qquad y = -\psi_2,$$
$$(z_3) \qquad x = -\psi_3, \qquad y = \varphi_3,$$
$$(z_4) \qquad x = \psi_4, \qquad y = -\varphi_4.$$

ainsi que cela est d'ailleurs évident *à priori*.

Pour appliquer ce type de nomogramme à une équation à trois variables, il suffit de remplacer l'une des quatre variables précédentes par une constante, ce qui réduit l'échelle correspondante à un point fixe par lequel doit constamment passer un des côtés de l'équerre. Le nomogramme correspondant peut alors être dit *à équerre à point fixe*.

En particulier, pour que l'équation (2) ci-dessus donne un tel nomogramme, il suffit d'y supposer

$$\varphi_2 = \psi_2 = 0.$$

Exemple I. — Pour calculer la plus forte charge P (en
tonnes par mètre carré) que l'on peut imposer à un terrain

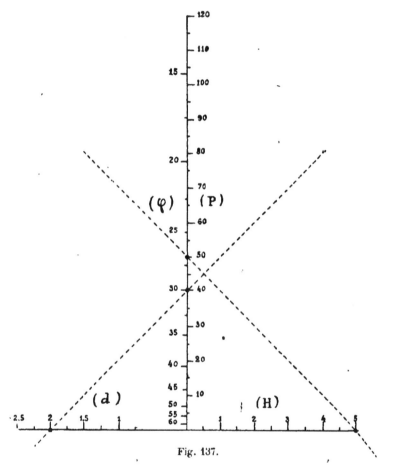

Fig. 137.

pour une profondeur H de fondations (en mètres), si *d* est
le poids (en tonnes) du mètre cube de terre et φ l'angle de
frottement du terrain, Rankine a donné la formule

$$P = dH \frac{1 + \sin^2 \varphi}{(1 - \sin \varphi)^2},$$

qui rentre dans le type (2) ci-dessus quand on l'écrit :

$$\frac{P}{H} = \frac{d}{f(\varphi)}.$$

Le nomogramme à équerre qui la traduit est représenté par la figure 137[1], où la position de l'équerre marquée en pointillé correspond à l'exemple $H = 5^m$, $d = 2^T$, $\varphi = 30°$, pour lequel on a $P = 50^T$ par mètre carré.

Exemple II. — Soit maintenant, comme exemple de nomogramme à équerre à point fixe, la formule faisant connaître la vitesse V (en mètres par seconde) de l'écoulement de l'eau par un orifice rectangulaire dont les deux côtés horizontaux sont aux distances h_1 et h_2 (en mètres) du niveau, savoir :

$$V = 2,953 \frac{h_1^{\frac{3}{2}} - h_2^{\frac{3}{2}}}{h_1 - h_2},$$

qui peut s'écrire :

$$0,338V = \frac{h_1^{\frac{3}{2}} - h_2^{\frac{3}{2}}}{h_1 - h_2}.$$

Le déterminant générateur du nomogramme correspondant $\left[(3') \text{ du } n° 85\right]$ est :

$$\begin{vmatrix} 0,338V & 0 & 0 & 1 \\ 0 & -1 & 0 & 1 \\ h_1^{\frac{3}{2}} & h_1 & 1 & 1 \\ h_2^{\frac{3}{2}} & h_2 & 1 & 1 \end{vmatrix} = 0.$$

Afin d'obtenir une courbure plus accentuée de l'échelle (h), M. Soreau[2] l'a transformé en

$$\begin{vmatrix} 1,352V & 0 & 0 & 1 \\ 1 & -1 & 0 & 1 \\ 4h_1^{\frac{3}{2}} - h_1 & h_1 & 1 & 1 \\ 4h_2^{\frac{3}{2}} - h_2 & h_2 & 1 & 1 \end{vmatrix} = 0.$$

[1] SOREAU, **1**, p. 353.
[2] SOREAU, **1**, p. 385.

ce qui donne les échelles

(V) $x = 1,352V,$ $y = 0,$

(h_1) et (h_2) $x = h,$ $y = h - 4h^{\frac{3}{2}},$

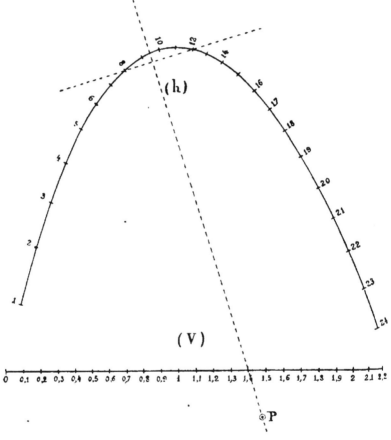

Fig. 138.

et le point fixe

(P) $x = 1,$ $y = -1.$

Adoptant pour x et y sur la figure formée par les (h_1) et

(h_2) et, par suite, pour y et x sur la figure formée par (V) et par le point P les modules 18μ et 100μ, M. Soreau a obtenu le nomogramme de la figure 138, sur lequel, pour $h_1 = 12$, $h_3 = 8$, on lit V = 1,4.

91. Nomogrammes à équerre par le sommet. — Pour appliquer le type des nomogrammes à équerre à des équations à trois variables seulement, on peut aussi supposer deux des trois échelles réduites à une seule, auquel cas chacun des côtés de l'équerre devant passer par le point pris sur cette échelle, ce point doit se trouver en coïncidence avec le sommet de l'équerre, d'où le nom ici adopté[1].

M. Soreau a fait remarquer[2] qu'un tel nomogramme pouvait être rattaché aux nomogrammes à équerre en général de la manière que voici :

Supposons que, rendant identiques les variables z_1 et z_4, on observe que les échelles (z_1) et (z_4) construites séparément soient semblables. On pourra d'abord, en amplifiant dans le rapport de similitude voulu l'ensemble des échelles (z_3) et (z_4), rendre (z_4) identique à (z_1). puis par une translation (toujours permise puisque chaque couple d'échelles n'intervient que pour déterminer des directions d'alignement, lesquelles restent inaltérées par une translation) amener la nouvelle échelle (z_4) à coïncider avec (z_1). Le nomogramme comprend

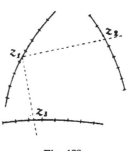

Fig. 139.

---

[1] C'est à ce type qu'appartient le profilomètre Siégler cité plus haut (note 1 de la page 337).
[2] SOREAU, **2**, p. 48.

alors (fig. 139) une échelle (z_1) avec laquelle le sommet de l'équerre doit être toujours en prise et deux échelles (z_2) et (z_3) par les points desquelles doivent passer respectivement les deux côtés de l'équerre.

En particulier, si l'on se reporte au type (2) du n° 90, qui est le plus fréquent dans la pratique. on voit que la condition sera réalisée si l'on a simplement

$$\psi_1 = a\varphi_1 + b \quad \text{et} \quad -\varphi_1 = a\psi_1 + c,$$

a, b, c étant des constantes.

Remarque. — Il convient de remarquer que, lorsque l'inconnue est la variable qui correspond au sommet (ainsi que c'est le cas dans l'exemple suivant), la lecture ne laisse pas d'être un peu délicate. Il faut, en effet, en faisant passer les deux côtés de l'équerre par les points donnés, amener son sommet à tomber sur l'échelle correspondante. Une remarque analogue peut être faite à propos de tout mode de représentation applicable à $n - 1$ variables, dérivé d'un mode applicable à n variables par coïncidence de deux échelles d'abord distinctes.

Exemple. — Reprenant l'équation, empruntée au calcul des murs de soutènement,

$$k^2(1 + \text{tg}^2 \varphi) + p\left(k \, \text{tg} \, \varphi - \frac{1}{3}\right) = 0,$$

que nous avions représentée par des systèmes de droites et de cercles concourants (p. 192, *Exemple*), M. Soreau [1], après avoir remarqué qu'elle pouvait s'écrire :

$$\frac{\dfrac{1}{p}}{\dfrac{1}{k}} = \frac{3 \, \text{tg} \, \varphi - \dfrac{1}{k}}{-3(1 + \text{tg}^2 \varphi)} \, .$$

[1] SOREAU, **2**, p. 49.

l'a traduite en un nomogramme à équerre par le sommet
en faisant, dans la forme (2) du n° 90,

$$\varphi_1 = 0, \qquad \varphi_2 = \frac{1}{p}, \qquad \varphi_3 = 3 \operatorname{tg} \varphi, \qquad\qquad \varphi_4 = \frac{-1}{k}.$$

$$\psi_1 = \frac{1}{k}, \qquad \psi_2 = 0, \qquad \psi_3 = -3(\operatorname{tg}^2 \varphi + 1), \qquad \psi_4 = 0.$$

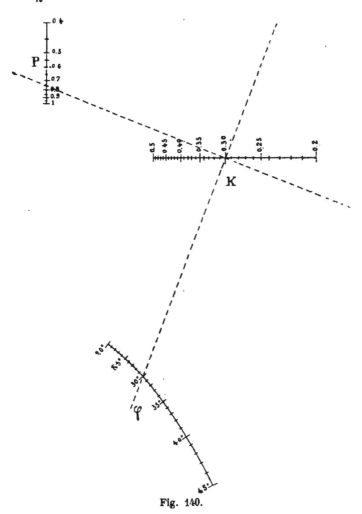

Fig. 140.

ce qui donne les 3 échelles

$$(k) \begin{cases} x = 0, \\ y = \dfrac{1}{k}. \end{cases} \quad (p) \begin{cases} x = -\dfrac{1}{p}, \\ y = 0, \end{cases} \quad (\varphi) \begin{cases} x = 3(1 + tg^2\varphi), \\ y = 3\, tg\, \varphi. \end{cases}$$

Le nomogramme correspondant est celui de la figure 140. Il offre cet intérêt que l'équation ainsi représentée n'est pas réductible au type des points alignés et qu'elle se trouve néanmoins ainsi ramenée au seul emploi de points cotés sans qu'il intervienne plus d'une échelle par variable[1].

La position de l'équerre marquée en pointillé correspond à l'exemple $p = 0,75$, $\varphi = 30°$ pour lequel on a $k = 0,3$.

Il va sans dire que dans les nomogrammes à équerre comme dans tous ceux qui ne reposent que sur l'emploi de points cotés, on peut remplacer les échelles simples par des réseaux de points cotés (n° 65), suivant la remarque générale déjà faite au n° 89. M. Soreau en a donné aussi un exemple intéressant[2].

92. **Nomogrammes à points équidistants**.
— On peut généraliser le principe du double alignement parallèle (n° 81) pris sous la forme des parallèles mobiles[3] en traçant sur le transparent, au lieu de droites parallèles, des cercles concentriques. Il convient toutefois de remarquer que, dans ce cas, le cercle. dit *primitif*, à faire passer par les deux premiers

[1] M. Beghin avait fait voir que l'équation pouvait être représentée par double alignement parallèle à la condition de faire correspondre deux échelles distinctes à la seule variable φ (O., **4**, p. 244). Quoique moins élégant que celui décrit ci-dessus, ce nomogramme (la variable φ n'ayant jamais à être prise pour inconnue) est pratiquement plus avantageux parce que d'une lecture plus précise, l'opération qui, avec le nomogramme de M. Soreau, consiste à amener le sommet de l'équerre sur l'échelle (k) pendant que ses deux côtés passent par des points donnés sur les échelles (p) et (φ) étant un peu délicate.

[2] SOREAU, **2**, p. 59.

[3] Voir p. 308.

points (z_1) et (z_4) doit être un cercle déterminé du système (à distinguer par un signe spécial). Une fois ce cercle amené à passer par les points voulus, l'un des cercles concentriques passe par le point (z_2), et le point (z_3) qui se trouve sur ce même cercle fait connaître la valeur de l'inconnue.

Pris dans sa généralité, le procédé, lorsqu'on suppose les échelles simples, s'applique donc à des équations à quatre variables. On le réduit au cas de trois variables en supposant deux des échelles (z_1) et (z_4) coïncidentes et réduisant le cercle primitif à un point.

Le nomogramme comprend alors (fig. 141) trois échelles (z_1), (z_2), (z_3) entre lesquelles le mode de liaison se réduit à ceci : *le cercle de centre (z_1) passant par le point (z_2) passe aussi par le point (z_3).*

On peut donc, au lieu du transparent à cercles concentriques dont nous venons de parler, se servir d'un compas pour la lecture du nomogramme ; *l'une des pointes du compas étant mise au point coté z_1, l'autre en z_2, on fait tourner le compas autour de la pointe z_1 jusqu'à ce que l'autre pointe tombe sur l'échelle (z_3) ; la cote du point ainsi marqué est le nombre cherché.*

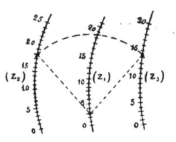

Fig. 141.

C'est en raison de cette façon de rattacher les points (z_2) et (z_3) à (z_1) que l'auteur de cette nouvelle classe de nomogrammes, M. N. Gercevanoff [1], leur a donné le nom de *nomogrammes à points équidistants.*

[1] GERCEVANOFF, § 10.

Afin de rappeler le rôle spécial joué dans ce mode de liaison par le point z_1, on peut l'appeler le *point central*, et l'échelle (z_1), l'*échelle centrale*.

Il est très facile de former le type d'équation correspondant.

Si, en effet, l'échelle (z_i) (pour $i = 1, 2, 3$) est définie par

$$(z_i) \qquad x = f_i, \quad y = g_i,$$

il suffit, en supposant les axes rectangulaires et les modules suivant Ox et Oy égaux, d'écrire l'égalité des distances des points (z_2) et (z_3) au point (z_1) pour avoir

$$(f_2 - f_1)^2 + (g_2 - g_1)^2 = (f_3 - f_1)^2 + (g_3 - g_1)^2$$

ou

$$(1) \qquad f_2^2 + g_2^2 - f_3^2 - g_3^2 - 2f_1(f_2 - f_3)$$
$$- 2g_1(g_2 - g_3) = 0,$$

qui, d'après la remarque même de **M. Gercevanoff**, peut se mettre sous la forme

$$(1') \qquad \begin{vmatrix} f_2 - f_3 & 0 & -g_2 + g_3 \\ g_2 + g_3 & 1 & f_2 + f_3 \\ 2g_1 & 1 & 2f_1 \end{vmatrix} = 0,$$

et comprend comme cas particulier certaines équations déjà représentables en points alignés avec deux des échelles rectilignes. En effet, si l'on fait

$$f_2 = 0, \quad g_1 = 0,$$

l'équation (1) se réduit à

$$g_2^2 - f_3^2 - g_3^2 + 2f_1 f_3 = 0,$$

et il suffit de poser

$$2f_1 = \varphi_1, \quad g_2^2 = \varphi_2,$$

$$f_3 = \frac{\psi_3}{\chi_3}, \; -(f_3^2 + g_3^2) = \frac{\varphi_3}{\chi_3},$$

pour qu'elle s'écrive :

(2) $\qquad \varphi_1 \psi_3 + \varphi_2 \chi_3 + \varphi_3 = 0,$

qui rentre exactement dans le type (1) du n° 71 (no-mogramme $\mathbf{N}_1$). Si en outre $f_3 = 1$, elle se réduit à

(3) $\qquad \varphi_1 + \varphi_2 + \varphi_3 = 0,$

type (1) du n° 66 (nomogramme $\mathbf{N}'_0$).

On obtient encore une équation de ce dernier type dans l'hypothèse $g_1 = g_2 = g_3 = 0$, car l'équation (1) se réduit alors à

(3') $\qquad (f_2 - f_3)(f_2 + f_3 - 2f_1) = 0,$

équation qui, au facteur parasite près, est de la forme (3) ci-dessus.

L'hypothèse faite pour obtenir le type (2) montre que les échelles (z_1) et (z_2) sont disposés respectivement sur Ox et Oy, l'échelle (z_3) étant quelconque. Cette dernière devient à son tour rectiligne et parallèle à Oy lorsque s'ajoute l'hypothèse qui a conduit au type (3).

Pour le type (3'), les trois échelles étant portées le long de Ox (ce qui ne peut se réaliser pratiquement que si deux au moins d'entre elles sont identiques), outre que la traduction géométrique de l'équation représentée est alors évidente, on s'explique la présence du facteur parasite par le fait que le cercle de centre (z_1) coupe le support commun en deux points, en chacun desquels deux cotes z_2 et z_3 sont confondues. Les cotes à associer pour la résolution de l'équation sont celles qui se rapportent à deux points distincts.

Exemple. — Soit l'équation du $2^{\text{ième}}$ degré où le terme constant est supposé négatif

$$z^2 + pz - q = 0.$$

Elle rentre dans le type (2) ci-dessus lorsqu'on prend :

$$z_1 = p, \quad z_2 = q, \quad z_3 = z,$$

avec

$$\varphi_1 = p, \quad \varphi_2 = q, \quad \varphi_3 = z^2. \quad \psi_3 = z, \quad \chi_3 = -1.$$

d'où l'on tire
$$f_1 = p_2, \qquad g_1 = 0.$$
$$f_2 = 0, \qquad g_2 = \sqrt{q}.$$
$$f_3 = -z, \qquad g_3 = 0.$$

La valeur trouvée pour g_2 montre pourquoi on doit supposer le terme constant négatif[1].

Les échelles obtenues sont donc définies par

(p) $x = p_2,$ $y = 0$ (échelle centrale).

(q) $x = 0,$ $y = \sqrt{q}.$

(z) $x = -z,$ $y = 0.$

L'échelle centrale (p) et l'échelle (z) se réduisent à des échelles métriques portées sur Ox, à partir de O, l'une dans un sens, l'autre dans l'autre, la cote de la seconde étant, en valeur absolue, moitié de celle de la première au même point.

Quant à l'échelle (q), elle est bien facile à reporter au compas sur Oy. Il suffit de remarquer que pour $z = q$, on tire de l'équation donnée $p = 1 - q$. Donc, prenant comme point central le point coté $1 - q$ de l'échelle (p),

---

[1] Des restrictions de ce genre existent chaque fois qu'on a recours à un mode de représentation quadratique, et c'est une des principales raisons de la supériorité des modes de représentation purement projectifs. Toutefois la représentation quadratique permettra parfois (et c'est ici le cas) de substituer des échelles rectilignes, faciles à graduer, à certaines échelles curvilignes.

il suffit de prendre le point coté q de l'échelle (z) avec la seconde pointe du compas et de le reporter sur Oy pour avoir le point de même cote de l'échelle (q). C'est ainsi que M. Gercevanoff a construit le nomogramme que reproduit

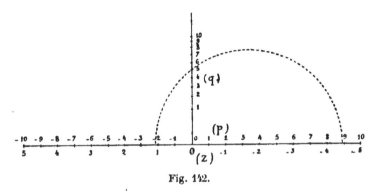

Fig. 142.

la figure 142, où le cercle marqué en pointillé correspond à l'équation $z^2 + 3,2z - 5 = o$,

dont les racines sont :

$$z' = 1,15, \quad \text{et} \quad z'' = -4,35.$$

93. Points équidistants dans le cas d'échelles toutes rectilignes.

— ·On peut d'ailleurs se proposer de rechercher la forme la plus générale de l'équation représentable par un nomogramme à points équidistants ne comportant que des échelles rectilignes, semblables à celles de certaines fonctions φ_1, φ_2, φ_3. Il suffit, pour cela, que

$$f_i = a_i \varphi_i + b_i, \quad y_i = c_i \varphi_i + d_i, \quad (i = 1, 2, 3).$$

On trouve alors que l'équation (1) prend la forme

(4) $A^2 \varphi_2^2 - A_3 \varphi_3^2 + \varphi_1 (B_2 \varphi_2 + B_3 \varphi_3) + C_1 \varphi_1 + C_2 \varphi_2$
$$+ C_3 \varphi_3 + D = o,$$

où A_2 et A_3, *nécessairement de même signe*, peuvent toujours être pris positifs.

Les huit coefficients de l'équation (4) s'expriment en fonction des douze coefficients a_i, b_i, c_i, d_i; on voit, lorsque les

premiers sont donnés, qu'on dispose de quatre conditions
arbitraires pour la détermination des seconds. On ne saurait
toutefois, dans le cas général, choisir ces conditions supplé-
mentaires de façon qu'il en résulte des sujétions particulières pour les échelles. Par exemple, on ne saurait, en
général, faire $c_2 = d_2 = c_3 = d_3 = o$, parce que les supports des échelles (z_2) et (z_3) seraient alors coïncidents, ce
qui exige une relation particulière entre les coefficients de
l'équation donnée.

La parité de signe de A_2 et A_3 introduit une sujétion dont
on peut s'affranchir, lorsque l'un des coefficients B_2 ou B_3
est nul, grâce à un artifice signalé par M. Gercevanoff[1].

Supposons donc A_3 négatif, en posant $A_3 = - A'_3$, et de
plus, $B_3 = o$. L'équation s'écrit alors :

$$A_2\varphi_2^2 + A'_3\varphi_3^2 + B_2\varphi_1\varphi_2 + C_1\varphi_1 + C_2\varphi_2 + C_3\varphi_3 + D = o.$$

Définissons alors la fonction ψ_3 par la relation

$$A'_3\varphi_3^2 + C_3\varphi^3 = - \alpha_3\psi_3^2 + \gamma_3\psi_3 + k,$$

les coefficients du second membre étant arbitraires (ce qui
permettra d'en disposer de façon que ψ_3 reste réelle dans le
champ considéré) et $\alpha_3 > o$.

L'équation devient alors :

$$A_2\varphi_2^2 - \alpha_3\psi_3^2 + B_2\varphi_1\varphi_2 + C_1\varphi_1 + C_2\varphi_2 + \gamma_3\psi_3 + D + k = o.$$

Elle rentre ainsi dans le type $(4)^2$.

B. — Éléments cotés mobiles.

94. Échelles mobiles en général. — Nous
prenons ici le terme d'échelle dans son sens le plus
général, celui de système d'éléments géométriques
quelconques, lignes ou points, munis d'une ou de plusieurs cotes.

---

[1] GERCEVANOFF, p. 29.
[2] Pour plus de détails, voir GERCEVANOFF, § 10 à 14.

Supposons cette échelle marquée sur un plan $\mathbf{II}'$ glissant librement sur le plan $\mathbf{II}$, ces plans étant munis des systèmes d'axes rectangulaires Ox et Oy d'une part, $O'x'$ et $O'y'$ de l'autre.

Pour fixer la position du plan $\mathbf{II}'$ par rapport au plan $\mathbf{II}$, il faut connaître les coordonnées x_0, y_0 de l'origine O' par rapport aux axes Ox et Oy et l'angle que $O'x'$ fait avec Ox, angle dont nous désignerons le cosinus par θ. Dans ces conditions, les coordonnées x et y du point (x', y') du plan $\mathbf{II}'$ sont, sur le plan $\mathbf{II}$,

$$x = x_0 + \theta x' - \sqrt{1 - \theta^2}\, y',$$
$$y = y_0 + \sqrt{1 - \theta^2}\, x' + \theta y'.$$

d'où il suit, x_0, y_0 et θ étant arbitraires, que les déplacements de $\mathbf{II}'$ sur $\mathbf{II}$ sont à 3 degrés de liberté.

Si x_0, y_0, θ sont des fonctions connues de certaines variables, la position de l'échelle mobile dépendra de ces nouvelles variables qui, par conséquent, figureront à leur tour dans l'équation représentée. De là, le moyen d'étendre le nombre des variables que renferme celle-ci.

Mais, de même que nous avons eu occasion de remarquer, au n° 89, que les modes de liaison entre points cotés établis au moyen d'index mobiles ne correspondent à des types d'équation, intéressants au point de vue pratique, que pour certaines formes simples de ces index, de même l'introduction des systèmes cotés mobiles dont il vient d'être question n'aura à être prise en considération que dans quelques cas simples.

Parmi les déplacements du plan $\mathbf{II}'$ à un seul degré de liberté, qui s'offrent évidemment d'abord, les plus importants sont ceux qui se réduisent à une translation

parallèle à l'un des axes, Ox ou Oy (*échelles glissantes*)
ou à une rotation autour de l'origine O (*échelles tournantes*). Parmi ceux à deux degrés de liberté, le plus
important est celui qui se réduit à une translation quèl-
conque dans le plan Oxy, les axes O'x' et O'y' restant
parallèles à Ox et Oy (échelles à orientation fixe, ou,
plus simplement, *échelles orientées*).

Si, au point de vue des applications réelles, il n'y a
guère à compter qu'avec ces cas-là, il est, par contre, intéressant d'envisager, sur un nomogramme, non pas un
seul, mais plusieurs systèmes rendus mobiles, de façon
à introduire de nouvelles variables par le moyen de
chacun d'eux.

95. Échelles glissantes. Règles à calcul. —

Considérons l'échelle de la fonction f_2 portée le long
de l'axe O'x' du plan mobile que nous faisons glisser le
long de l'axe Ox du plan fixe portant lui-même l'échelle
f_1. Lorsque l'origine O' du plan mobile sera venue en
un certain point coté z_2, de l'échelle f_2, on voit que le
point coté z_1 de l'échelle f_1 occupera, sur Ox, la position correspondant à

$$x = f_1 + f_2.$$

Si donc un nomogramme comporte le long d'un de
ses axes une échelle simple telle que celle de f_1, on voit
que, par l'introduction d'une échelle glissante, on peut
lui substituer une échelle binaire de la forme

$$f_1 + f_2.$$

Si, par exemple, on opère cette substitution pour
l'une des deux échelles accolées au moyen desquelles on

peut représenter (n° 46, *Rem. II*) toute équation entre
deux variables mise sous la forme

$$f_2 = f_3,$$

on obtient la représentation de l'équation

$$f_1 + f_2 = f_3,$$

par un nomogramme à échelle glissante, qui, réalisé
matériellement d'une certaine façon (les deux échelles
f_1 et f_3 étant portées sur les deux bords d'une règle
munie d'une coulisse dans laquelle glisse une réglette
portant l'échelle f_2), n'est autre qu'une règle à calcul de
type général (fig. 143), la règle à calcul ordinaire ré-

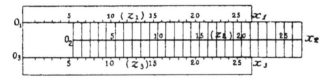

Fig. 143.

pondant au cas où les trois échelles fonctionnelles f_1, f_2,
f_3 sont identiques à une même échelle logarithmique;
auquel cas l'équation représentée

$$\log z_1 + \log z_2 = \log z_3,$$

équivaut à

$$z_1 z_2 = z_3.$$

Nous n'insistons pas ici sur les règles à calcul qui
font l'objet d'une foule de notices spéciales [1].

Nous nous bornerons à faire remarquer d'une part
qu'en juxtaposant un certain nombre de réglettes à

[1] Voir O., **7**, p. 116 et 118.

glissière pour les échelles $f_2, f_3, \ldots, f_{n-1}$ entre les échelles fixes f_1 et f_n, on obtient la représentation d'équations de la forme :

$$f_1 + f_2 + \cdots + f_{n-1} = f_n;$$

d'autre part, qu'en substituant aux échelles simples des échelles binaires, on double le nombre des variables sous la forme

$$f_{12} + f_{34} + \cdots + f_{(2n-3)(2n-2)} = f_{(2n-1)2n}.$$

M. Vaes a construit des règles de ce dernier type, notamment pour la formule de traction des locomotives[1].

On pourrait de même prendre l'un quelconque des types de nomogramme précédemment étudiés, et y donner une translation aux diverses échelles parallèlement à l'un ou à l'autre des axes cartésiens auxquels on les suppose rapportés.

96. Échelles tournantes.

— Si, les origines O et O' étant en coïncidence, on fait tourner O'x' autour de O, les coordonnées du point donné sur cet axe par

$$x' = f_1$$

deviennent, en appelant ω l'angle xOx',

$$x = f_1 \cos \omega, \qquad y = f_1 \sin \omega.$$

Si d'ailleurs cette échelle ne sert qu'à coter un faisceau de parallèles à Oy, il n'y a lieu d'envisager que la valeur de x. Si donc on fait en sorte que $\cos \omega = f_2$, fonction de la variable z_2, on voit que l'échelle tournante équivaudra à l'échelle binaire de la fonction de deux variables constituée par le produit $f_1 f_2$.

[1] O., 4, p. 363.

Au reste, pour repérer la position de l'échelle tournante correspondant à chaque valeur de z_2, il suffira
d'inscrire cette valeur de z_2 à côté du point où aboutit,
sur un cercle C de centre O, la position du support
correspondant à l'angle
ω tel que $\cos \omega = f_2$
(fig. 144). Ce point se
trouve, comme on voit,
sur la parallèle à Oy
menée par le point coté
z_2 sur l'échelle de la
fonction f_2 portée sur
Ox, à partir de O, avec
un module égal au rayon
du cercle C. Il est bien

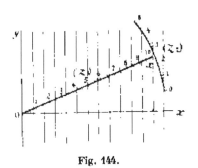

Fig. 144.

clair d'ailleurs que cet artifice ne pourra être appliqué
qu'autant que la fonction f_2 restera en valeur absolue
inférieure à 1.

En combinant une telle rotation avec une translation
parallèle à Ox, définie par $x = \varphi_1$, on aurait de
même :

$$x = f_1 f_2 + \varphi_1.$$

Pour éviter d'avoir à ajouter effectivement une translation à une rotation, M. Lallemand a proposé l'ingé-
nieux artifice que voici :

Sur le plan Π', portant l'échelle tournante, traçons, de
chaque point z_1 de cette échelle comme centre, un cercle de rayon φ_1 évalué avec le module de Ox. On voit
qu'une fois l'échelle mise en place au moyen de
l'échelle (z_2), la ligne de rappel (parallèle à Oy) tangente à ce cercle, du côté prescrit par le signe de φ_1

(en pratique, il n'y a jamais de doute) aura bien pour abscisse $f_1 f_2 + \varphi_1$. Il suffit de placer l'une au-dessous de l'autre deux échelles tournantes ayant chacune son centre sur Oy pour obtenir un nouveau mode de représentation applicable aux équations de la forme

$$f_1 f_2 + \varphi_1 = f_3 f_4 + \varphi_3.$$

à la condition que les cercles φ_1 et φ_3 soient tangents à une même ligne de rappel.

On peut d'ailleurs combiner des échelles tournantes avec des échelles glissantes.

Si, par exemple, les deux échelles tournantes munies de cercles, qui viennent d'être établies pour z_1 et z_2 d'une part, z_3 et z_4 de l'autre, sont mises en place indépendamment l'une de l'autre, et que l'on fasse glisser le long de Ox une échelle définie par $x = f_5$, on voit que si, ayant amené l'origine de cette échelle sur la ligne de rappel tangente au cercle φ_3, on constate que la ligne de rappel tangente au cercle φ_1 coupe l'échelle glissante au point coté z_5, on aura :

$$f_5 = f_1 f_2 + \varphi_1 - (f_3 f_4 + \varphi_3).$$

C'est M. Lallemand qui a imaginé ce type spécial de nomogramme en vue d'une application particulière[1].

Remarque. — Nous venons de faire voir comment, au moyen des échelles tournantes, on peut introduire de nouvelles variables dans un type quelconque de nomogramme. On peut les utiliser aussi, tout simplement, pour rendre plus précise la lecture de certains nomogrammes, de même que le transparent hexagonal de M. Lallemand (nº 59) a permis de rendre plus précise la lecture des abaques carté-

[1] O., **4**, nº 137.

siens à trois faisceaux de droites parallèles. On peut, par
exemple, dans les abaques polaires (p. 189), remplacer
à la fois les cercles ayant l'origine O pour centre et les
droites issues de cette origine par une échelle (z_1) pivotant
autour du point O dont
la position peut être
repérée au moyen d'une
graduation (z_2) portée
par un cercle de centre
O (fig. 145).

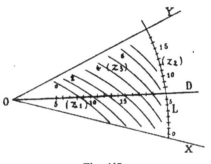

Fig. 145.

Lorsque le support
de l'échelle tournante
passe par le point coté z_2
du cercle de repère, le
point coté z_1 de cette
échelle tombe sur la
ligne cotée z_3; ce qui,
comme on voit, se prête
aussi bien à la détermination de l'une ou de l'autre des variables prise comme inconnue.

97. Échelles orientées.

— Considérons mainte-
nant un plan Π' d'orientation fixe qui glisse sur le
plan Π en entraînant un système coté quelconque.
Chacun des deux plans portant, comme il a été dit
(n° 94), un système d'axes rectangulaires, et ces systèmes étant parallèles d'un plan à l'autre, la position
du plan Π' pourra être définie au moyen d'échelles (z_1)
et (z_2) portées sur Ox et Oy, par les points desquelles
devront passer respectivement les axes $O'y'$ et $O'x'$.
Dans ces conditions, les coordonnées de l'origine O' par
rapport aux axes Ox et Oy, savoir :

$$x_0 = f_1, \quad y_0 = f_2.$$

devront être ajoutées à celles x', y', de tout point du

plan $\mathbf{II}'$ pour donner les coordonnées x, y de ce point sur le plan $\mathbf{II}$[1].

Supposons, par exemple, que le plan $\mathbf{II}$ porte les lignes définies par une équation telle que :

$$F(x,y,z_4) = o,$$

et le plan $\mathbf{II}'$ l'échelle ponctuelle définie par :

$$x' = g_3, \quad y' = h_3.$$

Si la position du plan $\mathbf{II}'$ est fixée par rapport à $\mathbf{II}$ au moyen des échelles (z_1) et (z_2) comme il vient d'être dit, on voit qu'on aura une représentation[2] de l'équation :

$$F(f_1 + g_3, f_2 + h_3, z_4) = o.$$

Rien d'ailleurs n'oblige, pour fixer la position du plan $\mathbf{II}'$ par rapport au plan $\mathbf{II}$, à se servir comme lignes de repère des axes $O'x'$ et $O'y'$; deux lignes quelconques tracées sur ce plan $\mathbf{II}'$ pourront remplir le même office, notamment deux droites D_1 et D_2 issues du point O' et dont les équations rapportées à $O'x'$ et $O'y'$ seront

$$y = m_1 x \quad \text{et} \quad y = m_2 x.$$

De même, les échelles (z_1) et (z_2), dont les points devront être placés respectivement sous les droites D_1 et D_2, pourront être portées par d'autre lignes que Ox et Oy; supposons les portées toutes deux sur Oy. Alors, remarquant que les coordonnées du point O rapporté

---

[1] Au lieu de faire passer l'axe $O'y'$ par les points de l'échelle de la fonction f_1 portée sur Ox, il revient au même de faire passer l'axe Oy par les points de l'échelle de la fonction $-f_1$ portée sur $O'x'$.

[2] Des nomogrammes de ce genre ont été employés par le capitaine Batailler.

à $O'x'$ et $O'y'$ sont $-x_0$ et $-y_0$, on voit que l'on exprimera que les droites D_1 et D_2 passent par les points cotés respectivement z_1 et z_2 sur Oy en écrivant :

$$-y_0 + f_1 = -m_1 x_0,$$
$$-y_0 + f_2 = -m_2 x_0,$$

équations qui déterminent x_0 et y_0 en fonction de z_1 et z_2. Nous allons en donner un exemple.

98. Nomogrammes à images logarithmiques. —

Si nous appelons, comme ci-dessus (n° 22), avec M. Mehmke, image logarithmique du polynôme [1]

$$u = z^{m_1} + z^{m_2},$$

la courbe obtenue en prenant respectivement pour abscisse et pour ordonnée

$$x' = \log z, \qquad y' = \log u,$$

nous voyons que cette image logarithmique tracée sur le plan Π' aura pour équation :

$$10^{y'} = 10^{m_1 x'} + 10^{m_2 x'}.$$

L'équation de cette même image rapportée au plan Π sera donc

$$10^{y - y_0} = 10^{m_1(x - x_0)} + 10^{m_2(x - x_0)},$$

ou

$$10^{y} = 10^{m_1 x + y_0 - m_1 x_0} + 10^{m_2 x + y_0 - m_2 x_0}.$$

Or, d'après les équations écrites plus haut (dans l'hypothèse où les droites D_1 et D_2 de repère issues de O' ont pour coefficients angulaires m_1 et m_2) en supposant que les échelles f_1 et f_2 se réduisent à une seule et même échelle logarithmique sur laquelle, aux points de rencontre avec D_1 et D_2, on lit respectivement a_1 et a_2, on a :

$$y_0 - m_1 x_0 = \log a_1, \qquad y_0 - m_2 x_0 = \log a_2,$$

---

[1] Pour plus de développement sur la méthode des images logarithmiques de M. Mehmke, voir O., **4**, chap. x, sect. II B.

et, par suite, en remarquant que

$$10^{y_0 - m_i x_0} = 10^{\log a_i} = a_i,$$

il vient, pour l'équation de l'image logarithmique rapportée à Ox et Oy :

$$10^y = a_1 10^{m_1 x} + a_2 10^{m_2 x}.$$

Autrement dit : *l'image logarithmique du binôme* $z^{m_1} + z^{m_2}$, *tracée sur le plan* Π', *lorsque les droites de repère* D_1 *et* D_2 *passent respectivement par les points cotés* a_1 *et* a_2 *sur l'échelle logarithmique que porte* Oy, *figure sur le plan* Π *l'image logarithmique du binôme* $a_1 z^{m_1} + a_2 z^{m_2}$.

Voilà donc le moyen d'engendrer, par translation quelconque du plan Π' (dont la position est fixée sur le plan Π par les droites de repère D_1 et D_2 en prise avec les points de l'échelle logarithmique de Oy), le système doublement infini des images logarithmiques des binômes $a_1 z^{m_1} + a_2 z^{m_2}$, où a_1 et a_2 peuvent prendre des valeurs *positives* quelconques. Remarquons, en effet, qu'une échelle logarithmique ne permettant de représenter que des nombres positifs il faut, si l'on veut pouvoir attribuer aux coefficients a_1 et a_2 des valeurs négatives, envisager sur Π' les images logarithmiques de $z^{m_1} - z^{m_2}$ ou de $z^{m_2} - z^{m_1}$.

Si l'on a mis ainsi en place sur le plan Π, au moyen de deux transparents distincts Π' et Π'', les images logarithmiques des monômes $a_1 z^{m_1} + a_2 z^{m_2}$ et $a_3 z^{m_3} + a_4 z^{m_4}$, on voit que les valeurs de z correspondant aux points de rencontre de ces images (valeurs que l'on va lire sur l'échelle logarithmique de Ox en suivant la ligne de rappel passant par chacun de ces points) sont telles que

$$a_1 z^{m_1} + a_2 z^{m_2} = a_3 z^{m_3} + a_4 z^{m_4},$$

d'où le moyen d'obtenir les racines positives des équations de cette forme (en considérant autant d'images logarithmiques distinctes que l'exigent les diverses combinaisons de signes à prévoir); nous disons *positives* par la même raison que ci-dessus (impossibilité de figurer des nombres négatifs sur une échelle logarithmique); les racines négatives peuvent d'ailleurs s'obtenir en valeur absolue comme racines positives de la transformée en $-z$.

On ne peut pas non plus prendre un des coefficients, a_4 par exemple, égal à o, puisque le point à prendre sur l'échelle logarithmique de Oy serait alors rejeté à l'infini ; mais, en ce cas, il est bien aisé de figurer à part l'image logarithmique du terme $a_3 z^{m_3}$, soit

$$10^y = a_3 10^{m_3 x},$$

ou

$$y = m_3 x + \log a_3,$$

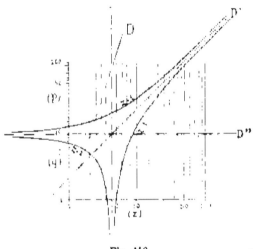

Fig. 146.

droite de coefficient angulaire m_3 menée par le point coté a_3 sur l'échelle logarithmique de Oy.

La figure 146 montre la résolution par ce procédé de l'équation

$$z^3 = 2,1\,z + 9,$$

au moyen de l'image logarithmique du binôme $z + 1$ et de la droite $y = 3x$, désignée sur la figure par la lettre D[1], qui donnent $z = 2,4$.

[1] Pour d'autres valeurs de l'exposant du premier membre on aurait d'autres droites D issues de l'origine, que nous avons supprimées ici pour rendre la figure plus claire, mais que l'on trouvera dans O., **4** (fig. 171).

C. — Théorie générale.
Étude morphologique des nomogrammes.

99. Objet de l'étude morphologique des nomogrammes. — En voyant, au fur et à mesure que l'on avance dans l'étude de la nomographie, se multiplier les types particuliers de nomogramme, on est conduit à les envisager au seul point de vue de leur structure, indépendamment de la nature géométrique spéciale des lignes qui y interviennent et de la forme correspondante des équations représentées, étant bien entendu, d'ailleurs, que lorsqu'on en vient aux applications, c'est, au contraire, cette double considération qui importe le plus.

C'est, en quelque sorte, le schéma de la structure des divers types de nomogramme que nous nous proposons ici de mettre en lumière de façon à en obtenir une classification générale capable d'embrasser tous ceux qui, non seulement sont actuellement connus et utilisés, mais même tous ceux qui pourront jamais être proposés.

Les notions sur lesquelles nous allons fonder ici cette théorie sont celles mêmes qui nous ont servi à cet effet dès l'origine[1] ; mais le mode de classification auquel nous allons nous arrêter est celui que nous avons proposé en second lieu[2] et qui n'a égard qu'à la répartition sur le nomogramme des éléments non cotés ou *constants* et des éléments cotés indépendamment du nombre des variables qui s'y rapportent.

Pour le cas où le nomogramme, uniquement constitué par concours de lignes, ne comporte aucun élément, constant ou coté, mobile, nous avons vu que son type le plus général est celui représenté schématiquement (dans le cas de douze variables) par la figure 92 (p. 205). On peut, en un nœud quelconque d'une telle ramification, considérer l'un S des trois systèmes qui y concourent comme mis en prise

---

[1] O., **4**, chap. vi, sect. I.
[2] O., **5**, n° 12.

avec le réseau R de points, constitué par les deux autres ; les lignes du système S sont alors affectées de p cotes et les points du réseau R de $n - p$ cotes, les variables intervenant étant au nombre de p. On peut (par exemple, sur la figure 92) considérer les points C comme formant un réseau à deux cotes (z_{11}) et (z_{12}), tandis que les lignes BC dépendent des dix autres variables, de z_1 à z_{10}, par l'intermédiaire d'une suite de faisceaux condensés formant un système ramifié. On peut donc dire que *tout nomogramme réalisable sans élément mobile (par suite, sur un seul plan), pour équation à n variables, est constitué par un système de lignes à p cotes passant par les points d'un réseau à n — p cotes.*

D'ailleurs, la remarque qui vient d'être faite à propos de la figure 92 montre que l'on peut toujours, sans nuire à la généralité, supposer $p = n - 2$.

Si un élément mobile intervient (quelle que soit la façon dont il est réalisé matériellement), on peut toujours, pour une étude théorique, le supposer appartenir à un plan glissant sur le premier. Si plusieurs éléments mobiles interviennent, on peut de même les rattacher à autant de plans superposés les uns aux autres. Par exemple, dans le cas du double alignement, on peut considérer les deux alignements pris successivement comme réalisés au moyen de droites tracées sur deux plans indépendants superposés l'un à l'autre, l'une d'elles servant à prendre le premier et l'autre le second alignement. Voyons maintenant comment on peut géométriquement fixer la position de ces plans superposés les uns par rapport aux autres.

100. **Fixation graphique de la position relative de deux plans superposés. Notion des contacts simultanés.** — Nous venons de rappeler (nº 94) que le déplacement relatif de deux plans superposés est à trois degrés de liberté. Il faut donc trois conditions simples pour fixer leur position relative. Afin de donner, dans tous les cas, à ces conditions une forme purement graphique, nous devons tout d'abord donner une certaine extension à la notion ordinaire du contact des lignes planes, tangentes entre elles, en lui faisant comprendre le fait pour une cer-

taine ligne de passer par un certain point. Par exemple, si trois lignes sont concourantes, nous dirons que l'une d'elles est *en contact avec le point d'intersection des deux autres;* si deux droites sont parallèles, nous dirons que l'une d'elles est *en contact avec le point à l'infini de l'autre.*

Le contact étant entendu dans ce sens élargi, nous exprimerons qu'il a lieu entre deux éléments géométriques quelconques E et E′ (lignes ou points) au moyen de la notation

$$E \longmapsto E'.$$

Remarquons tout de suite que la coïncidence de **deux** points P et P′ équivaut à un double contact (celui de l'un d'eux avec deux lignes quelconques passant par l'autre): nous l'exprimerons en conséquence par

$$P \models P'.$$

De même, la coïncidence de deux droites D et D′, ou de deux cercles C et C′ de même rayon, équivalente à un double contact (celui d'une de ces lignes avec deux points quelconques situés sur l'autre), s'exprimera par

$$D \models D' \quad \text{ou} \quad C \models C'.$$

Or, si l'on se reporte aux divers types de nomogramme précédemment étudiés, on reconnaît qu'ils se résolvent tous en la constatation de certains contacts, généralement réalisés entre lignes et points; c'est ainsi, par exemple, que, sur un nomogramme à points alignés, il y a contact de l'index rectiligne avec trois points cotés, sur un nomogramme à équerre, contact de l'un des deux index constituant l'équerre avec deux points cotés, et de l'autre avec deux autres points cotés, etc. Pour peu qu'on y réfléchisse, d'ailleurs, on se convainc que la seule relation précise de position dont on puisse juger à vue se borne au contact entre éléments figurés sur un même plan ou sur des plans distincts superposés; et c'est là ce que nous admettrons à titre de postulat.

Dans ces conditions, il est clair que le moyen de fixer graphiquement la position relative de deux plans **II** et **II′** superposés, qui comporte trois degrés de liberté, consistera à établir le contact entre trois éléments E_1, E_2, E_3 de l'un avec trois éléments E'_1, E'_2, E'_3 de l'autre. Cette fixation de position s'exprimera donc par

$$E_1 \longmapsto E'_1, \qquad E_2 \longmapsto E'_2, \qquad E_3 \longmapsto E'_3.$$

Une fois les deux plans ainsi immobilisés l'un par rapport à l'autre, on peut alors constater le contact entre deux autres éléments pris respectivement sur l'un et sur l'autre :

$$E_4 \longmapsto E'_4.$$

C'est la simultanéité de tels quatre contacts qui constitue l'essence de toute représentation nomographique pouvant se ramener aux déplacements relatifs de deux plans appliqués l'un sur l'autre.

Si l'on fait intervenir d'autres plans mobiles, chacun d'eux pourra de même être fixé par rapport à l'ensemble de ceux qui le précèdent au moyen de trois contacts. La fixation de la position relative de n plans superposés exigera ainsi $3(n-1)$ contacts ; après quoi, on pourra constater un contact entre éléments pris sur deux quelconques d'entre eux ; il y aura donc simultanéité de $3n-2$ contacts.

Avant de faire voir comment cette notion des *contacts simultanés* embrasse toutes les représentations nomographiques envisagées sous le rapport de leur structure, nous devons signaler ici une particularité très importante qui s'offre pour nombre d'entre elles et que voici :

Il peut se faire que les déplacements à un seul degré de liberté, compatibles avec les contacts (1) et (2), laissent subsister le contact (4) quel que soit le contact (3). Dans ces conditions, on peut se borner à constater la simultanéité des contacts (1), (2) et (4), en laissant indéterminé le contact (3).

Cela se produit lorsque les contacts (1), (2) et (4) sont compatibles soit avec une même translation, soit avec une même rotation ; autrement dit, lorsque les éléments pris sur l'un des plans, qui interviennent dans ces contacts, soit, par exemple, E'_1, E'_2, E'_4, sont ou bien des droites parallèles (auxquelles dorénavant nous réserverons la notation Δ'), ou bien des cercles concentriques (Γ' de centre commun O').

Les plans Π et Π' seront donc (à une translation près, parallèle à Δ', ou à une rotation près, autour de O') fixés l'un par rapport à l'autre par les contacts

$$E_1 \longmapsto \Delta_1', \qquad E_2 \longmapsto \Delta_2', \qquad \text{»} \longmapsto \text{»},$$

ou
$$E_1 \longmapsto \Gamma_1', \qquad E_2 \longmapsto \Gamma_2', \qquad \text{»} \longmapsto \text{»},$$

(le troisième contact étant ainsi dénoté comme arbitraire), et l'on n'a plus qu'à constater le contact

$$E_4 \longmapsto \Delta_4' \qquad \text{ou} \qquad E_4 \longmapsto \Gamma_4'.$$

Il sera d'ailleurs plus naturel d'affecter l'indice 3 au dernier contact constaté en attribuant l'indice 4 au contact illusoire. On aura donc ainsi, pour symboliser les contacts observés en pareil cas :

$$E_1 \longmapsto \Delta_1', \qquad E_2 \longmapsto \Delta_2', \qquad E_3 \longmapsto \Delta_3', \qquad \text{»} \longmapsto \text{»},$$

ou
$$E_1 \longmapsto \Gamma_1', \qquad E_2 \longmapsto \Gamma_2', \qquad E_3 \longmapsto \Gamma_3', \qquad \text{»} \longmapsto \text{»}.$$

Il est à peine besoin de faire remarquer que ces deux cas comprennent ceux où les trois droites Δ_1', Δ_2', Δ_3' viennent coïncider en une seule Δ' (points alignés), ou les trois cercles Γ_1', Γ_2', Γ_3' en un seul Γ' (points concycliques).

101. **Formation du type de nomogramme le plus général**. — Il suffit de supposer que chacun des éléments intervenant dans les contacts simultanés précédents dépend d'un certain nombre de variables servant à le coter pour avoir un type de nomogramme applicable à une équation renfermant l'ensemble de toutes ces variables.

Si, en effet, nous représentons par Z_i l'*ensemble* de toutes les cotes afférentes à l'élément E_i, nous voyons que, l'élément E_i' étant rapporté au plan Π par le moyen des formules de transformation du n° 94, le contact entre E_i et E_i' s'exprimera par une équation telle que

$$F_i(x_0, y_0, \theta, Z_i, Z_i') = o.$$

Si donc nous envisageons d'abord le cas de deux plans Π et Π', les quatre contacts à observer simultanément entre éléments pris sur l'un et l'autre s'exprimant chacun par une telle équation, l'élimination de x_0, y_0 et θ entre ces quatre équations fournira une équation telle que

$$\Phi(Z_1,\ Z_1',\ Z_2,\ Z_2',\ Z_3,\ Z_3',\ Z_4,\ Z_4') = 0,$$

dans laquelle entreront toutes les variables afférentes aux divers contacts, et dont l'ensemble de ceux-ci constituera précisément une représentation nomographique.

Les cas où l'un des contacts peut être laissé indéterminé, comme il a été vu au numéro précédent, correspondront analytiquement au fait que l'élimination de deux des paramètres x_0, y_0 et θ, entre trois des équations exprimant les contacts, entraînera en même temps l'élimination du troisième.

Plus généralement, la superposition des plans permettant, ainsi qu'on vient de le dire, de constater $3n - 2$ contacts simultanés, et la position de chacun de $n - 1$ d'entre eux par rapport au dernier comportant 3 paramètres, l'élimination de ces $3n - 3$ paramètres entre les $3n - 2$ équations des contacts fournira l'équation représentée par la simultanéité de ceux-ci, équation qui contiendra toutes les variables entrant dans les divers ensembles afférents aux $6n - 4$ éléments intervenant deux à deux dans les $3n - 2$ contacts.

Tel est le schéma que l'on peut donner de la structure du nomogramme le plus général.

Pour choisir un exemple dans lequel se présentent les diverses particularités visées par l'exposé précédent, nous prendrons le nomogramme à deux échelles tournantes et une échelle glissante de M. Lallemand, rencontré au n° 96.

Sur le plan fixe Π nous avons à considérer d'une part les points O_1 et O_3 autour desquels pivotent les échelles tournantes, de l'autre les échelles (z_2) et (z_4) servant à repérer la position des supports $O_1' x'$ et $O_3'' x''$ des deux précédentes; nous appellerons enfin y_∞ le point à l'infini sur l'axe Oy de ce plan Π.

Quant aux échelles tournantes, nous les considérerons comme tracées sur des plans Π' et Π'', assujettis à avoir chacun un point, O_1' et O_3'', en coïncidence l'un avec O_1, l'autre avec O_3. Nous désignerons, en outre, par $(z_1)'$ et $(z_3)''$ les cercles tracés comme il a été dit sur les plans Π' et Π''.

Enfin sur le plan $\mathbf{\Pi}'''$ de l'échelle glissante, nous n'aurons à considérer que le système des droites $(z_5)'''$ parallèles à $O'''y'''$ et formant par suite avec cet axe un système Δ''', laissant la liberté de déplacer, si on le veut, le plan $\mathbf{\Pi}'''$ dans le sens de $O'''y'''$.

La notation de ce type de nomogramme sera dès lors :

$$\begin{cases} O_1 \bowtie O_1', & (z_2) \longmapsto O_1'x', \\ O_3 \bowtie O_3'', & (z_4) \longmapsto O_3''x'', \\ y_x \longmapsto O'''y''', & (z_1)' \longmapsto O'''y''', & \text{» } \longmapsto \text{»}, \\ & (z_3)'' \longmapsto (z_5)'''. \end{cases}$$

Remarque I. — Une fois établis les contacts fixant l'un par rapport à l'autre les plans $\mathbf{\Pi}$ et $\mathbf{\Pi}'$, l'un des éléments intervenant dans le dernier contact, E_4' par exemple, peut appartenir à un système du plan $\mathbf{\Pi}'$ dont les cotes ne soient pas inscrites sur ce plan, mais résultent du contact des éléments E_4' avec les points d'une échelle (z) marquée sur le plan $\mathbf{\Pi}$. On pourrait dire que, dans ce cas, les cotes du système des éléments E_4' sont *momentanées*. Quoi qu'il en soit, nous exprimerons que les éléments E_4' doivent être pris avec les cotes z des points avec lesquels ils sont momentanément en contact, par la notation

$$[E_4'z].$$

Ainsi, pour les nomogrammes à parallèles mobiles (p. 3o8), Δ_0' étant celle que l'on fait tout d'abord passer par les points (z_1) et (z_2) et Δ' celle qui unit alors les points (z_3) et (z_4), la notation sera :

$$(z_1) \longmapsto \Delta_0', \quad (z_2) \longmapsto \Delta_0', \quad (z_3) \longmapsto [\Delta'z_4], \quad \text{» } \longmapsto \text{»}.$$

Pour les nomogrammes à points équidistants (n° 92), si O' est le centre des cercles concentriques mis en coïncidence avec le point (z_1), Γ' celui de ces cercles qui unit alors les points (z_2) et (z_3), la notation sera de même :

$$(z_1) \bowtie O', \quad (z_3) \longmapsto [\Gamma'z_4], \quad \text{» } \longmapsto \text{»}.$$

Remarque II. — Nous avons vu des exemples[1] où, pour

---

[1] Voir notamment pp. 219 et 318.

faire la lecture du nomogramme, un même élément mobile est amené successivement dans plusieurs positions. Pour rattacher un tel nomogramme au type général, il faut considérer ces diverses positions comme résultant de la superposition sur le plan fixe d'autant de plans mobiles distincts. Pour nous borner simplement au cas du double alignement avec charnière à distance finie, sur laquelle nous représenterons par $\mathcal{P}$ le pivot où se réunissent les deux alignements Δ' et Δ'' (considérés comme faisant corps avec les plans distincts $\mathbf{\Pi}'$ et $\mathbf{\Pi}''$), la notation sera :

$$\begin{cases} (z_1) \longmapsto \Delta', & (z_2) \longmapsto \Delta', & \mathcal{P} \longmapsto \Delta', & \text{»} \longmapsto \text{»}, \\ (z_3) \longmapsto \Delta'', & (z_4) \longmapsto \Delta'', & \mathcal{P} \longmapsto \Delta'', & \text{»} \longmapsto \text{»}. \end{cases}$$

102. **Classification des nomogrammes à un plan ou à deux plans superposés.** — En examinant les divers types de nomogramme proposés jusqu'ici, on reconnaît que ce qui, au point de vue morphologique, les distingue les uns des autres, c'est la répartition, parmi les éléments intervenant dans les contacts simultanés sur lesquels ils reposent, de ceux qui sont pourvus de cotes et de ceux qui ne le sont pas.

Afin de nous rendre compte des diverses façons dont cette répartition peut se faire, nous désignerons chaque élément coté par l'ensemble Z_i des cotes qui s'y rapportent, en convenant de prendre $Z_i = 0$ pour les éléments non pourvus de cote ou *constants*.

Le numérotage des contacts étant arbitraire, nous remarquerons d'abord que deux répartitions se ramenant l'une à l'autre par échange entre elles des notations afférentes à deux des contacts n'en font en réalité qu'une seule. De même, on n'en aura encore qu'une en permutant simultanément les deux éléments de chacun des contacts, ce qui revient simplement à appeler $\mathbf{\Pi}$ le plan qu'on avait d'abord appelé $\mathbf{\Pi}'$ et réciproquement.

Remarquons aussi tout de suite que si trois des contacts ont lieu entre éléments constants, les plans $\mathbf{\Pi}$ et $\mathbf{\Pi}'$, immobilisés l'un par rapport à l'autre, n'en forment plus qu'un, ce qui, pour rattacher les nomogrammes à un seul plan à ceux qui suivent, nous permettra de les dénoter

$$(\mathbf{2}_0) \qquad Z_1 \longmapsto Z_2, \quad o \longmapsto o, \quad o \longmapsto o, \quad o \longmapsto o.$$

Cela posé, chaque type canonique étant désigné par le nombre (en chiffre gras) des éléments cotés distincts qui y interviennent, affecté d'un indice d'ordre, voici le tableau complet de ces types pour le cas de deux plans superposés[1].

$(\mathbf{2}_1)$	$Z_1 \longmapsto o$,	$Z_2 \longmapsto o$,	$o \longmapsto o$,	$o \longmapsto o$	**(I,P)**
$(\mathbf{2}_2)$	$Z_1 \longmapsto o$,	$o \longmapsto Z_2'$,	$o \longmapsto o$,	$o \longmapsto o$	**(I,P)**
$(\mathbf{3}_1)$	$Z_1 \longmapsto o$,	$Z_2 \longmapsto o$,	$Z_3 \longmapsto o$,	$o \longmapsto o$	**(I,P)**
$(\mathbf{3}_2)$	$Z_1 \longmapsto Z_1'$,	$Z_2 \longmapsto o$,	$o \longmapsto o$,	$o \longmapsto o$	**(I,C,M)**
$(\mathbf{3}_3)$	$Z_1 \longmapsto o$,	$Z_2 \longmapsto o$,	$o \longmapsto Z_3'$,	$o \longmapsto o$	**(I,P)**
$(\mathbf{4}_1)$	$Z_1 \longmapsto o$,	$Z_2 \longmapsto o$,	$Z_3 \longmapsto o$,	$Z_4 \longmapsto o$	**(P)**
$(\mathbf{4}_2)$	$Z_1 \longmapsto Z_1'$,	$Z_2 \longmapsto o$,	$Z_3 \longmapsto o$,	$o \quad o$	**(I,M)**
$(\mathbf{4}_3)$	$Z_1 \longmapsto o$,	$Z_2 \longmapsto o$,	$Z_3 \longmapsto o$,	$o \longmapsto Z_4'$	**(P)**
$(\mathbf{4}_4)$	$Z_1 \longmapsto Z_1'$,	$Z_2 \longmapsto Z_2'$,	$o \longmapsto o$,	$o \longmapsto o$	**(I,C)**
$(\mathbf{4}_5)$	$Z_1 \longmapsto Z_1'$,	$Z_2 \longmapsto o$,	$o \longmapsto Z_3'$,	$o \longmapsto o$	**(I,M)**
$(\mathbf{4}_6)$	$Z_1 \longmapsto o$,	$Z_2 \longmapsto o$,	$o \longmapsto Z_3'$,	$o \longmapsto Z_4'$	**(P)**
$(\mathbf{5}_1)$	$Z_1 \longmapsto Z_1'$,	$Z_2 \longmapsto o$,	$Z_3 \longmapsto o$,	$Z_4 \longmapsto o$	**(M)**
$(\mathbf{5}_2)$	$Z_1 \longmapsto Z_1'$,	$Z_2 \longmapsto Z_2'$,	$Z_3 \longmapsto o$,	$o \longmapsto o$	**(I)**
$(\mathbf{5}_3)$	$Z_1 \longmapsto Z_1'$,	$Z_2 \longmapsto o$,	$Z_3 \longmapsto o$,	$o \longmapsto Z_4'$	**(M)**
$(\mathbf{6}_1)$	$Z_1 \longmapsto Z_1'$,	$Z_2 \longmapsto Z_2'$,	$Z_3 \longmapsto o$,	$Z_4 \longmapsto o$	
$(\mathbf{6}_2)$	$Z_1 \longmapsto Z_1'$,	$Z_2 \longmapsto Z_2'$,	$Z_3 \longmapsto Z_3'$,	$o \longmapsto o$	**(I)**
$(\mathbf{6}_3)$	$Z_1 \longmapsto Z_1'$,	$Z_2 \longmapsto Z_2'$,	$Z_3 \longmapsto o$,	$o \longmapsto Z_4'$	
$(\mathbf{7})$	$Z_1 \longmapsto Z_1'$,	$Z_2 \longmapsto Z_2'$,	$Z_3 \longmapsto Z_3'$,	$Z_4 \longmapsto o$	
$(\mathbf{8})$	$Z_1 \longmapsto Z_1'$,	$Z_2 \longmapsto Z_2'$,	$Z_3 \longmapsto Z_3'$,	$Z_3 \longmapsto Z_4'$	

---

[1] Les lettres inscrites à la fin de plusieurs des lignes de ce tableau se réfèrent à des explications données dans la *Remarque* ci-dessous ainsi qu'au n° 103.

Dans la grande majorité des cas, les éléments intervenant dans chaque contact sont un point et une ligne [1].

Remarque. — Pour que l'on puisse rendre l'un des quatre contacts indéterminé [en prenant, sur l'un des plans, comme éléments intervenant dans les trois autres contacts des Δ ou des Γ (n° 100)], il faut nécessairement que ce contact ne soit affecté d'aucune cote. Cette possibilité n'existera donc que pour les types comportant au moins un contact o $\longmapsto$ o: ce sont ceux auxquels se réfère l'indication **I** ajoutée dans la parenthèse au bout de la ligne.

103. **Nomogrammes généraux à points simplement cotés.** — Parmi les types canoniques de nomogramme qui viennent d'être formés, recherchons ceux sur lesquels les seuls éléments cotés soient des points à une cote. Pour cela, supposant que chacune des lettres Z_i ne désigne plus qu'une cote z_i au lieu d'un ensemble de cotes, nous remarquerons que cette cote peut se rapporter à un point dans trois cas :

1° Lorsque dans un contact $Z_i \longmapsto$ o l'élément constant est une ligne.

2° Lorsque dans un contact $Z_i \longmapsto Z'_i$ les deux éléments sont des points à une cote sur des supports constamment en coïncidence (ce qui ne se peut que si ces supports sont des droites ou des cercles de même rayon).

3° Lorsque, en vertu de la *Remarque I* du n° 101, l'élément Z'_i est une ligne, prise dans un système du plan $\mathbf{\Pi}'$ et empruntant momentanément la cote du point où elle rencontre une échelle tracée sur $\mathbf{\Pi}$.

De là trois variétés de nomogramme à points cotés que nous désignerons comme suit [2] :

---

[1] Parmi tous les exemples qui nous ont servi dans le présent exposé de la nomographie, il n'en est qu'un (celui où interviennent les échelles tournantes munies de cercles, dont la notation a été donnée au n° 101) pour lequel il n'en soit pas ainsi.

[2] La lettre servant à désigner chaque variété a été inscrite au bout de la ligne du tableau général correspondant à chaque type susceptible de cette variété. Lorsque cette variété est compatible

1° *Variété* **P**. — Cette variété se produit quand chacun des quatre contacts a lieu entre point coté et ligne constante.

2° *Variété* **C**. — Cette variété se produit lorsque deux échelles, l'une sur **II**, l'autre sur **II**′, ont constamment même support rectiligne ou circulaire, cette communauté de support étant d'ailleurs équivalente à un double contact (n° 100) entre éléments constants, ce qui exige que la notation du type correspondant comporte deux contacts o ⊢— o.

3° *Variété* **M**. — Cette variété se produit lorsque, dans un contact entre éléments cotés, l'un est un point coté, l'autre une ligne à cote momentanée (empruntée au même plan que le premier point), les autres contacts ne comportant comme éléments cotés que des points.

Il serait facile de former des exemples de toutes ces variétés; l'essentiel est de se rendre compte de la façon dont on peut les engendrer; nous n'y insisterons pas davantage, nous bornant, pour les principaux types de nomogramme à points cotés rencontrés dans le cours de cet ouvrage, à faire voir auxquelles de ces variétés ils se rattachent.

Nomogramme à points alignés (n° 62). — Si Δ' désigne l'index, la notation est :

$$(z_1) \mapsto \Delta', \quad (z_2) \mapsto \Delta', \quad (z_3) \mapsto \Delta', \quad » \mapsto »,$$

variété **PI** de ($\mathbf{3}_1$).

Nomogramme à équerre et repère fixe (n° 90). — Si O′x′ et O′y′ désignent les côtés de l'équerre, P le repère fixe, on a :

$$(z_1) \mapsto O'x', \quad (z_2) \mapsto O'x', \quad (z_3) \mapsto O'y', \quad P \mapsto O'y',$$

variété **P** de ($\mathbf{3}_1$).

Nomogramme à équerre par le sommet (n° 91). — Si on appelle S_1 le support de (z_1), on a :

$$(z_1) \mapsto O'x', \quad (z_2) \mapsto O'x', \quad (z_3) \mapsto O'y', \quad S_1 \mapsto O',$$

encore une variété **P** de ($\mathbf{3}_1$).

---

avec un contact indéterminé, la lettre correspondante est soulignée en même temps que la lettre **I** à laquelle elle doit être associée.

On peut aussi dénoter un tel nomogramme

$$(z_1) \models O', \quad (z_2) \mapsto O'x', \quad (z_3) \mapsto O'y';$$

il apparait alors comme une variété **P** de (4_1) sur laquelle deux échelles auraient été rendues identiques.

Règle à calcul (n° 95). — Les graduations (z_1) et (z_2) étant portées sur Ox, (z_3) sur $O'x'$, on a :

$$Ox \models O'x', \quad (z_1) \mapsto O', \quad (z_2) \mapsto (z_3),$$

variété **C** de (3_2).

La variété **C** de (4_2) avec (z_1) et (z_2) portées sur Ox, (z_3) et (z_4) sur $O'x'$, et ces deux axes en coïncidence donne aussi une règle à calcul pour quatre variables.

Nomogramme à points équidistants (n° 92). — En appelant (z_1) le trait marquant le point coté z_1 sur le support S_1, et Γ' un quelconque des cercles de centre O', on peut écrire :

$$(z_1) \mapsto O', \quad S_1 \mapsto O', \quad (z_2) \mapsto [\Gamma'z_3], \quad \text{»} \mapsto \text{»},$$

variété **MI** de (3_2).

Un tel nomogramme peut aussi être dénoté

$$(z_1) \models O', \quad (z_2) \mapsto [\Gamma'z_3], \quad \text{»} \mapsto \text{»},$$

ce qui le fait apparaître comme une varité **MI** de (4_2) sur laquelle deux échelles auraient été rendues identiques.

Nomogramme à équerre (n° 90). — Avec les mêmes notations que ci-dessus on a :

$$(z_1) \mapsto O'x', \quad (z_2) \mapsto O'x', \quad (z_3) \mapsto O'y', \quad (z_4) \mapsto O'y',$$

variété **P** de (4_1).

Nomogramme à parallèles mobiles (n° 81). — Δ' étant une quelconque des parallèles à Δ'_0, on a :

$$(z_1) \mapsto \Delta'_0, \quad (z_2) \mapsto \Delta'_0, \quad (z_3) \mapsto [\Delta'z_4], \quad \text{»} \mapsto \text{»},$$

variété **MI** de (4_2).

INDEX BIBLIOGRAPHIQUE

(Les renvois à cet index sont indiqués dans le corps du volume par le nom
de l'auteur en capitales.)

ABDANK-ABAKANO- *Les intégraphes,* Paris, 1886 ; Gauthier-Villars,
WICZ (Br.). in-8º.

ARNOUX (Gabriel). Technologie graphique ; appareil pour la dé-
composition des polynômes en facteurs,
Bull. de la Soc. math. de France, t. XXI,
1893.

BATAILLER (capi- Contribution à la recherche des fonctions em-
taine). piriques, *Revue d'artillerie,* t. LXIX, 1906.

BEAUREPAIRE (R. *Graphs and Abacuses. Principles and applica-
DE). tions,* Madras, 1907; S. Varadachari, in-8º.

BEGHIN (Maurice). Sur une nouvelle classe d'abaques, *Génie civil,*
t. XXII, 1892.

BERG (F.-J. van Over de graphische oplossing van een Stelsel
den). lineaire vergelijkingen, *Versl. med. v. d.
Ron. Akad. v. Wet.,* 3e série, t. IV, 1888.

BERTRAND (com- Description et usage d'un abaque destiné à
mandant). faciliter les problèmes relatifs à la distribu-
tion des eaux, *Revue du Génie,* 1895.

BOULAD (Farid). Application de la méthode des points alignés
au tracé des paraboles de degré quelconque,
Ann. des Ponts et Chaussées, 2e trim., 1906.

CLARK (J.). Théorie générale des abaques d'alignement de
tout ordre, *Revue de Mécanique,* 1907.

COLLIGNON (E.). *Complément du cours d'analyse,* Paris, 1879;
Dunod, in-8º.

COUSINERY (B.-E.). *Le calcul par le trait,* Paris, 1839; Carillan-
Gœury et Dalmont, in-8º.

CREMONA (L.).   **1.** *Elementi di Calcolo grafico*, Turin, 1874; Paravia, in-8°.

—   **2.** *Les figures réciproques en statique graphique*, trad. par Bossut, Paris, 1885; Gauthier-Villars, in-8°.

CULMANN (C.).   *Traité de statique graphique*, trad. par G. Glasser, J. Jacquier et A. Valat, Paris, 1880; Dunod, in-8°. [La première partie de cet ouvrage traite de quelques principes généraux de calcul graphique.]

DENY (comman-   Note sur la représentation géométrique des polynômes algébriques, *Nouv. Ann. de math.*, 4e série, t. V, 1905.
dant).

DUMAS (Georges).   Note relative aux abaques à alignement, *Bull. tech. de la Suisse romande*, 1906.

FAVARO (Anton).   *Leçons de statique graphique*, t. II, Calcul graphique, trad. par P. Terrier, Paris, 1885; Gauthier-Villars, in-8°.

FÜHRER(Hermann).   **1.** *Rechenblätter*, Berlin, 1902; Gaertner, in-4°.

                    2. Uber einige Rechenblätter, *Sitz. der Berliner Math. Gess.*, 1903.

GOEDSEELS (E.).   *Les procédés pour simplifier les calculs ramenés à l'emploi de deux transversales,* Bruxelles, 1898; Lagaert, in-8°.

GERCEVANOFF(N.).   *Les principes du calcul nomographique* (en russe), Saint-Pétersbourg, 1906; in-8°.

HILBERT (D.).   Sur les problèmes futurs des Mathématiques (§ 13), *Compte rendu du deuxième Congrès intern. des math. tenu en 1900*, Paris, 1902.

LAFAY (capitaine). Note sur la représentation approchée des équations à trois variables, *Génie civil*, t. XL, 1902.

LALANNE (Léon).   **1.** Mémoire sur les tables graphiques et sur la géométrie anamorphique, *Ann. des Ponts et Chaussées*, 1er sem., 1846.

—   **2.** Méthodes graphiques pour l'expression des lois à trois variables, *Notices réunies par le Ministère des Travaux publics à l'occasion de l'Exposition universelle de Paris*, 1878.

LALLEMAND (Ch.).   **1.** *Les abaques hexagonaux*, Mémoire autographié, Paris, 1885 (non livré à la publicité et présenté seulement à l'Académie des Sciences le 24 décembre 1906).

—   **2.** Sur une nouvelle méthode générale de calcul graphique au moyen des abaques hexagonaux, *C. R. de l'Ac. d. Sc.*, t. CII, 1886.

LASKA (W.) et UL-KOWSKI (F.). Sur la Nomographie, *Zeitschr. für math. and Phys.*, 1907. [Ce mémoire, qui nous est communiqué en épreuves pendant l'impression du présent ouvrage, contient l'étude, au moyen d'un système spécial de coordonnées, des nomogrammes à équerre, ou, plus généralement, à deux index faisant un angle quelconque (suivant la remarque contenue dans la note 1 de la page 338].

LILL (capitaine). Résolution graphique des équations numériques d'un degré quelconque à une inconnue, *Nouv. Ann. de math.*, 2ᵉ série, t. VI et VII, 1867-68.

MASSAU (J.). 1. Mémoire sur l'intégration graphique et ses applications, *Ann. de l'Assoc. des ing. sortis des écoles spéciales de Gand*, 1878, 1884, 1886, 1887, 1890. (Les diverses parties de ce mémoire ont été réunies en un volume tiré à part.)

— 2. Note sur la résolution graphique des équations du premier degré, *Ibid.*, 1889.

— 3. Mémoire sur l'intégration graphique des équations aux dérivées partielles, *Ibid.*, 1900.

— 4. Sur la représentation des équations entières de degré quelconque, *C. R. de l'Ac. des Sc.*, t. CXLV, 1907. (Le présent ouvrage était entièrement composé lorsqu'a paru cette intéressante note, à laquelle nous ne pouvons dès lors ici que renvoyer le lecteur.)

MEHMKE (R.). 1. Neue Methode beliebige numerische Gleichungen mit einer Unbekannten graphisch Auflösen, *Civilingenieur*, t. XXXV, 1889.

— 2. Neues Verfahren zur Bestimmung der reellen wurzeln zweier numerischer algebraischer gleichungen mit zwei Unbekannten, *Zeitsch. für Math. und Phys.*, t. XXXV, 1890.

O. (Voir Ocagne).

OCAGNE (M. D'). 1. Procédé nouveau de calcul graphique, *Ann. des Ponts et Chaussées*, 2ᵉ sem., 1884.

— 2. Coordonnées parallèles et axiales, *Nouv. Ann. de math.*, 3ᵉⁱᵉᵐᵉ série, t. III et IV, 1884 et 1885. (Ce mémoire augmenté du précédent a été tiré à part en 1885 chez Gauthier-Villars.)

— 3. *Nomographie. Les calculs usuels effectués au moyen des abaques*, Paris, 1891; Gauthier-Villars, in-8º.

Ocagne (M. d'). **4.** *Traité de Nomographie*, Paris, 1899; Gauthier-Villars, in-8°. (On trouve en tête de
cet ouvrage la liste des publications anté-
rieures de l'auteur relatives au sujet.)

— **5.** Exposé synthétique des principes fonda-
mentaux de la Nomographie, *Journ. de l'Ec.
Polyt.*, 2e série, t. VIII, 1903. [Tiré à part.]

— **6.** *Leçons sur la Topométrie comprenant des
notions sommaires de Nomographie*, Paris,
1904; in-8°.

— **7.** *Le calcul simplifié par les procédés mécaniques et graphiques*, 2e éd., Paris, 1905;
Gauthier-Villars, in-8°.

— **8.** *Cours de géométrie descriptive et de géométrie infinitésimale*, Paris, 1896; Gauthier-
Villars, in-8°.

— **9.** Sur la résolution nomographique de l'équation du 7e degré, *C. R. de l'Ac. des Sc.*,
2e sem., 1900 (p. 522).

— **10.** Sur quelques principes élémentaires de
Nomographie, *Bull. des Sc. math.*, t. XXIV,
1901.

— **11.** Sur les divers modes d'application de la
méthode graphique à l'art du calcul, *Compte
rendu du Congrès des mathématiciens de 1900*,
Paris, 1902 ; Gauthier-Villars, in-8°.

— **12.** Sur quelques travaux récents relatifs à la
Nomographie, *Bull. des Sc. math.*, t. XXVI,
1902.

— **13.** Sur les équations d'ordre nomographique 3
et 4, *Bull. de la Soc. math. de France*, t.
XXXV, 1907. (Les principaux résultats conte-
nus dans ce mémoire ont été préalablement
insérés aux *C. R. de l'Ac. des Sc.*, t. CXLII,
p. 988 et t. CXLIV, p. 190, 895 et 1027.)

— **14.** Les progrès récents de la méthode nomographique des points alignés, *Revue générale
des Sciences*, t. XVIII, 1907.

Pesci (G.). *Cenni di Nomografia*, 2e éd., Livourne, 1901;
R. Giusti, in-8°.

Pouchet (L.). *Arithmétique linéaire*, appendice à l'ouvrage :
*Echelles graphiques des nouveaux poids,
mesures*, Rouen, 1795.
    Nouvelle édition sous le titre : *Métrologie
terrestre*, Rouen, 1797.

Ricci (capitaine). *La Nomografia*, Rome, 1901; E. Voghera, in-8°.

Schilling (Fr.). *Uber die Nomographie von M. d'Ocagne*,
Leipzig, 1900; Teubner, in-8°.

Segner (J. von).   Méthodus simplex et universalis omnes om-
                    nium æquationum radices detegendi, *Acad.*
                    Petrop. Novi Comment., t. VII, 1761.

Soreau (Rod.).   1. Contribution à la théorie et aux applica-
                    tions de la Nomographie, *Mém. et comptes*
                    rendus de la Soc. des Ing. civils, 1901 (tiré
                    à part).

—   2. Nouveaux types d'abaques. La capacité et la
                    valence en Nomographie, *Ibid.*, 1906 (tiré à
                    part).

Ulkowski   (voir Läska).

Van den Berg   (voir Berg).

INDEX ALPHABÉTIQUE DES AUTEURS ET DES MATIÈRES

TABLE DES MATIÈRES

INTRODUCTION

RAPPEL DE NOTIONS DE GÉOMÉTRIE ANALYTIQUE

LIVRE I

CALCUL GRAPHIQUE

CHAPITRE I. – **Arithmétique et Algèbre graphiques**.

A. — Opérations arithmétiques.

B. — Systèmes d'équations linéaires.

C. — Intégrales paraboliques.

D. — Équations différentielles du premier ordre.

LIVRE II

NOMOGRAPHIE

CHAPITRE III. — Représentation nomographique par lignes concourantes.

A. — Échelles fonctionnelles.

B. — Abaques cartésiens. Anamorphose.

CHAPITRE IV. — Représentation nomographique par points alignés.

A. — Généralités.

CHAPITRE V. — Représentation nomographique au moyen de points cotés diversement associés. Éléments cotés mobiles. Théorie générale.

A. — Modes divers d'association des points cotés

B. — Éléments cotés mobiles.

C. — Théorie générale.
Étude morphologique des nomogrammes.

ENCYCLOPÉDIE SCIENTIFIQUE

Publiée sous la direction du Dr TOULOUSE

Nous avons entrepris la publication, sous la direction générale de son fondateur, le Dr Toulouse, Directeur à l'École des Hautes-Études, d'une ENCYCLOPÉDIE SCIENTIFIQUE de langue française dont on mesurera l'importance à ce fait qu'elle est divisée en 40 sections ou Bibliothèques et qu'elle comprendra environ 1000 volumes. Elle se propose de rivaliser avec les plus grandes encyclopédies étrangères et même de les dépasser, tout à la fois par le caractère nettement scientifique et la clarté de ses exposés, par l'ordre logique de ses divisions et par son unité, enfin par ses vastes dimensions et sa forme pratique.

I

PLAN GÉNÉRAL DE L'ENCYCLOPÉDIE

Mode de publication. — L'*Encyclopédie* se composera de monographies scientifiques, classées méthodiquement et formant dans leur enchaînement un exposé de toute la science. Organisée sur un plan systématique, cette Encyclopédie, tout en évitant les inconvénients des Traités, — massifs, d'un prix global élevé, difficiles à consulter, — et les inconvénients des Dictionnaires, — où les articles scindés irrationnellement, simples chapitres alphabétiques, sont toujours nécessairement incomplets, — réunira les avantages des uns et des autres.

Du Traité, l'*Encyclopédie* gardera la supériorité que possède un ensemble complet, bien divisé et fournissant sur chaque science tous les enseignements et tous les renseignements qu'on en réclame. Du Dictionnaire, l'*Encyclopédie* gardera les facilités de recherches par le moyen d'une table générale, l'*Index de l'Encyclopédie*, qui paraîtra dès la publication d'un certain nombre de volumes et sera réimprimé périodiquement. L'*Index* renverra le lecteur aux différents volumes et aux pages où se trouvent traités les divers points d'une question.

Les éditions successives de chaque volume permettront de suivre toujours de près les progrès de la science. Et c'est par là que s'affirme la supériorité de ce mode de publication sur tout autre. Alors que, sous sa masse compacte, un traité, un dictionnaire ne peut être réédité et renouvelé que dans sa totalité et qu'à d'assez longs intervalles, inconvénients graves qu'atténuent mal des suppléments et des appendices, l'*Encyclopédie scientifique*, au contraire, pourra toujours rajeunir les parties qui ne seraient plus au courant des derniers travaux importants. Il est évident, par exemple, que si des livres d'algèbre ou d'acoustique physique peuvent garder leur valeur pendant de nombreuses années, les ouvrages exposant les sciences en formation, comme la chimie physique, la psychologie ou les technologies industrielles, doivent nécessairement être remaniés à des intervalles plus courts.

Le lecteur appréciera la souplesse de publication de cette *Encyclopédie*, toujours vivante, qui s'élargira au fur et à mesure des besoins dans le large cadre tracé dès le début, mais qui constituera toujours, dans son ensemble, un traité complet de la Science, dans chacune de ses sections un traité complet d'une science, et dans chacun de ses livres une monographie complète. Il pourra ainsi n'acheter que telle ou telle section de l'*Encyclopédie*, sûr de n'avoir pas des parties dépareillées d'un tout.

L'*Encyclopédie* demandera plusieurs années pour être achevée ; car pour avoir des expositions bien faites, elle a pris ses collaborateurs plutôt parmi les savants que parmi les professionnels de la rédaction scientifique que l'on retrouve généralement dans les œuvres similaires. Or les savants écrivent peu et lentement : et il est préférable de laisser temporairement sans attribution certains ouvrages plutôt que de les confier à des auteurs insuffisants. Mais cette lenteur et ces vides ne présenteront pas d'inconvénients, puisque chaque livre est une œuvre indépendante et que tous les volumes publiés sont à tout moment réunis par l'*Index de l'Encyclopédie*. On peut donc encore considérer l'Encyclopédie comme une librairie, où les livres soigneusement choisis, au lieu de représenter le hasard d'une production individuelle, obéiraient à un plan arrêté d'avance, de manière qu'il n'y ait ni lacune dans les parties ingrates, ni double emploi dans les parties très cultivées.

Caractère scientifique des ouvrages. — Actuellement, les livres de science se divisent en deux classes bien distinctes : les livres destinés aux savants spécialisés, le plus souvent incompréhensibles pour tous les autres, faute de rappeler au début des chapitres les connaissances nécessaires, et surtout faute de définir les nombreux termes techniques incessamment forgés, ces derniers rendant un mémoire d'une science particulière inintelligible à un savant qui en a abandonné l'étude durant quelques années ; et ensuite les livres écrits pour le grand public, qui sont sans profit pour des savants et même pour des personnes d'une certaine culture intellectuelle.

L'*Encyclopédie scientifique* a l'ambition de s'adresser au public le plus large. Le savant spécialisé est assuré de rencontrer dans les volumes de sa partie une mise au point très exacte de l'état actuel des questions ; car chaque Bibliothèque, par ses techniques et ses monographies, est d'abord faite avec le plus grand soin pour servir d'instrument d'études et de recherches à ceux qui cultivent la science particulière qu'elle représente, et sa devise pourrait être : *Par les savants, pour les savants*. Quelques-uns de ces livres seront même, par leur caractère didactique, destinés à devenir des ouvrages classiques et à servir aux études de l'enseignement secondaire ou supérieur. Mais, d'autre part, le lecteur non spécialisé est certain de trouver, toutes les fois que cela sera nécessaire, au seuil de la section, — dans un ou plusieurs volumes de généralités, — et au seuil du volume, — dans un chapitre particulier, — des données qui formeront une véritable introduction le mettant à même de poursuivre avec profit sa lecture. Un vocabulaire technique, placé, quand il y aura lieu, à la fin du volume, lui permettra de connaître toujours le sens des mots spéciaux.

II

ORGANISATION SCIENTIFIQUE

Par son organisation scientifique, l'*Encyclopédie* paraît devoir offrir aux lecteurs les meilleures garanties de compétence. Elle est divisée en Sections ou Bibliothèques, à la tête desquelles sont placés des savants professionnels spécialisés dans chaque ordre de sciences et en pleine force de production, qui, d'accord avec le Directeur général, établissent les divisions des matières, choisissent les collaborateurs et acceptent les manuscrits. Le même esprit se manifestera partout : éclectisme et respect de toutes les opinions logiques, subordination des théories aux données de l'expérience, soumission à une discipline rationnelle stricte ainsi qu'aux règles d'une exposition méthodique et claire. De la sorte, le lecteur, qui aura été intéressé par les ouvrages d'une section dont il sera l'abonné régulier, sera amené à consulter avec confiance les livres des autres sections dont il aura besoin, puisqu'il sera assuré de trouver partout la même pensée et les mêmes garanties. Actuellement, en effet, il est, hors de sa spécialité, sans moyen pratique de juger de la compétence réelle des auteurs.

Pour mieux apprécier les tendances variées du travail scientifique adapté à des fins spéciales, l'*Encyclopédie* a sollicité, pour la direction de chaque Bibliothèque, le concours d'un savant placé dans le centre même des études du ressort. Elle a pu ainsi réunir des représentants des principaux Corps savants, Établissements d'enseignement et de recherches de langue française :

Institut.
Académie de Médecine.

Collège de France.
Muséum d'Histoire naturelle.
École des Hautes-Études.
Sorbonne et École normale.
Facultés des Sciences.
Facultés des Lettres.
Facultés de Médecine.
Instituts Pasteur.
École des Ponts et Chaussées.
École des Mines.
École Polytechnique.

Conservatoire des Arts et Métiers.
École d'Anthropologie.
Institut National agronomique.
École vétérinaire d'Alfort.
École supérieure d'Électricité.
École de Chimie industrielle de Lyon.
École des Beaux-Arts.
École des Sciences politiques.

Observatoire de Paris.
Hôpitaux de Paris.

III

BUT DE L'ENCYCLOPÉDIE

Au xviiie siècle, « l'Encyclopédie » a marqué un magnifique mouvement de la pensée vers la critique rationnelle. A cette époque, une telle manifestation devait avoir un caractère philosophique. Aujourd'hui, l'heure est venue de renouveler ce grand effort de critique, mais dans une direction strictement scientifique ; c'est là le but de la nouvelle *Encyclopédie*.

Ainsi la science pourra lutter avec la littérature pour la direction des esprits cultivés, qui, au sortir des écoles, ne demandent guère de conseils qu'aux œuvres d'imagination et à des encyclopédies où la science a une place restreinte, tout à fait hors de proportion avec son importance. Le moment est favorable à cette tentative ; car les nouvelles générations sont plus instruites dans l'ordre scientifique que les précédentes. D'autre part la science est devenue, par sa complexité et par les corrélations de ses parties, une matière qu'il n'est plus possible d'exposer sans la collaboration de tous les spécialistes, unis là comme le sont les producteurs dans tous les départements de l'activité économique contemporaine.

A un autre point de vue, l'*Encyclopédie*, embrassant toutes les manifestations scientifiques, servira comme tout inventaire à mettre au jour les lacunes, les champs encore en friche ou abandonnés, — ce qui expliquera la lenteur avec laquelle certaines sections se développeront, — et suscitera peut-être les travaux nécessaires. Si ce résultat est atteint, elle sera fière d'y avoir contribué.

Elle apporte en outre une classification des sciences et, par ses divisions, une tentative de mesure, une limitation de chaque domaine. Dans son ensemble, elle cherchera à refléter exactement le prodigieux effort scientifique du commencement de ce siècle et un moment de sa pensée, en sorte que dans l'avenir elle reste le document principal où l'on puisse retrouver et consulter le témoignage de cette époque intellectuelle.

On peut voir aisément que l'*Encyclopédie* ainsi conçue, ainsi réalisée, aura sa place dans toutes les bibliothèques publiques, universitaires et scolaires, dans les laboratoires, entre les mains des savants, des industriels et de tous les hommes instruits qui veulent se tenir au courant des progrès, dans la partie qu'ils cultivent eux-mêmes ou dans tout le domaine scientifique. Elle fera jurisprudence, ce qui lui dicte le devoir d'impartialité qu'elle aura à remplir.

Il n'est plus possible de vivre dans la société moderne en ignorant les diverses formes de cette activité intellectuelle qui révolutionne les conditions de la vie ; et l'interdépendance de la science ne permet plus aux savants de rester cantonnés, spécialisés dans un étroit domaine. Il leur faut, — et cela leur est souvent difficile, — se mettre au courant des recherches voisines. A tous, l'*Encyclopédie* offre un instrument unique dont la portée scientifique et sociale ne peut échapper à personne.

IV

CLASSIFICATION DES MATIÈRES SCIENTIFIQUES

La division de l'*Encyclopédie* en Bibliothèques a rendu nécessaire l'adoption d'une classification des sciences, où se manifeste nécessairement un certain arbitraire, étant donné que les sciences se distinguent beaucoup moins par les différences de leurs objets que par les divergences des aperçus et des habitudes de notre esprit. Il se produit en pratique des interpénétrations réciproques entre leurs domaines, en sorte que, si l'on donnait à chacun l'étendue à laquelle il peut se croire en droit de prétendre, il envahirait tous les territoires voisins ; une limitation assez stricte est nécessitée par le fait même de la juxtaposition de plusieurs sciences.

Le plan choisi, sans viser à constituer une synthèse philosophique des sciences, qui ne pourrait être que subjective, a tendu pourtant à échapper dans la mesure du possible aux habitudes traditionnelles d'esprit, particulièrement à la routine didactique, et à s'inspirer de principes rationnels.

Il y a deux grandes divisions dans le plan général de l'*Encyclopédie* : d'un côté les sciences pures, et, de l'autre, toutes les technologies qui correspondent à ces sciences dans la sphère des applications. A part et au début, une Bibliothèque d'introduction générale est consacrée à la philosophie des sciences (histoire des idées directrices, logique et méthodologie).

Les sciences pures et appliquées présentent en outre une division générale en sciences du monde inorganique et en sciences biologiques. Dans ces deux grandes catégories, l'ordre est celui de particularité croissante, qui marche parallèlement à une rigueur décroissante. Dans les sciences biologiques pures enfin, un groupe de sciences s'est trouvé mis à part, en tant qu'elles s'occupent moins de dégager des lois générales et abstraites que de fournir des monographies d'êtres concrets, depuis la paléontologie jusqu'à l'anthropologie et l'ethnographie.

Étant donnés les principes rationnels qui ont dirigé cette classification, il n'y a pas lieu de s'étonner de voir apparaître des groupements relativement nouveaux, une biologie générale, — une physiologie et une pathologie végétales, distinctes aussi bien de la botanique que de l'agriculture, — une chimie physique, etc.

En revanche, des groupements hétérogènes se disloquent pour que leurs parties puissent prendre place dans les disciplines auxquelles elles doivent revenir. La géographie, par exemple, retourne à la géologie, et il y a des géographies botanique, zoologique, anthropologique, économique, qui sont étudiées dans la botanique, la zoologie, l'anthropologie, les sciences économiques.

Les sciences médicales, immense juxtaposition de tendances très diverses, unies par une tradition utilitaire, se désagrègent en des sciences ou des techniques précises ; la pathologie, science de lois, se distingue de la thérapeutique ou de l'hygiène, qui ne sont que les applications des données générales fournies par les sciences pures, et à ce titre mises à leur place rationnelle.

Enfin, il a paru bon de renoncer à l'anthropocentrisme qui exigeait une physiologie humaine, une anatomie humaine, une embryologie humaine, une psychologie humaine. L'homme est intégré dans la série animale dont il est un aboutissant. Et ainsi, son organisation, ses fonctions, son développement s'éclairent de toute l'évolution antérieure et préparent l'étude des formes plus complexes des groupements organiques qui sont offerts par l'étude des sociétés.

On peut voir que, malgré la prédominance de la préoccupation
pratique dans ce classement des Bibliothèques de l'*Encyclopédie
scientifique,* le souci de situer rationnellement les sciences dans
leurs rapports réciproques n'a pas été négligé. Enfin il est à
peine besoin d'ajouter que cet ordre n'implique nullement une
hiérarchie, ni dans l'importance ni dans les difficultés des diverses
sciences. Certaines, qui sont placées dans la technologie, sont
d'une complexité extrême, et leurs recherches peuvent figurer
parmi les plus ardues.

Prix de la publication. — Les volumes, illustrés pour la plupart, seront publiés dans le format in-18 jésus et cartonnés. De
dimensions commodes, ils auront 400 pages environ, ce qui représente une matière suffisante pour une monographie ayant un objet
défini et important, établie du reste selon l'économie du projet
qui saura éviter l'émiettement des sujets d'exposition. Le prix
étant fixé uniformément à 5 francs, c'est un réel progrès dans
les conditions de publication des ouvrages scientifiques, qui, dans
certaines spécialités, coûtent encore si cher.

TABLE DES BIBLIOTHÈQUES

II. SCIENCES APPLIQUÉES

A. Sciences mathématiques :

B. Sciences inorganiques :

C. Sciences biologiques :

M. ALBERT MAIRE, bibliothécaire à la Sorbonne, est chargé de l'*Index* de l'Encyclopédie scientifique.

33005. — Tours, impr. Mame.

www.ingramcontent.com/pod-product-compliance
Lightning Source LLC
LaVergne TN
LVHW012207040326
832903LV00003B/163

* 9 7 8 1 0 1 8 0 5 9 4 2 6 *